注册测绘师资格考试辅导教材

测绘管理与法律法规

国家测绘地理信息局职业技能鉴定指导中心
测绘出版社 组织编写

注册测绘师资格考试教材编审委员会 审定

测绘出版社
·北京·

内容简介

本教材为全国注册测绘师资格考试辅导教材之一,紧扣《注册测绘师资格考试大纲》,涵盖了大纲中"测绘管理与法律法规"科目的全部内容。具体内容分两篇:第一篇为测绘法律法规;第二篇为测绘项目管理。

本教材可供参加注册测绘师资格考试的考生复习备考,也可作为大专院校测绘地理信息相关专业师生的教学参考,可用于指导测绘地理信息有关单位的日常生产和技术管理工作。

图书在版编目(CIP)数据

测绘管理与法律法规 / 国家测绘地理信息局职业技能鉴定指导中心,测绘出版社编. --5 版. --北京:测绘出版社,2018.4 (2023.3 重印)

注册测绘师资格考试辅导教材

ISBN 978-7-5030-4132-7

Ⅰ. ①测… Ⅱ. ①国… ②测… Ⅲ. ①测绘—行政管理—中国—资格考试—教材②测绘法令—中国—资格考试—教材 Ⅳ. ①P205②D922.17

中国版本图书馆 CIP 数据核字(2018)第 057226 号

责任编辑 王佳嘉 **封面设计** 李 伟 **责任校对** 石书贤 **责任印制** 陈姝颖

出版发行	测绘出版社	**电　话**	010—68580735(发行部)
地　址	北京市西城区三里河路 50 号		010—68512386(发行部)
邮政编码	100045		010—68531363(编辑部)
电子信箱	smp@sinomaps.com	**网　址**	www.chinasmp.com
成品规格	184mm×260mm	**经　销**	新华书店
印　张	14.875	**印　刷**	北京建筑工业印刷厂
版　次	2009 年 9 月第 1 版	**字　数**	363 千字
	2018 年 4 月第 5 版	**印　次**	2023 年 3 月第 26 次印刷
印　数	63401—64600	**定　价**	85.00 元

书　号 ISBN 978-7-5030-4132-7

前　言

为贯彻注册测绘师执业管理办法，提高从业人员资格考试应试水平，在认真分析全国考生考试情况的基础上，国家测绘地理信息局职业技能鉴定指导中心和测绘出版社组织全国具有较高理论水平和丰富实践经验的专家学者，在2016版《测绘管理与法律法规》的基础上，结合相关政策法规和技术规范立、改、废的现状，编写了2018版注册测绘师资格考试系列辅导教材之《测绘管理与法律法规》。

另外，国家测绘地理信息局管理干部学院还组织专家新编写了配套的《注册测绘师资格考试法律法规文件汇编》《注册测绘师资格考试技术规范标准汇编》《注册测绘师资格考试真题及模拟题汇编》三册辅导资料，收录考试大纲涉及的最新政策法规、技术规范和有关习题，供相关机构组织考前培训班使用。

由于时间仓促，本套辅导教材和辅导资料可能存在疏漏和不足之处，敬请广大读者提出宝贵意见。

注册测绘师资格考试教材编审委员会

2018年2月

目　录

第一篇　测绘法律法规

第二篇 测绘项目管理

第一篇

测绘法律法规

第1章　测绘资质资格管理

大纲要求

(1)根据《中华人民共和国测绘法》(简称《测绘法》)中有关测绘资质管理的规定、《行政许可法》有关规定,以及《测绘资质管理规定》(国测管字〔2009〕13号)、《测绘资质分级标准》(国测管发〔2014〕31号),确认从事测绘活动单位的测绘资质证书的合法性和所从事测绘活动的合法性,确认从事测绘活动的单位有关测绘资质管理义务的履行情况,并分析界定有关法律责任。

(2)根据《测绘法》中有关测绘执业资格的规定,以及《注册测绘师制度暂行规定》(国人部发〔2007〕14号)、《注册测绘师执业管理办法》(国测人发〔2014〕8号),确认测绘执业资格的合法性和注册测绘师义务的履行情况,确认从事测绘活动的合法性,并分析界定有关法律责任。

(3)根据《测绘法》中有关测绘单位信用管理的规定,以及《测绘地理信息行业信用管理办法》和《测绘地理信息行业信用指标体系》(国测管发〔2015〕57号),确认测绘单位信用信息管理和依法予以公示的情况,并分析界定测绘单位的信用等级。

(4)根据《测绘法》中有关测绘作业证的规定以及《测绘作业证管理规定》(国测法字〔2004〕5号),确认测绘作业证的合法性和测绘作业证持有人员的义务和责任。

知识要点

1.1　测绘资质管理

测绘资质管理是指国家对测绘资质作出具体规定,对从事测绘活动的单位进行测绘资质审查、发放测绘资质证书、进行测绘资质监督管理、依法查处无资质测绘等行政行为。其中,测绘资质审查、发放测绘资质证书是依据行政许可法设定的一项行政许可。

1.1.1　测绘资质等级和专业划分

测绘资质是指测绘单位从事测绘活动的素质和能力,包括人员素质、仪器设备、管理制度等物质条件及生产能力、业绩等。为加强对测绘资质的监督管理,《测绘法》规定国家对从事测绘活动的单位实行测绘资质管理制度,从事测绘活动的单位应当依法取得相应等级的测绘资质证书并在资质等级许可的业务范围内从事测绘活动。

目前,我国的测绘资质证书等级分为甲、乙、丙、丁四级。测绘资质的专业范围分为:大地测量、测绘航空摄影、摄影测量与遥感、地理信息系统工程、工程测量、不动产测绘、海洋测绘、地图编制、导航电子地图制作、互联网地图服务。其中,导航电子地图制作只设甲级,大地测量、测绘航空摄影、地图编制、互联网地图服务只设甲、乙级,摄影测量与遥感、地理信息系统工程只设甲、乙、丙级,工程测量、海洋测绘、不动产测绘覆盖甲、乙、丙、丁四个资质等级。

《测绘资质分级标准》根据不同专业特点，将上述10个专业又划分了若干专业子项。如不动产测绘包括地籍测绘、房产测绘、行政区域界线测绘和不动产测绘监理，工程测量包括控制测量、地形测量、规划测量、建筑工程测量、变形形变与精密测量、市政工程测量、水利工程测量、线路与桥隧测量、地下管线测量、矿山测量、工程测量监理共11项。

1.1.2 测绘资质管理职责

《测绘法》第二十八条规定，国务院测绘地理信息主管部门和省、自治区、直辖市人民政府测绘地理信息主管部门按照各自的职责负责测绘资质审查、发放测绘资质证书，具体办法由国务院测绘地理信息主管部门商国务院其他有关部门规定。现行《测绘资质管理规定》和《测绘资质分级标准》规定了各级测绘地理信息主管部门的测绘资质管理职责。

1. 国务院测绘地理信息主管部门

(1)制定测绘资质管理的具体办法；

(2)负责审查甲级测绘资质申请并作出行政许可决定；

(3)规定测绘单位的测绘资质证书式样；

(4)指导全国测绘资质巡查工作，对省级测绘资质巡查工作进行抽查；

(5)对全国测绘单位的测绘资质年度报告公示内容进行抽查；

(6)负责对全国测绘资质的统一监督管理。

2.省级测绘地理信息主管部门

(1)根据本地实际调整各专业标准中乙、丙、丁级的人员规模及仪器设备数量；

(2)负责受理甲级测绘资质申请并提出初步审查意见；

(3)负责审查乙、丙、丁级测绘资质申请并作出行政许可决定；

(4)负责制定本行政区域内测绘资质巡查工作计划并组织实施；

(5)对本行政区域内测绘单位的测绘资质年度报告公示内容进行抽查；

(6)负责本行政区域内测绘资质的统一监督管理。

3.市、县级测绘地理信息主管部门

(1)负责本行政区域内测绘资质的日常监督管理；

(2)根据地方测绘法规授权和省级测绘地理信息主管部门委托，受理本行政区域内乙、丙、丁级测绘资质申请并提出初步审查意见；

(3)根据测绘资质巡查计划，组织开展本行政区域内测绘资质巡查工作；

(4)负责本行政区域内测绘单位的测绘资质年度报告公示内容抽查。

1.1.3 申请测绘资质的条件

1.申请测绘资质的条件

(1)具有企业或者事业单位法人资格；

(2)具有符合要求的专业技术人员、仪器设备和办公场所；

(3)具有健全的技术和质量保证体系、安全保障措施、信息安全保密管理制度以及测绘成果和资料档案管理制度；

(4)具有与申请从事测绘活动相匹配的测绘业绩和能力(初次申请除外)。

根据《测绘资质管理规定》，测绘资质各专业范围的等级划分及其考核条件由《测绘资质分级标准》规定。

2.生产、加工、利用国家秘密测绘成果的单位保密管理工作应当符合的条件

(1)依法成立3年以上的法人,无违法犯罪情况;

(2)依照国家有关保密和测绘地理信息法律法规,建立健全保密管理制度;

(3)设立保密工作机构,配备保密管理人员;

(4)依照国家有关规定,确定本单位保密要害部门、部位,明确岗位职责,设置安全可靠的保密防护措施;

(5)与涉密人员签署保密责任书,测绘成果核心涉密人员应当持有省级以上测绘地理信息主管部门颁发的涉密人员岗位培训证书。

1.1.4　申请测绘资质应当提交的材料

1.初次申请测绘资质

2015年10月,国家测绘地理信息局印发了《关于做好国务院取消测绘资质审批中介服务事项后续工作的通知》(国测管发〔2015〕51号),对《测绘资质管理规定》和《测绘资质分级标准》作出调整,不再将ISO 9000质量管理体系认证、测绘工程项目质量检验合格证明、测绘计量器具检定等3项中介服务事项作为各等级测绘资质审批的受理条件。调整后,甲级测绘资质单位的质量管理应当通过省级测绘地理信息主管部门考核。

2017年7月1日,新修订的《测绘法》施行,对测绘资质管理规定进行了完善和修改,明确测绘单位要有健全的技术和质量保障体系、安全保障措施、信息安全保密管理制度以及测绘成果和资料档案管理制度。其中,安全保障措施、信息安全保密管理制度是指地理信息安全保密监管等措施和制度,测绘单位要在原有制度的基础上,建立地理信息定密、涉密地理信息成果使用审批、地理信息安全保密监管、地理信息公开使用等管理制度。但由于《测绘资质管理规定》目前尚未修订,仍需按照现行《测绘资质管理规定》执行。

根据《测绘法》及现行《测绘资质管理规定》和《测绘资质分级标准》,初次申请测绘资质,应当提交如下材料:

(1)企业法人营业执照或者事业单位法人证书,法定代表人的简历及任命或聘任文件;

(2)符合要求的专业技术人员的身份证、毕业证与测绘及相关专业技术岗位工作年限证明材料或者任职资格证书,劳动合同,社会保险缴纳证明等材料;

(3)符合要求的仪器设备所有权证明;

(4)单位办公场所证明;

(5)健全的测绘质量保证体系证明;

(6)测绘成果及资料档案管理制度材料;

(7)测绘成果保密管理制度材料。

2.申请测绘资质升级

(1)符合要求的专业技术人员的身份证、毕业证书与测绘及相关专业技术岗位工作年限证明材料或者任职资格证书,劳动合同,社会保险缴纳证明材料;

(2)符合要求的仪器设备所有权证明;

(3)健全的测绘质量保证体系证明;

(4)测绘成果及资料档案管理制度材料;

(5)测绘成果保密管理制度材料;

(6)与所申请升级专业范围相匹配的测绘业绩和能力证明材料。

申请新增专业范围的单位，应当提供上述(1)～(6)项材料。

3.申请测绘资质变更

测绘单位的名称、注册地址、法定代表人发生变更的，应当提交下列材料的原件扫描件：

(1)变更申请文件；

(2)有关部门核准变更证明；

(3)测绘资质证书正、副本。

1.1.5 测绘资质审批程序

1.申请与受理

根据《测绘资质管理规定》，申请甲级测绘资质，应当向国家测绘地理信息局提出申请，各省级测绘地理信息主管部门负责受理并提出初步审查意见。申请乙级及以下测绘资质，应当向省级测绘地理信息主管部门提出申请，根据地方性测绘法规授权，可由市级测绘地理信息主管部门负责受理并提出初步审查意见。

2.审查与决定

(1)测绘资质审批机关应当自受理申请之日起 20 个工作日内作出行政许可决定。20 个工作日内不能作出决定的，经本机关负责人批准，可以延长 10 个工作日，并应当将延长期限的理由告知申请单位。

(2)申请单位符合法定条件的，测绘资质审批机关作出拟准予行政许可的决定，通过本机关网站向社会公示 5 个工作日。公示期间有异议的，测绘资质审批机关应当组织调查核实。经核实有问题的，应当依法作出处理。

(3)测绘资质审批机关作出准予行政许可决定，应当予以公开，公众有权查阅。测绘资质审批机关作出不予行政许可决定，应当向申请单位书面说明理由。

3.颁发测绘资质证书

(1)测绘资质证书分为正本和副本，由国家测绘地理信息局统一印制，正、副本具有同等法律效力。编号形式为：等级＋测资字＋省级行政区编号＋顺序号＋校验位。

(2)初次申请测绘资质不得超过乙级。测绘资质单位申请晋升甲级测绘资质的，应当取得乙级测绘资质满 2 年。申请的专业范围只设甲级的，没有具体限制。

(3)申请单位符合法定条件的，测绘资质审批机关应在作出正式批准决定之日起 10 日内向申请单位颁发测绘资质证书。

(4)测绘资质证书有效期不超过 5 年。测绘资质证书有效期满需要延续的，测绘单位应当在有效期满 60 日前，向测绘资质审批机关申请办理延续手续。对继续符合测绘资质条件的单位，经测绘资质审批机关批准，有效期可以延续。

4.名称、地址、法定代表人变更

《测绘资质管理规定》第十七条规定，测绘资质单位的名称、注册地址、法定代表人发生变更的，应当在有关部门核准完成变更后 30 日内，向测绘资质审批机关提出变更申请，并按照规定提交相应的原件扫描件。

1.1.6 测绘资质监督管理

目前，我国测绘资质监督管理的主要方式，包括测绘资质年度报告公示和测绘资质巡查，并通过建立测绘地理信息市场信用管理制度，充分运用互联网、大数据等新技术和新手段，强化对测绘资质的日常监督管理。

1.测绘资质年度报告公示

《测绘资质管理规定》第二十二条规定，实行测绘资质年度报告公示制度。测绘资质单位应当于每年2月底前，通过测绘资质管理信息系统，按照规定格式向测绘地理信息主管部门报送本单位上一年度测绘资质年度报告，并向社会公示，任何单位和个人均可查询。

测绘资质年度报告的主要内容包括：

(1)本单位符合测绘资质条件情况；

(2)遵守测绘地理信息法律法规情况；

(3)上一年度单位名称、注册地址、办公地址和法定代表人变更，专业技术人员流动，仪器设备更新，基本情况变化(含上市、兼并重组、改制分立、重大股权变化等)情况；

(4)测绘地理信息统计报表报送情况、测绘项目质量(用户认可或者通过质检机构检查验收)、诚信等级等情况。

测绘单位应当对测绘资质年度报告的真实性、合法性负责。各级测绘地理信息主管部门可以对本行政区域内测绘单位的测绘资质年度报告公示内容进行抽查。经检查发现测绘资质年度报告隐瞒真实情况、弄虚作假的，测绘地理信息主管部门依法予以相应处罚。对未按规定期限报送测绘资质年度报告的单位，测绘地理信息主管部门应当提醒其履行测绘资质年度报告公示义务。

2.测绘资质巡查

《测绘资质管理规定》第二十四条规定，实行测绘资质巡查制度。各级测绘地理信息主管部门应当有计划地对测绘资质单位执行《测绘资质管理规定》和《测绘资质分级标准》的有关情况进行巡查。

国家测绘地理信息局负责指导全国测绘资质巡查工作，并对省级测绘地理信息主管部门开展的巡查工作进行抽查。省级测绘地理信息主管部门负责制定本行政区域内测绘资质巡查工作计划，并组织实施。每年巡查比例不少于本行政区域内各等级测绘资质单位总数的5%。

各级测绘地理信息主管部门组织开展测绘资质巡查工作，应当事先向被巡查单位发出书面通知，告知巡查时间、巡查内容和具体要求。巡查结束后，应当向被巡查单位书面反馈意见。

1.1.7　测绘资质管理的法律责任

《测绘法》第五十五条规定，违反本法规定，未取得测绘资质证书，擅自从事测绘活动的，责令停止违法行为，没收违法所得和测绘成果，并处测绘约定报酬一倍以上二倍以下的罚款；情节严重的，没收测绘工具。以欺骗手段取得测绘资质证书从事测绘活动的，吊销测绘资质证书，没收违法所得和测绘成果，并处测绘约定报酬一倍以上二倍以下的罚款；情节严重的，没收测绘工具。

《测绘资质管理规定》第二十七条规定，测绘单位违法从事测绘活动的，各级测绘地理信息主管部门应当依照《测绘法》及有关法律、法规的规定予以处罚。

1.予以通报批评

(1)在测绘资质申请和日常监督管理中隐瞒有关情况、提供虚假材料或者拒绝提供反映其测绘活动情况的真实材料的；

(2)两年未履行测绘资质年度报告公示义务的；

(3)测绘地理信息市场信用等级评定为不合格的。

2.依法予以注销

(1)测绘资质证书有效期满未延续的;

(2)测绘资质单位法人资格终止的;

(3)测绘资质行政许可决定依法被撤销、撤回的;

(4)测绘资质证书依法被吊销的;

(5)测绘资质证书所载各专业范围均不再符合法定条件的;

(6)测绘资质单位申请注销的。

测绘资质单位的部分专业范围不符合相应资质标准条件的,应当核减相应专业范围。

3.依法视情节责令停业整顿或者降低资质等级

(1)超越资质等级许可的范围从事测绘活动的;

(2)以其他测绘资质单位的名义从事测绘活动的;

(3)将承揽的测绘项目转包的;

(4)测绘成果质量经省级以上测绘地理信息质检机构判定为批不合格的;

(5)涂改、倒卖、出租、出借或者以其他形式转让测绘资质证书的;

(6)违反保密规定加工、处理和利用涉密测绘成果,存在失泄密隐患被查处的。

4.依法吊销测绘资质证书

(1)有上述第3项中的情形之一且情节严重的;

(2)以欺骗手段取得测绘资质证书从事测绘活动的;

(3)承担国家投资的测绘项目,且经暂扣测绘资质证书6个月仍不汇交测绘成果资料的。

根据《测绘资质管理规定》第三十三条规定,测绘资质单位在从事测绘活动中,因泄露国家秘密被国家安全机关查处的,测绘资质审批机关应当注销其测绘资质证书。

1.1.8 测绘资质分级标准

《测绘资质分级标准》作为《测绘资质管理规定》的重要配套文件,规定了测绘资质各专业范围的等级划分及其具体考核条件。

1.对专业技术人员的规定

(1)《测绘资质分级标准》中所指的专业技术人员,包括测绘专业技术人员和测绘相关专业技术人员。测绘专业技术人员是指测绘工程、地理信息、地图制图、摄影测量、遥感、大地测量、工程测量、地籍测绘、土地管理、矿山测量、导航工程、地理国情监测等专业的技术人员。测绘相关专业技术人员是指地理、地质、工程勘察、资源勘查、土木、建筑、规划、市政、水利、电力、道桥、工民建、海洋、计算机、软件、电子、信息、通信、物联网、统计、生态、印刷等专业的技术人员。

(2)《测绘资质分级标准》对高、中、初级专业技术人员应当符合的条件,做出了相应规定,这里不再详述。根据《测绘资质分级标准》,注册测绘师可以计入中级专业技术人员数量,自标准施行之日起满3年后,甲、乙级测绘资质单位的注册测绘师数量应当达到本标准的考核要求;5年后,丙、丁级测绘资质单位也应当具备相应数量的注册测绘师。

(3)申请大地测量、测绘航空摄影、摄影测量与遥感、工程测量、不动产测绘、海洋测绘、地图编制、导航电子地图制作的单位,测绘相关专业技术人员不得超过本标准对专业技术人员要求数量的60%;申请地理信息系统工程资质的单位,测绘相关专业技术人员不得超过本标准对专业技术人员要求数量的80%;申请互联网地图服务的单位,专业技术人员比例不作要求。

2.对测绘业绩的规定

(1)申请晋升甲级测绘资质的,近2年内完成的测绘服务总值不少于1600万元,且有3个以上测绘工程项目取得省级以上测绘地理信息主管部门认可的质检机构出具的质量检验合格证明。

(2)申请晋升乙级测绘资质的,近2年内完成的测绘服务总值不少于400万元,且有2个以上测绘工程项目取得设区的市级以上测绘地理信息主管部门认可的质检机构出具的质量检验合格证明。

(3)申请晋升丙级测绘资质的,近2年内完成的测绘服务总值不少于50万元,且有1个以上测绘工程项目取得县级以上测绘地理信息主管部门认可的质检机构出具的质量检验合格证明。

(4)申请导航电子地图制作或者互联网地图服务专业范围的,不作测绘业绩考核要求。

3.对测绘监理的规定

根据《测绘资质分级标准》,摄影测量与遥感、地理信息系统工程、工程测量、不动产测绘、海洋测绘专业范围下设置相应的甲、乙级测绘监理专业子项。具体规定如下:

(1)申请甲级测绘监理专业子项的,应当取得相应专业范围的甲级测绘资质;近2年内,在每个相应专业范围内有2个以上测绘工程项目取得省级以上测绘地理信息主管部门认可的质检机构出具的质量检验合格证明。

(2)申请乙级测绘监理专业子项的,应当取得相应专业范围的甲级或者乙级测绘资质;近2年内,在每个相应专业范围内有1个以上测绘工程项目取得省级以上测绘地理信息主管部门认可的质检机构出具的质量检验合格证明。

(3)测绘监理资质单位不得超出其测绘监理专业范围和作业限额从事测绘监理活动。

(4)乙级测绘监理资质单位不得监理甲级测绘资质单位施测的测绘工程项目。

4.对考核指标的规定

(1)《测绘资质分级标准》对考核指标的规定,涉及办公场所面积、专业技术人员数量、各类仪器设备、软件的数量等。如对办公场所的要求,甲级不少于600平方米,乙级不少于150平方米,丙级不少于40平方米,丁级不少于20平方米。

(2)作业限额是对不同资质等级的测绘单位所能够从事的测绘活动在面积、长度、等级、区域等方面的具体限制。如取得地理信息系统工程专业乙级资质的单位,其在承担地理信息系统工程业务时,只能承担设区的市级行政区域以下的地理信息系统工程业务。再如,取得丙级工程测量资质证书的单位,其具体业务范围中如果包含了控制测量、地形测量等具体业务,其测绘1∶500比例尺地形图的面积,不得超过15平方千米。

1.1.9　行政许可法

1.行政许可法概述

《中华人民共和国行政许可法》(简称《行政许可法》)于2003年8月27日第十届全国人民代表大会常务委员会第四次会议审议通过,自2004年7月1日起施行。

《行政许可法》是一部规范行政许可设定与实施的法律,对保护公民、法人和其他组织的合法权益,维护公共利益和社会秩序,保障和监督行政机关有效实施行政管理,都具有重要意义。该法对行政许可的原则、设定、实施机关、监督检查等都作出了相应规定。

2.行政许可概念

行政许可是指行政机关根据公民、法人或者其他组织的申请,经依法审查,准予其从事特定活动的行为,设定和实施行政许可,应当遵循公开、公平、公正的原则。目前,国家测绘地理信息局依法公布保留的测绘行政许可事项包括：甲级测绘资质审批、测绘专业技术人员执业资格审批、外国的组织或者个人来华测绘审批、建立相对独立的平面坐标系统审批、地图审核、涉密基础测绘成果资料提供使用审批、对外提供我国测绘成果资料审批、编制中小学教学地图审批共8项。

3.行政许可的设定

设定和实施行政许可，应当遵循公开、公平、公正的原则。根据行政许可法，法律可以设定行政许可。尚未制定法律的，行政法规可以设定行政许可。必要时，国务院可以采用发布决定的方式设定行政许可。尚未制定法律、行政法规的，地方性法规可以设定行政许可；尚未制定法律、行政法规和地方性法规的，因行政管理的需要，确需立即实施行政许可的，省、自治区、直辖市人民政府规章可以设定临时性的行政许可。临时性的行政许可实施满一年需要继续实施的，应当提请本级人民代表大会及其常务委员会制定地方性法规。

地方性法规和省、自治区、直辖市人民政府规章，不得设定应当由国家统一确定的公民、法人或者其他组织的资格、资质的行政许可，不得设定企业或者其他组织的设立登记及其前置性行政许可。其设定的行政许可，不得限制其他地区的个人或者企业到本地区从事生产经营和提供服务，不得限制其他地区的商品进入本地区市场。

行政法规可以在法律设定的行政许可事项范围内，对实施该行政许可作出具体规定。地方性法规可以在法律、行政法规设定的行政许可事项范围内，对实施该行政许可作出具体规定。规章可以在上位法设定的行政许可事项范围内，对实施该行政许可作出具体规定。法规、规章对实施上位法设定的行政许可作出的具体规定，不得增设行政许可；对行政许可条件作出的具体规定，不得增设违反上位法的其他条件。

4.行政许可的时限要求

行政许可法规定，设定行政许可，应当规定行政许可的实施机关、条件、程序、期限。除可以当场作出行政许可决定的外，行政机关应当自受理行政许可申请之日起20日内作出行政许可决定。20日内不能作出决定的，经本行政机关负责人批准，可以延长10日，并应当将延长期限的理由告知申请人。但是，法律、法规另有规定的，依照其规定。

行政许可采取统一办理或者联合办理、集中办理的，办理的时间不得超过45日；45日内不能办结的，经本级人民政府负责人批准，可以延长15日，并应当将延长期限的理由告知申请人。依法应当先经下级行政机关审查后报上级行政机关决定的行政许可，下级行政机关应当自其受理行政许可申请之日起20日内审查完毕。但是，法律、法规另有规定的，依照其规定。

行政机关作出准予行政许可的决定，应当自作出决定之日起10日内向申请人颁发、送达行政许可证件，或者加贴标签、加盖检验、检测、检疫印章。

1.2 测绘执业资格管理

1.2.1 测绘执业资格的概念特征

1.测绘执业资格的概念

执业资格是国家规定对专业技术人员从事某种责任较大、社会通用性强、关系公共利益的专业技术工作实行的准入控制，是针对关系国家、社会和公众的财产、生命、安全等执业后果重大的专业实行的一种以法律规定为依据的强制性行业资格准入的控制手段。测绘执业资格是指从事测绘活动的自然人应当具备的知识、技术水平和能力等。实行测绘执业资格制度，对于规范专业技术人员的执业行为，提高其社会地位，维护测绘地理信息市场的正常秩序具有重要意义。同时,也是我国测绘地理信息行业参与国际测绘地理信息市场竞争的重要条件。

《测绘法》第三十条规定,从事测绘活动的专业技术人员应当具备相应的执业资格条件。具体办法由国务院测绘地理信息主管部门会同国务院人事行政主管部门规定。2007 年 9 月,国家测绘局会同人事部制定了《注册测绘师制度暂行规定》(国人部发〔2007〕14 号),自2007 年 3 月 1 日起施行,明确我国的测绘执业资格制度实行注册测绘师制度。

注册测绘师是指经考试取得"中华人民共和国注册测绘师资格证书",并经依法注册后,从事测绘活动的专业技术人员。为规范注册测绘师注册、执业和继续教育行为,2014 年 7 月 9 日,国家测绘地理信息局制定了《注册测绘师执业管理办法(试行)》(国测人发〔2014〕8 号),自 2015 年 1 月 1 日起施行。

2.测绘执业资格的特征

(1)测绘执业资格的主体是个人。而单位从事测绘活动应当具备的基本素质和能力称为测绘资质。

(2)测绘执业资格隶属国家职业资格体系。从业人员的职业资格分为从业资格和执业资格两种。目前,国家保留的准入类职业资格共计 36 项。从业资格是指规定从事某种专业技术性工作应具备的学识、技术和能力的起点标准。执业资格是指从事责任较大、社会通用性强、关系公共利益的专业技术性工作应具备的学识、技术和能力的准入标准。测绘成果质量关系国家安全和公共利益,基础地理信息属国家战略性资源,为经济社会发展和政府部门提供广泛服务,测绘专业技术人员责任重大,因此测绘实行执业资格制度,即注册测绘师制度。

(3)测绘执业资格的对象是测绘专业技术人员。从事测绘活动的人员中,可分为专业技术人员、技术工作和辅助人员等,这些人员有着明确的分工和责任。而其中责任最大的是专业技术人员,对专业技术人员在学识、技术和能力方面的要求远高于其他人员,因此,测绘执业资格的对象是测绘专业技术人员。

1.2.2　注册测绘师的权利与义务

1.注册测绘师的权利

(1)使用注册测绘师称谓;

(2)保管和使用本人的"中华人民共和国注册测绘师注册证"(简称"注册证")和执业印章;

(3)在规定的范围内从事测绘执业活动;

(4)接受继续教育;

(5)对违反法律法规和有关技术规范的行为提出劝告,并向上级测绘地理信息主管部门报告;

(6)获得与执业责任相应的劳动报酬;

(7)对侵犯本人执业权利的行为进行申诉。

2.注册测绘师的义务

(1)遵守法律、行政法规和有关管理规定,恪守职业道德;

(2)执行测绘技术标准和规范;

(3)履行岗位职责,保证执业活动成果质量,并承担相应责任;

(4)保守知悉的国家秘密和委托单位的商业、技术秘密;

(5)只受聘于一个有测绘资质的单位执业;

(6)不准他人以本人名义执业;

(7)更新专业知识,提高专业技术水平;

(8)完成注册管理机构交办的相关工作。

1.2.3 注册测绘师考试

凡中华人民共和国公民,遵守国家法律、法规,恪守职业道德,并具备一定条件的测绘专业技术人员,均可申请参加注册测绘师资格考试。

1.申请注册测绘师资格考试的条件

(1)取得测绘类专业大学专科学历,从事测绘业务工作满6年;

(2)取得测绘类专业大学本科学历,从事测绘业务工作满4年;

(3)取得含测绘类专业在内的双学士学位或者测绘类专业研究生班毕业,从事测绘业务工作满3年;

(4)取得测绘类专业硕士学位,从事测绘业务工作满2年;

(5)取得测绘类专业博士学位,从事测绘业务工作满1年;

(6)取得其他理学类或者工学类专业学历或者学位的人员,其从事测绘业务工作年限相应增加2年。

2.注册测绘师考试的组织

(1)注册测绘师考试由人力资源和社会保障部(简称"人社部")、国家测绘地理信息局共同负责。国家测绘地理信息局成立注册测绘师资格考试专家委员会,负责拟定考试科目、考试大纲、考试试题,研究建立并管理考试题库,提出考试合格标准建议。人社部组织专家审定考试科目、考试大纲和考试试题,并会同国家测绘地理信息局确定考试合格标准和对考试工作进行指导、监督和检查。

(2)注册测绘师资格实行全国统一大纲、统一命题的考试制度,原则上每年举行一次。考试的科目按照国家测绘地理信息局与人社部联合制定的《注册测绘师资格考试实施办法》规定,设《测绘管理与法律法规》《测绘综合能力》和《测绘案例分析》3个科目。注册测绘师考试的具体内容和要求,由国家测绘地理信息局与人社部联合制订的《注册测绘师考试大纲》具体规定。

(3)对于2005年12月31日前评聘为测绘高级工程师专业技术职务的人员,可免试《测绘综合能力》科目。注册测绘师资格考试合格,颁发由人社部统一印制,人社部、国家测绘地理信息局共同用印的"中华人民共和国注册测绘师资格证书"(简称"资格证书")。

1.2.4 注册测绘师注册

国家对注册测绘师资格实行注册执业管理。取得资格证书的人员,经过注册后方可以注册测绘师的名义执业。国家测绘地理信息局为注册测绘师资格的注册审批机构。各省、自治区、直辖市测绘地理信息主管部门负责注册测绘师资格的注册审查工作。

1.注册申请

《注册测绘师执业管理办法(试行)》对注册测绘师注册进行了具体规定。依法取得资格证书的人员,通过一个且只能是一个具有测绘资质的单位(简称"注册单位")办理注册手续,并取得"中华人民共和国注册测绘师注册证"(简称"注册证")和执业印章后,方可以注册测绘师名义开展执业活动。

申请注册测绘师资格注册的人员,应向省级测绘地理信息主管部门提出注册申请。具体注册程序如下:

(1)申请人填写注册申请表;

(2)注册单位审核后,报省级测绘地理信息主管部门;

(3)省级测绘地理信息主管部门审查并提出意见后报国家测绘地理信息局;

(4)国家测绘地理信息局审批;

(5)国家测绘地理信息局作出批准注册决定后在国家测绘地理信息局网站公布。

2.初始注册

初始注册者,可自取得资格证书之日起1年内提出注册申请。初始注册需要提交下列材料:

(1)注册测绘师初始注册申请表;

(2)注册测绘师资格证书;

(3)与注册单位签订的聘用(劳动)合同或相关证明;

(4)申请人的身份证明材料。

除提交上述材料外,申请延续注册或逾期初始注册的,必须同时提交注册测绘师继续教育证书。

根据《注册测绘师执业管理办法(试行)》,取得资格证书超过1年以上不满3年提出申请初始注册的,须提供不少于30学时继续教育必修内容培训的证明。取得资格证书3年以上提出申请初始注册的,须提供相当于一个注册有效期要求的继续教育证明。

《注册测绘师执业管理办法(试行)》施行前已取得资格证书的,自该办法实施之日起1年内提出申请初始注册的,不需要提供参加继续教育的证明。

3.延续注册

注册证和执业印章每一注册有效期为3年,注册期满需要继续执业的,应当在期满30个工作日前提出延续注册申请。延续注册需要提交下列材料:

(1)注册测绘师延续注册申请表;

(2)与注册单位签订的聘用(劳动)合同或相关证明;

(3)注册测绘师继续教育证书。

准予延续注册的,注册有效期重新计算。

4.变更注册

根据《注册测绘师执业管理办法(试行)》,申请变更注册,应提交下列材料:

(1)注册测绘师变更注册申请表;

(2)与注册单位签订的聘用(劳动)合同或相关证明;

(3)与原注册单位解除聘用(劳动)或合作关系的证明材料。

5.注销注册

注册申请人或者聘用单位有下列行为之一申请注销的,应当向当地省级测绘地理信息主管部门提出申请,由国家测绘地理信息局审核批准后,办理注销手续,收回注册证和执业印章:

(1)不具有完全民事行为能力的;

(2)申请注销注册的;

(3)注册有效期满且未延续注册的;

(4)被依法撤销注册的;

(5)受到刑事处罚的;

(6)与聘用单位解除劳动或者聘用关系的;

(7)聘用单位被依法取消测绘资质证书的;

(8)聘用单位被吊销营业执照的；

(9)因本人过失造成利害关系人重大经济损失的；

(10)应当注销注册的其他情形。

6.不予注册

注册测绘师有下列情形之一的，不予注册：

(1)不具有完全民事行为能力的；

(2)刑事处罚尚未执行完毕的；

(3)因在测绘活动中受到刑事处罚，自刑事处罚执行完毕之日起至申请注册之日止不满3年的；

(4)法律、法规规定不予注册的其他情形。

7.其他规定

(1)注册测绘师注册通过注册系统进行在线申请。有关材料原件通过系统扫描报送电子文件。申请人和注册单位对相关材料的真实性负责并承担相应法律责任。

(2)注册测绘师注册证或执业印章遗失或污损，需要补办的，应当经注册地省级测绘地理信息主管部门审核后，向国家测绘地理信息局申请补办。需要说明的是，按照国务院关于取消测绘行政审批中介服务事项的规定和国家测绘地理信息局的有关文件要求，目前申请补办注册测绘师注册证的，已不再需要持省级以上公众媒体上刊登的遗失证明。

1.2.5　注册测绘师执业

根据《注册测绘师执业管理办法(试行)》，注册测绘师开展执业活动，必须依托注册单位并与注册单位的测绘资质等级和业务许可范围相适应。

1.注册测绘师执业范围

(1)测绘项目技术设计；

(2)测绘项目技术咨询和技术评估；

(3)测绘项目技术管理、指导与监督；

(4)测绘成果质量检验、审查和鉴定；

(5)国务院有关部门规定的其他测绘业务。

2.注册测绘师的执业能力

(1)熟悉并掌握国家测绘及相关法律、法规和规章；

(2)了解国际、国内测绘技术发展状况，具有较丰富的专业知识和技术工作经验，能够处理较复杂的技术问题；

(3)熟练运用测绘相关标准、规范和技术手段，完成测绘项目技术设计、咨询、评估及测绘成果质量检验管理；

(4)具有组织实施测绘项目的能力。

3.注册测绘师岗位及数量规定

《注册测绘师执业管理办法(试行)》对注册测绘师岗位充任及数量进行了规定：

(1)测绘地理信息项目的技术和质检负责人等关键岗位须由注册测绘师充任。

(2)测绘单位须配备一定数量的注册测绘师，具体要求根据单位资质等级、业务性质和范围、人员规模等，由国家测绘地理信息局在《测绘资质分级标准》中规定。

(3)根据《测绘资质分级标准》和《国家测绘地理信息局关于推进注册测绘师制度实施有关

工作的通知》(测办发〔2017〕6号)，对甲级测绘单位的注册测绘师数量的考核要求，自2020年1月1日起开始执行，即从2020年1月1日起，甲级测绘单位的注册测绘师数量必须达到5个。对乙级及以下测绘单位注册测绘师数量的考核期限要求，国家测绘地理信息局授权省级测绘地理信息主管部门根据各地实际情况确定，并报国家测绘地理信息局备案。

4.注册测绘师的执业规定

(1)注册单位与注册测绘师人事关系所在单位或聘用单位可以不一致。

(2)测绘地理信息项目的设计文件、成果质量检查报告、最终成果文件以及产品测试报告、项目监理报告等，须由注册测绘师签字并加盖执业印章后方可生效。

(3)修改经注册测绘师签字盖章的测绘文件，应由注册测绘师本人进行；因特殊情况，该注册测绘师不能进行修改的，应由其他注册测绘师修改并签字、加盖印章，同时对修改部分承担责任。

(4)注册测绘师从事执业活动，应由其所在单位接受委托并统一收费。因测绘成果质量问题造成的经济损失，接受委托的单位应承担赔偿责任。接受委托的单位可以依法向承担测绘业务的注册测绘师追偿。

1.2.6　继续教育

1.继续教育要求

注册测绘师延续注册、重新申请注册和逾期初始注册，应当完成本专业的继续教育。注册测绘师继续教育分为必修教育和选修教育，在一个注册有效期内，必修内容和选修内容均不得少于60学时。2015年7月，国家测绘地理信息局印发了《注册测绘师继续教育学时认定和登记办法(试行)》，对注册测绘师继续教育学时认定和登记做出了具体规定。

2.继续教育方式

(1)注册测绘师继续教育必修内容通过培训的形式进行，由国家测绘地理信息局推荐的机构承担。必修内容培训每次30学时，注册测绘师须在一个注册有效期内参加2次不同内容的培训。注册测绘师继续教育必修内容通过参加注册测绘师继续教育培训计划中的培训完成，每次培训计30学时。

(2)注册测绘师继续教育选修内容通过参加指定的网络学习获得40学时，另外20学时通过出版专业著作、承担科研课题、获得科技奖励、发表学术论文、参加学习等方式取得。

3.学时认定

按照《注册测绘师继续教育学时认定和登记办法(试行)》规定，参与全国注册测绘师资格考试命题1次，可确认必修课内容30学时。参加国家测绘地理信息局有关司局举办的与培训大纲内容一致的业务培训，经国家测绘地理信息局人事司审核认可后，可按实际培训时间确认必修内容学时。

注册测绘师继续教育选修内容通过参加国家测绘地理信息局指定的网络学习获得40学时，另外20学时通过以下方式获得：

(1)担当注册测绘师继续教育培训班的授课人，每授课1次，可确认20学时；

(2)公开出版测绘地理信息相关专业著作、承担地市级以上测绘地理信息科研课题，每项可确认20学时；

(3)在国外、国内省级以上公开出版刊物发表测绘地理信息相关专业的学术论文，每篇可确认20学时；

(4)参加测绘地理信息相关专业在职学位、学历教育,获得学位或学历当年可确认20学时;

(5)参加中国测绘地理信息学会注册测绘师工作委员会组织的学术活动,每次可确认20学时;

(6)参加与测绘地理信息有关的国际组织或国家级社团组织的学术会议并提交论文,每篇可确认20学时;

(7)参与国家、行业或省级地方测绘地理信息标准、规范的制定工作,每项可确认20学时;

(8)获得与测绘地理信息专业相关的国家级、省级科技奖励,或省级测绘地理信息主管部门、省级以上测绘地理信息社团组织的科技奖励(前3名),每项可确认20学时;

(9)参加省级测绘地理信息主管部门以及国家测绘地理信息局认可的其他部门、单位组织的技术培训,按实际培训时间确认学时。

4.继续教育登记

国家对注册测绘师继续教育实行登记制度。按照《注册测绘师继续教育学时认定和登记办法(试行)》规定,注册测绘师参加继续教育必修内容培训,经考核合格的,由培训机构在注册测绘师继续教育证书中登记。

注册测绘师参加学术会议、学术活动,参加授课或参加国家测绘地理信息局认可的技术培训,由举办单位出具证明并附相关通知文件;发表专著和论文、获得奖励、攻读学历学位的,提供专著、论文、奖励证书、学历学位证书或入学证明原件;参与制定标准规范或参加全国注册测绘师资格考试命题的,由组织单位统一出具证明。

上述证明材料由省级测绘地理信息主管部门确认并在注册测绘师继续教育证书中登记。

5.继续教育的组织管理

(1)国家测绘地理信息局在人力资源和社会保障部指导下,负责组织编写必修课培训大纲,审查培训教材,评估培训机构,下达年度继续教育培训计划。

(2)注册测绘师继续教育实行登记制度。

(3)注册单位应积极为注册测绘师提供继续教育学习经费和学习时间,以及参加继续教育的其他必要条件。

1.2.7 相关法律责任

1.《测绘法》

《测绘法》第五十九条规定,未取得测绘执业资格,擅自从事测绘活动的,责令停止违法行为,没收违法所得和测绘成果,对其所在单位可以处违法所得二倍以下的罚款;情节严重的,没收测绘工具;造成损失的,依法承担赔偿责任。

2.《注册测绘师制度暂行规定》

(1)在实施注册测绘师制度过程中,相关行政部门和相关机构,因工作失误,使专业技术人员合法权益受到损害的,应当依据《中华人民共和国国家赔偿法》给予相应赔偿,并可向有关责任人追偿。

(2)实施注册测绘师制度的相关行政部门和相关机构的工作人员,有不履行工作职责、监督不力或者谋取其他利益等违纪违规行为,并造成不良影响或者严重后果的,由其上级相关行政部门责令改正,对直接负责的主管人员和其他直接责任人员依法给予行政处分;构成犯罪的,依法追究刑事责任。

3.《注册测绘师执业管理办法(试行)》

注册测绘师执业管理中,相关机构的工作人员,有不履行工作职责、监督不力或者谋取私利等违纪违规行为,并造成不良影响或者严重后果的,由其上级相关行政管理机关责令改正,对直接负责的主管人员和其他直接责任人员依法给予行政处分;构成犯罪的,依法追究刑事责任。

1.3　测绘作业证管理

测绘作业证是由测绘地理信息主管部门颁发的、用来表明野外测绘作业人员身份的一种凭证。根据《测绘法》,测绘人员进行测绘活动时,应当持有测绘作业证件。为规范测绘作业证使用,加强对测绘作业证的监督管理,国家测绘局于 2004 年 6 月 1 日修订发布了《测绘作业证管理规定》(国测法字〔2004〕5 号),明确了测绘作业证的发放范围、管理权限和基本要求。

测绘作业证由封皮、《测绘法》相关条款、内芯、用证规定四部分组成,按编号顺序组合。

1.3.1　测绘作业证申请

1.申请

测绘单位申领测绘作业证,应当向单位所在地的省级测绘地理信息主管部门或者其委托的市级人民政府测绘地理信息主管部门提出办证申请。

2.申请测绘作业证的范围

(1)取得测绘资质证书的单位的人员;

(2)从事野外测绘作业的人员;

(3)需要领取测绘作业证的其他人员。

3.申请测绘作业证应当上交的材料

(1)测绘作业证申请表;

(2)测绘作业证申请汇总表;

(3)申请人 1 寸彩色照片 1 张。

1.3.2　测绘作业证件使用

1.测绘作业证使用范围

(1)测绘人员进入机关、企业、住宅小区、耕地或者其他地块进行测绘时,应当持有测绘作业证件;

(2)测绘人员使用测量标志时,应当持有测绘作业证件;

(3)测绘人员接受测绘地理信息主管部门执法监督检查时,应当持有测绘作业证件;

(4)测绘人员办理与所从事的测绘活动相关的其他事项时,应当持有测绘作业证件。

2.测绘作业证使用规定

(1)测绘人员进行测绘活动时,应当遵守国家法律法规,保守国家秘密,遵守职业道德,不得损毁国家、集体和他人的财产。测绘人员必须依法使用测绘作业证,不得利用测绘作业证从事与其测绘工作身份无关的活动。

(2)测绘人员对测绘作业证应当妥善保存,防止遗失,不得损毁,不得涂改。测绘作业证只限持证人本人使用,不得转借他人。测绘人员遗失测绘作业证,应当立即向本单位报告并说明情况,所在单位应当及时向发证机关书面报告情况。

(3)测绘人员离(退)休或调离工作单位的,必须由原所在测绘单位收回测绘作业证,并及时上交发证机关。测绘人员调往其他测绘单位的,由新调入单位重新申领测绘作业证。

(4)测绘单位办理遗失证件的补证和旧证换新证的，省级测绘地理信息主管部门或者其委托的市级人民政府测绘地理信息主管部门应当自收到补(换)证申请之日起30日内，完成补(换)证工作。

3.测绘作业证注册

测绘作业证注册是指测绘地理信息主管部门对测绘作业证的使用情况、持有、完整状况进行验证，并标示合格标识的行为。

根据《测绘作业证管理规定》，测绘作业证由省级人民政府测绘地理信息主管部门或者其委托的市级人民政府测绘地理信息主管部门负责注册核准。每次注册核准有效期为3年。注册核准有效期满前30日内，各测绘单位应当将测绘作业证送交单位所在地的省级人民政府测绘地理信息主管部门或者其委托的市级人民政府测绘地理信息主管部门进行注册核准。过期不注册核准的测绘作业证无效。

1.3.3 测绘作业证的监督管理

1.测绘作业证的管理职责

国家测绘地理信息局负责测绘作业证的统一监督管理工作，负责规定测绘作业证的式样；省、自治区、直辖市人民政府测绘地理信息主管部门负责本行政区域内测绘作业证的审核、发放和监督管理工作；设区的市(地)、县(市)测绘地理信息主管部门负责本行政区域内测绘作业证的受理、审核、发放和年度注册核准以及日常的监督管理工作。

2.测绘作业证的法律责任

根据《测绘作业证管理规定》，测绘人员违反测绘作业证管理的有关规定，由所在单位收回其测绘作业证并及时交回发证机关，对情节严重者依法给予行政处分；构成犯罪的，依法追究刑事责任。

测绘人员违反测绘作业证管理规定的行为，主要包括以下内容：

(1)将测绘作业证转借他人的；

(2)擅自涂改测绘作业证的；

(3)利用测绘作业证严重违反工作纪律、职业道德或损害国家、集体或者他人利益的；

(4)利用测绘作业证进行欺诈及其他违法活动。

1.4 测绘信用管理

社会信用体系建设是社会主义市场经济体制改革和推进社会治理的重要组成部分。2014年，国务院发布《社会信用体系建设规划纲要(2014—2020年》，明确要求各地区、各部门要根据本地区、相关行业信用体系建设的需要，制定地区或行业信用建设的规章制度。国家测绘地理信息局高度重视行业信用体系建设，2009年印发了《关于加快测绘市场信用体系建设的通知》(国测管字〔2009〕1号)，2012年印发了《测绘地理信息市场信用管理暂行办法》和《测绘地理信息市场信用评价标准(试行)》，初步建立了测绘地理信息信用体系。2015年，国家测绘地理信息局对《测绘地理信息市场信用管理办法》和《测绘地理信息行业信用指标体系》进行了修订完善。2016年，国家测绘地理信息局组织开展了全国测绘地理信息行业信用信息征集工作，建立了全国统一的测绘地理信息行业信用管理平台，并向社会发布全国甲级测绘资质单位的信用信息。

加快实施测绘地理信息市场信用管理制度，有助于促进全行业逐步形成“守信激励、失信惩戒”的机制，对于引导测绘单位诚信自律经营，维护市场公平竞争、促进行业单位诚信自律、保障地理信息产业健康发展等，都具有重要而深远的意义。为此，新修订的《测绘法》第四十八条规定，县级以上人民政府测绘地理信息主管部门应当对测绘单位实行信用管理，并依法将其信用信息予以公示。从而从法律上建立了测绘地理信息信用制度。

1.4.1 测绘信用管理职责

《测绘法》和国家测绘地理信息局印发的《测绘地理信息行业信用管理办法》，规定了各级测绘地理信息主管部门的信用管理职责。

1.国家测绘地理信息局

(1)负责指导全国测绘地理信息行业信用体系建设；

(2)负责建立全国统一的测绘地理信息行业信用管理平台；

(3)负责甲级测绘单位信用信息的发布和管理工作；

(4)建立健全信用信息共享机制，推进测绘地理信息主管部门与相关部门之间的信用信息互联互通、共享共治；

(5)公民、法人或者其他组织对测绘单位信用信息存在异议的处理。

2.省级测绘地理信息主管部门

(1)负责本行政区域内乙级以下测绘单位信用信息的发布和管理工作；

(2)建立健全信用信息共享机制，推进测绘地理信息主管部门与相关部门之间的信用信息互联互通与共建共享；

(3)负责测绘单位信用信息的审核；

(4)公民、法人或者其他组织对测绘单位信用信息存在异议的处理。

3.市、县级测绘地理信息主管部门

(1)负责本行政区域内测绘单位信用信息的征集工作；

(2)按照国家社会信用信息平台建设总体要求，逐步健全信用信息共享机制，推进测绘地理信息主管部门与相关部门之间的信用信息互联互通。

1.4.2 测绘信用信息分类

依照《测绘地理信息行业信用指标体系》，测绘单位信用信息由基本信息、良好信息和不良信息构成。

1.基本信息

基本信息是指测绘资质管理信息系统中的测绘单位资质条件、年度报告公示等基本情况信息。包括测绘单位名称、单位类型、所属系统、成立日期、办公地址、法定代表人、人员规模、仪器设备、资质等级、专业范围、资质变更记录以及测绘单位质量管理、成果及资料档案管理、保密管理制度等。

2.良好信息

良好信息是指测绘单位受到表彰、取得荣誉、科技创新、社会贡献等信息。测绘地理信息市场行为获得工商、银行、税务等部门授予的良好资信评级；受到县级以上人民政府及其有关行政管理部门的表彰奖励；获得国家和测绘地理信息领域学会、协会等社会团体评定的相关奖项或荣誉称号；在国家级或省级测绘成果质量监督检查中，批成果质量合格且样本质量等级达到优级；为政府、公众提供防灾减灾、应急保障等测绘地理信息服务等。

3.不良信息

不良信息主要是指测绘单位违反测绘地理信息及相关法律法规和政策规定产生失信行为

的信息。不良信息分为严重失信信息、一般失信信息和轻微失信信息。

(1)严重失信信息。严重失信信息主要包括被测绘地理信息主管部门以及其他行政机关查处的信息,如未依法送审地图或者未按照审查要求修改地图即向社会公开;违反保密规定加工、处理和利用涉密测绘成果,存在失泄密隐患被查处;测绘成果质量经测绘地理信息质检机构判定为批不合格;涂改、倒卖、出租、出借或者以其他形式转让测绘资质证书;由于市场不正当竞争行为被查处等违法行为。

(2)一般失信信息。一般失信信息主要包括提供虚假测绘地理信息行政许可申请材料,不配合测绘地理信息主管部门依法实施监督检查,隐瞒、拒绝和阻碍提供有关文件、资料,在测绘地理信息市场检查中发现的测绘单位经营异常信息,未按规定汇交测绘成果资料等。

(3)轻微失信信息。轻微失信信息主要包括测绘单位名称、注册地址、法定代表人发生变化 30 日内未申请变更;未按照相关规定要求履行测绘项目备案(任务登记、验证登记等)义务;未按要求报送测绘资质年度报告;因与测绘有关的不良行为被提起民事诉讼,法院终审判决测绘单位承担责任或者履行义务等。

4.测绘单位信用信息来源

测绘单位信用信息主要来源有:

(1)测绘地理信息主管部门征集;

(2)测绘单位申报;

(3)政府有关部门公开;

(4)经查实的公众举报;

(5)其他有关渠道。

征集测绘单位信用信息不得采用欺骗、盗窃、胁迫、利用计算机网络侵入或者其他不正当手段。

1.4.3 测绘信用信息审核与处理

1.测绘信用信息审核

(1)测绘单位信用信息经省级以上测绘地理信息主管部门审核后生效。测绘地理信息主管部门对不良信息的保存期限,自不良行为或者事件终止之日起为 5 年;超过 5 年的,应当予以删除。

(2)测绘单位的信用信息通过测绘地理信息行业信用管理平台公开发布,公民、法人或者其他组织均可查询。

2.测绘信用信息查询

(1)测绘单位可以向省级以上测绘地理信息主管部门申请获取本单位的测绘信用信息报告;

(2)其他查询者获取测绘单位的信用报告,应当向省级以上测绘地理信息主管部门提交载明查询事由的书面申请及该测绘单位同意查询的书面意见。

3.测绘信用信息异议处理

(1)公民、法人或者其他组织对测绘单位信用信息存在异议的,可以向省级以上测绘地理信息主管部门提交书面核查申请及相关证据。异议处理期间,应当暂停发布该异议信息。

(2)省级以上测绘地理信息主管部门应当自收到异议申请之日起 20 日内,按照下列规定处理:①经核实异议信息确需更正的,由相应测绘地理信息主管部门及时更正,并书面告知异议申请人;②经核实异议信息无需更正的,由相应测绘地理信息主管部门告知异议申请人。

(3)测绘单位认为其合法权益在信用管理工作中受到侵害的,可以向省级以上测绘地理信息主管部门投诉。受理投诉的测绘地理信息主管部门应当自30日内做出处理。

4.测绘不良信用信息运用

(1)严重信息。根据《测绘地理信息行业信用管理办法》规定,测绘单位受到测绘地理信息主管部门及相关部门行政处罚的,计入该单位的严重失信信息,自该信息生效之日起两年内不得申请晋升测绘资质等级或者新增专业范围。

(2)一般失信信息。测绘单位被测绘地理信息主管部门计入一般失信信息的,自该信息生效之日起一年内不得申请晋升测绘资质等级或者新增专业范围。

(3)轻微失信信息。测绘单位被测绘地理信息主管部门计入轻微失信信息的,自该信息生效之日起半年内不得申请晋升测绘资质等级或者新增专业范围。

1.4.4　对测绘地理信息主管部门的规定

测绘地理信息主管部门在履行行业管理和公共服务职责过程中,应当褒扬诚信、惩戒失信。对信用良好的单位,采取公开表扬、给予优先、加大扶持等相关激励措施。对信用不良的单位,列为重点监管对象,采取限制或者取消享有相关优惠政策、加大日常监督检查频次等惩戒措施。

测绘地理信息主管部门依法履行信用管理工作职责时,相关单位和个人应当主动配合,不得隐瞒、拒绝和阻挠。

测绘地理信息主管部门工作人员在信用管理工作中滥用职权、玩忽职守、徇私舞弊,或者泄露国家秘密、商业秘密和个人隐私的,依法予以相应处理;构成犯罪的,依法追究刑事责任。

1.5　测绘监督检查

测绘是指对自然地理要素或者地表人工设施的形状、大小、空间位置及其属性等进行测定、采集、表述,以及对获取的数据、信息、成果进行处理和提供的活动。测绘事业是经济建设、国防建设、社会发展的基础性事业,测绘法明确规定各级人民政府应当加强对测绘工作的领导,并赋予了各级测绘地理信息主管部门相应的法定职能和监督检查职责。本节重点介绍各级测绘地理信息主管部门的监督检查职责。

1.5.1　行政监督检查

1.行政监督检查的概念

行政监督检查是指行政主体依法定职权,对相对人遵守法律、法规、规章,执行检查、行政命令、决定的情况进行检查、了解、监督的行政行为。其特征为:

(1)行政监督检查的主体是享有某项行政监督检查权的国家行政机关和法律、法规授权组织。

(2)行政监督检查的对象是作为行政相对人的公民、法人或其他组织。

(3)行政监督检查的内容是相对人遵守法律、法规、规章,执行行政机关的决定、命令的情况。

(4)行政监督检查的性质是一种依职权的单方面具体行政行为,是一种独立的法律行为。

(5)行政监督检查的目的是防止和纠正相对人的违法行为,保障法律、法规、规章的执行和行政目标的实现。

2.行政监督检查的作用

(1)行政监督检查可及时反馈法律、法规实施的社会效果,为法律、法规的制定、修改、废止提供实践依据。

(2)行政监督检查可以预防和及时纠正相对人的违法行为。

(3)行政监督检查是保证执行行政法律、法规,实现行政目标的重要环节。

3.行政监督检查的分类

(1)以行政监督检查的对象是否特定为划分标准,行政监督检查可分为一般监督和特定监督。一般监督是针对不特定的相对人实施的监督,具有巡查、普查的性质,如工商管理人员对市场经营者有无营业执照实施的监督检查。一般行政检查大多是行政机关的事实监督行为。特定监督是对具体行政相对方进行的监督检查。

(2)以行政监督检查的内容为划分标准,又可分为公安行政监督检查、工商行政监督检查、环境保护监督、审计监督等。

(3)以实施行政监督检查的时期为划分标准,又可分为事前监督、事中监督和事后监督。

(4)以行政监督检查机构为划分标准,又可分为专门监督和业务监督。

(5)以行政监督检查与监督主体的职权关系为划分标准,又可分为依职权的监督和依授权监督。

4.行政监督检查的方法

(1)监督检查。监督检查是一种最常用的监督方法。检查有很多种形式,如综合检查、专题检查,全面检查、抽样检查,定期检查、临时检查等。综合检查是对管理对象的多个领域进行检查。专题检查仅对管理对象某一领域进行检查,如安全检查、产品质量检查等。全面检查是对检查客体各方面进行检查。抽样检查是选择检查客体的某些部分、某些要素进行采样的检查,根据采样的检查情况来判断整个客体的情况。定期检查是时隔一定时期进行的检查。临时检查有两种情况:一是行政主体为了防止某些单位、个人弄虚作假而采取不提前通知所进行的突然性检查;二是在行政主体发现管理对象存在某些问题或发生了某种事故后临时决定进行检查。

(2)调阅审查。调阅审查是一种常见的书面监督检查方法。行政主体在行政管理、行政监督检查过程中,为了了解管理相对人的有关情况,或根据有关信息发现相对人存在违法情形或其他问题的情况时,为查明和证实有关问题,而对相对人的有关文件、证件、报表、账册等进行审查,以确定这些文件、证件、报表、账册的真伪,并从中发现问题。

(3)调查。行政主体通过各种信息渠道发现相对人存在某种问题后,为证实和查明相应问题,而以各种方式从相对人或其他个人、组织处收集有关该问题的证据和信息,了解相关情况的背景材料、问题的发生过程,以得出该问题的存在与否和问题的大小、轻重等结论。调查可以通过询问、讯问、鉴定、勘验,审查文件、材料、账册等各种方式进行。最重要的是,调查结论必须告知相对人,并听取相对人的申辩意见。

(4)查验。行政主体对相对人某种证件或物品进行检查、核对,以确定相应证件、物品的真伪和从中发现相关问题,以实现行政监督检查的目的。

(5)检验。行政主体或行政主体委托其他技术性机构对相对人的某种物品进行检查、鉴别或化验,以确定相应物品的成分、构成要素是否符合标准等。

(6)鉴定。行政主体或行政主体委托其他技术性机构对相对人的某种物品或材料、证件等进行鉴别、评定,以确定真伪、优劣,或确定其性质成分等。

(7)勘验。行政主体或行政主体委托其他组织对相对人实施某种行为的场所、地点进行实地查看,了解相应行为现场情况,以确定有关个人、组织是否参与了相应行为以及参与者的责任情况等。

(8)登记。行政主体要求相对人就某种特定事项向其申报、说明,由行政主体记录在册的行为。

(9)统计。行政主体通过统计数据了解相对人情况的一种监督方法。行政机关通过统计资料分析,掌握情况,发现问题,以便采取补救措施,保证行政目标的实现。

1.5.2　测绘行政管理职能

《测绘法》第四条对我国测绘监督管理体制进行了规定,明确国务院测绘地理信息主管部门负责全国测绘工作的统一监督管理。国务院其他有关部门按照国务院规定的职责分工,负责本部门有关的测绘工作。县级以上地方人民政府测绘地理信息主管部门负责本行政区域测绘工作的统一监督管理。县级以上地方人民政府其他有关部门按照本级人民政府规定的职责分工,负责本部门有关的测绘工作。军队测绘部门负责管理军事部门的测绘工作,并按照国务院、中央军事委员会规定的职责分工负责管理海洋基础测绘工作。

1.国务院测绘地理信息主管部门

全国测绘工作的统一监督管理由国务院测绘地理信息主管部门负责,根据测绘法律法规及国务院批准的国家测绘地理信息局"三定"规定,国家测绘地理信息局主管全国测绘工作,担负的主要职责是:

起草测绘法律法规和部门规章草案,拟定测绘事业发展规划,会同有关部门拟定全国基础测绘规划、计划,拟定测绘行业管理政策、技术规范和标准并监督实施。负责基础测绘、国界线测绘、行政区域界线测绘、不动产测绘、应急测绘、地理国情监测和其他全国性或重大测绘项目的组织和管理工作,建立健全和管理国家测绘基准和测绘系统。会同有关部门按照统筹建设、资源共享的原则,建立统一的卫星导航定位基准服务系统,提供导航定位基准信息公共服务。制定卫星导航定位基准站的建设和运行维护国家标准和要求,加强对卫星导航定位基准站建设和运行维护的规范和指导。按照国家有关规定接受并汇总全国卫星导航定位基准站建设备案,定期向军事测绘部门通报。承担规范测绘市场秩序的责任。负责测绘资质资格管理工作,监督管理测绘成果质量和地理信息获取与应用等测绘活动,组织协调地理信息安全监管工作,审批对外提供测绘成果和外国组织、个人来华测绘。组织查处全国性或重大测绘违法案件。承担组织提供测绘公共服务和应急保障的责任。组织、指导基础地理信息社会化服务,审核并根据授权公布重要地理信息数据。负责管理国家基础测绘成果,指导、监督各类测绘成果的管理和全国测量标志的保护,拟订测绘成果汇交制度并监督实施。承担地图管理的责任。组织开展国家版图意识宣传教育,监督管理地图市场。管理地图编制工作,审查向社会公开的地图,管理并核准地名在地图上的表示,与有关部门共同拟定中华人民共和国地图的国界线标准样图、行政区域界线的标准画法图。负责测绘科技创新相关工作。指导测绘基础研究、重大测绘科技攻关以及科技推广和成果转化,开展测绘对外合作与交流,推动军民融合。

2.省级测绘地理信息主管部门

省、自治区、直辖市人民政府测绘地理信息主管部门负责本行政区域测绘工作的统一监督管理,其职责根据测绘法、行政法规、地方性法规、"三定"规定和其他有关法律法规确定。其中,测绘法对省级测绘地理信息主管部门的规定是:

负责本行政区域内测绘工作的统一监督管理。依法负责审批除国务院确定的大城市和国家重大工程项目以外的建立相对独立的平面坐标系统。对卫星导航定位基准站建设实行备案管理。会同有关部门建立统一的卫星导航定位基准站服务系统,提供导航定位基准信息公共服务,加强对卫星导航定位基准站建设和运行维护的规范和指导。组织管理本行政区域内的基础测绘工作,会同其他有关部门组织编制基础测绘规划,会同发展改革部门编制基础测绘年度计划,组织实施基础测绘规划和年度计划。依法做好地理国情监测和应急测绘保障工作。依法负责测绘资质资格管理工作。组织管理本行政区域内测绘成果的汇交工作。会同有关部门管理不动产测绘,管理本行政区域的国家基础地理信息数据。建立地理信息公共服务平台,促进测绘成果的社会化应用。管理本行政区域内基础测绘成果的提供和使用。依法管理本行政区域内地图的编制、出版、展示、登载和互联网地图服务,审核地名在地图上的表示,组织开展国家版图意识的宣传教育。依法监督管理本行政区域内测绘成果质量。审批永久性测量标志的拆迁,组织永久性测量标志的检查维护。依法查处测绘违法行为。

3.县级以上地方测绘地理信息主管部门

县级以上地方人民政府测绘地理信息主管部门负责本行政区域测绘工作的统一监督管理,其职责根据测绘法、行政法规、地方性法规、"三定"规定和其他有关法律法规确定。测绘法对市县级测绘地理信息主管部门统一监督管理的职责规定是:

负责本行政区域内测绘工作的统一监督管理。会同有关部门加强对卫星导航定位基准站建设与运行维护的规范和指导。组织管理基础测绘工作,会同有关部门依法编制基础测绘规划、基础测绘年度计划并组织实施。依法做好地理国情监测工作。依法负责测绘资质管理工作,承担测绘资质日常监督检查等职责。管理本行政区域内基础测绘成果的提供和利用。依法管理地图的编制、出版、展示、登载和互联网地图服务,承担地图市场监督管理职责,开展国家版图意识宣传教育。依法监督管理本行政区域内测绘成果质量。依法查处测绘违法行为。根据突发事件应对工作需要,及时提供地图、基础地理信息数据等测绘成果,做好遥感监测、导航定位等应急测绘保障工作。积极推进公众版测绘成果的加工和编制工作,通过提供公众版测绘成果、保密技术处理等方式,促进测绘成果的社会化应用。及时获取、处理、更新基础地理信息数据,通过地理信息公共服务平台向社会提供地理信息公共服务,实现地理信息数据开放共享。

1.5.3 测绘监督检查

测绘法规定的各级测绘地理信息主管部门的监督检查职责涉及测绘地理信息各个领域,本节重点介绍《测绘法》第四十九条规定的相关内容。《测绘法》第四十九条规定,县级以上人民政府测绘地理信息主管部门应当建立健全随机抽查机制,依法履行监督检查职责,发现涉嫌违反本法规定行为的,可以依法采取下列措施:①查阅、复制有关合同、票据、账簿、登记台账以及其他有关文件、资料;②查封、扣押与涉嫌违法测绘行为直接相关的设备、工具、原材料、测绘成果资料等。

1.随机抽查

建立健全随机抽查机制是简政放权、放管结合、优化服务的重要举措。2015 年 7 月29 日,《国务院办公厅关于推广随机抽查规范事中事后监管的通知》(国办发〔2015〕58 号)要求建立随机抽取被检查对象、随机选派检查人员的"双随机"抽查机制,不断创新市场监管方式、规范市场监管行为,强化市场主体自律和社会监督。新修订的测绘法要求县级以上人民政府测绘地理信息主管部门应当建立健全随机抽查机制,从法律上确立了测绘随机抽查监督检查工作制度。

按照《测绘法》的规定,测绘地理信息主管部门应当建立随机抽查机制。一是要求制定随机抽查事项清单。对法律、法规、规章规定的检查事项，要制定随机抽查事项清单，明确抽查依据、抽查主体、抽查内容、抽查方式等内容。二是建立“双随机抽查机制”。建立随机抽查检查对象、随机选派执法检查人员的“双随机”抽查制度，确保执法检查公平、公正和公开，严格限制监管部门的自由裁量权。三是合理确定随机抽查的比例和频次。既要保证必要的抽查覆盖面和工作力度，又要防止检查过多和执法扰民。对投诉举报多、列入经营异常目录或有严重违法违规记录等情况的市场主体，要加大随机抽查力度。四是加强抽查结果运用。对抽查发现的违法违规行为，要依法依规加大惩处力度。抽查结果及查处情况要及时向社会公布，接受社会监督。

建立健全随机抽查机制是县级以上测绘地理信息主管部门依法履行监督检查职责的重要途径之一，县级以上测绘地理信息主管部门还可以通过接受举报、追踪舆情等其他方式获取违法信息，依法履行监督检查职责。《测绘法》第四十九条规定，任何单位和个人对违反本法规定的行为，有权向县级以上人民政府测绘地理信息主管部门举报。接到举报的测绘地理信息主管部门应当及时依法处理。

2.监督检查措施

根据《测绘法》第四十九条规定，测绘地理信息主管部门履行监督检查职责，实施监督检查时发现违法行为的，可以①查阅、复制有关合同、票据、账簿、登记台账以及其他有关文件、资料；②查封、扣押与涉嫌违法测绘行为直接相关的设备、工具、原材料、测绘成果资料等。其中，按照《中华人民共和国行政强制法》（简称《行政强制法》）的规定，查封、扣押与涉嫌违法测绘行为直接相关的设备、工具、原材料、测绘成果资料等，属于行政强制措施，必须严格按照行政强制法的有关规定执行。

3.行政强制措施

根据《行政强制法》第二条第二款规定，行政强制措施是指行政机关在行政管理过程中，为制止违法行为，防止证据损毁、避免危害发生、控制危险扩大等情形，依法对公民的人身自由实施暂时性限制，或者对公民、法人或者其他组织的财物实施暂时性控制的行为。

行政强制措施的特点有暂时性、保全性、单面性。暂时性即行政强制措施是过程中的行政行为，不是最终行政行为，最终行政行为一经作出，行政强制措施即须解除。保全性即行政强制措施是为了保障最终行政决定的合法有效作出，本身不是目的。单向性即行政强制措施由行政机关单方面实施。

根据《行政强制法》第九条规定，行政强制措施的种类有：限制公民人身自由；查封场所、设施或者财物；扣押财物；冻结存款、汇款；其他行政强制措施。

4.被检查单位和个人的义务

《测绘法》第四十九条第二款规定，被检查的单位和个人应当配合，如实提供有关文件、资料，不得隐瞒、拒绝和阻碍。这项规定主要体现了两层意思：

(1)被检查单位和个人配合检查是法定义务。县级以上测绘地理信息主管部门依法履行监督检查职责时，被检查单位和个人应当如实提供有关文件、资料，不得隐瞒、拒绝和阻碍。检查对象要按照县级以上测绘地理信息主管部门的要求，将自己所掌握的有关监督检查所需要的合同、票据、账簿、登记台账以及其他有关文件、资料，实事求是地予以提供。

(2)不得隐瞒、拒绝、阻碍检查。在接受检查时，被检查单位和个人要如实反映情况，为监督检查机构依法履行职责提供便利，不能消极应付，不能隐瞒，更不能采取违法方式阻碍检查。违反了配合义务，或者阻挠、干涉检查的，要承担相应的法律责任。

第2章　测绘项目管理

大纲要求

根据《测绘法》中有关测绘项目管理和招投标的规定，以及《中华人民共和国标投标法》（简称《招投标法》）、《中华人民共和国反不正当竞争法》（简称《反不正当竞争法》）、《中华人民共和国合同法》（简称《合同法》）和测绘收费的有关规定，确认测绘地理信息项目招标投标、投标发包的合法性和有关当事人义务的履行情况，确认测绘地理信息项目合同的合法性，并分析界定有关法律责任。

知识要点

2.1　测绘项目立项审核

2.1.1　测绘项目立项审核制度

测绘项目立项审核制度是测绘法确定的一项重要测绘法律制度，目的是避免重复测绘，提高地理信息资源和公共财政资金的使用效率。

《测绘法》第三十五条规定，使用财政资金的测绘项目和涉及测绘的其他使用财政资金的项目，有关部门在批准立项前应当征求本级人民政府测绘地理信息主管部门的意见；有适宜测绘成果的，应当充分利用已有的测绘成果，避免重复测绘。

《测绘成果管理条例》第十五条规定，使用财政资金的测绘项目和使用财政资金的建设工程测绘项目，有关部门在批准立项前应当书面征求本级人民政府测绘行政主管部门的意见。测绘行政主管部门应当自收到征求意见材料之日起10日内，向征求意见的部门反馈意见。有适宜测绘成果的，应当充分利用已有的测绘成果，避免重复测绘。

2.1.2　需要审核的项目

测绘项目立项一般由有关业务主管部门和测绘成果使用单位提出，由同级发展改革主管部门审核批准并列入计划，由同级财政部门拨付项目经费。按照《测绘法》及《测绘成果管理条例》的规定，测绘项目立项审核，主要包括两大类测绘项目。

1.使用财政资金的测绘项目

指专门使用财政资金的测绘项目。例如，2013年国务院部署开展的第一次全国地理国情普查项目，以及城市地理信息公共服务平台建设项目和城市地下管线测绘项目等，这些都属于由财政资金支撑的专门的测绘项目。

2.涉及测绘的其他使用财政资金的项目

指在行业信息化建设、建设工程或者其他项目中所包含的测绘项目。例如，公路设计、数字城管、智能交通、智慧旅游等项目建设中，都包含了地形图测绘、地理信息数据库和地理信息系统建设等相应的测绘项目。

这两类测绘项目有一个共同点，就是都使用了财政资金，因此，政府有关部门在批准立项前，必须依法书面征求测绘地理信息主管部门的意见，测绘地理信息主管部门应当在规定的期限内认真进行审核，并根据现有测绘成果情况提出准予立项或不准予立项的意见和建议。

2.1.3　立项审核的内容

对于使用财政资金的测绘项目和涉及测绘的其他使用财政资金的项目，测绘地理信息主管部门在进行立项审核时，主要审核以下内容：

(1)测绘项目的基本情况，包括项目空间分布情况、覆盖范围及主要成果。

(2)测绘项目的基本技术要求，包括所采用的测量基准、测绘系统、执行的技术标准和规范情况以及起算依据等。

(3)测绘项目的特殊要求，即满足项目立项申请单位或者测绘成果使用单位的特殊规定、技术要求等。

(4)根据测绘地理信息主管部门掌握的已有的基础测绘成果资料及其资料现势性(包括其他部门汇交的测绘成果资料)，对测绘项目的情况进行综合比对、分析，提出审核意见。已有测绘成果的精度、规格及范围能够满足测绘项目需要的，测绘地理信息主管部门应当在 10 日内提出不予批准立项的建议文件。已有测绘成果资料难以满足立项申请单位和测绘成果使用单位需求的，测绘地理信息主管部门应当提出准入立项的意见和建议。

2.2　测绘项目招投标

2.2.1　测绘项目招投标的概念

1.测绘项目招标

招标是指在一定范围内公开货物、工程或服务采购的条件和要求，邀请众多投标人参加投标，并按照规定程序从中选取交易对象的一种市场交易行为。

测绘项目招标是测绘项目发包的一种方式。招标发包是项目法人单位对自愿参加某一特定测绘项目的承包单位进行邀约、审查、评价和选定的过程。测绘项目招标分为公开招标和邀请招标两种方式。为规范测绘项目招投标行为，测绘法专门对测绘项目招投标活动进行了明确规定。

按照《招标投标法》规定：公开招标是指招标人以招标公告的方式邀请不特定的法人或者其他组织投标；邀请招标是指招标人以投标邀请书的方式邀请特定的法人或者其他组织投标。

2.测绘项目投标

测绘项目投标是与测绘项目招标相对应的概念。测绘项目投标是根据测绘项目招标方或者委托招标代理机构的邀约，响应招标并向招标方书面提出测绘项目实施计划、方案和价格等，参与测绘项目竞争的过程。

测绘项目招标和投标同时受测绘法、招标投标法和反不正当竞争法等法律的调整。

2.2.2　测绘项目招投标管理

1.对测绘单位的规定

(1)测绘单位不得超越其资质等级许可的范围从事测绘活动。《测绘法》第二十九条规定，测绘单位不得超越其资质等级许可的范围从事测绘活动。取得测绘资质证书的单位，必须在测绘资质证书许可的业务范围内从事测绘活动，不得超越测绘资质等级许可的范围。测绘资质证书明确地载明了测绘单位的测绘资质等级、许可的业务范围和资质证书编号以及发证机关。测绘单位在承担测绘项目时，必须严格按照测绘资质证书上规定的资质等级和业务范围进行。

(2)测绘单位不得以其他测绘单位的名义从事测绘活动。《测绘法》第二十九条规定，测绘单位不得超越其资质等级许可的范围从事测绘活动，不得以其他测绘单位的名义从事测绘活动。以其他测绘单位的名义从事测绘活动，就是借用他人的测绘资质从事测绘活动。主要包括两种情形：一是测绘单位无测绘资质证书，为了承揽测绘项目，借用别人的测绘资质证书或者用取得测绘资质证书单位的名义承揽测绘项目；二是有些单位虽然具有测绘资质，但由于资质等级低达不到所要承揽的测绘项目的要求，借用具有相应测绘资质的单位证书或名义。这些做法实质上是未取得测绘资质证书而从事测绘活动，违反了测绘法的规定。

(3)测绘单位不得允许其他单位以本单位的名义从事测绘活动。取得测绘资质证书的单位允许其他单位以本单位的名义从事测绘活动，是出借测绘资质证书的违法行为。在实际工作中，有些单位为获取经济利益将测绘资质证书出借给低资质等级或者不具有资质条件的测绘单位使用，也有些单位用假合作、联营、挂靠等方式允许其他单位以本单位的名义从事测绘活动，严重扰乱了测绘地理信息市场秩序，必须坚决予以禁止和打击。

(4)中标的测绘单位不得向他人转让测绘项目。测绘合同的签订是测绘项目招标单位对中标单位能力的信任，中标单位应当以自己的设备、技术和劳力完成承揽的主要工作，不得将所承揽的测绘项目全部转给他人完成，或者将测绘项目的主体工作或大部分工作转给他人完成，也不得将全部测绘项目肢解后以分包的名义全部转给第三人完成。

测绘项目转让与转包既有区别，也有联系。转让是指经项目承包方申请和发包方同意，原承包方退出承包关系，由转让后产生的新的承包方履行合同，承担相应的权利义务，原承包关系终止。转包是将测绘项目的部分或者全部转包给第三方，承包方与发包方的关系不变。转包与转让都是由承包方主张权利，由承包方与受让方协商确定转包费或转让费数额，将项目的部分或者全部转移给第三方，并签订承包合同。其本质区别在于法律后果不同。项目转包的，原承包方与发包方的承包关系不变；而项目转让的，原承包关系终止。

(5)测绘单位不得将承包的测绘项目违法分包。《招标投标法》第四十八条规定，中标人应当按照合同约定履行义务，完成中标项目。中标人不得向他人转让中标项目，也不得将中标项目肢解后分别向他人转让。中标人按照合同约定或者经招标人同意，可以将中标项目的部分非主体、非关键性工作分包给他人完成。接受分包的人应当具备相应得资格条件，并不得再次分包。中标人应当就分包项目向招标人负责，接受分包的人就分包项目承担连带责任。

《测绘市场管理暂行办法》第二十一条规定，测绘项目的承包方必须以自己的设备、技术和劳力完成所承揽项目的主要部分。测绘项目的承包方可以向其他具有测绘资质的单位分包，但分包量不得大于该项目总承包量的40%，将项目的关键部分或者主体部分分包出去，或者分包量超过40%的就属于违法分包。

2.对项目招标单位的规定

(1)对测绘单位资质等级作出要求。《测绘法》第二十九条规定，测绘项目实行招投标的，测绘项目的招标单位应当依法在招标公告或者投标邀请书中对测绘单位资质等级作出要求。招标单位在招标公告或者投标邀请书中应当明示对测绘资质等级的要求，如甲级或者乙级以上等。

(2)测绘项目的招标单位不得让不具有相应测绘资质等级的单位中标。招标单位应当保证中标单位的测绘资质等级和业务范围符合招标公告或投标邀请书中的相关规定，与招标公告或投标邀请书中明示的资质等级和业务范围要求相一致。

(3)招标单位不得让测绘单位以低于测绘成本中标。招标单位应当根据项目建设实际，科学合理地确定标底，按照公开、公平、公正的原则，确保测绘单位不低于测绘成本中标。

目前，我国地理信息产业发展迅速，从事测绘活动的单位越来越多，各种无序竞争现象也比较普遍，甚至出现了"0 元中标"和"1 元中标"的现象，严重扰乱了测绘地理信息市场秩序。为保障测绘成果质量，维护测绘地理信息市场竞争秩序，必须严令禁止低价中标的现象。为此，测绘法明确规定，测绘项目的招标单位不得让测绘单位低于测绘成本中标。

2.2.3 招标投标的相关法律规定

2017 年 12 月 27 日，第十二届全国人民代表大会常务委员会第三十一次会议在北京闭幕，会议通过了关于修改《招标投标法》的决定，修改的条文主要集中在《招标投标法》第十三条、第十四条、第五十条，修订后的《招标投标法》自 2017 年 12 月 28 日施行。

1.《招标投标法》有关规定

(1)招标投标活动应当遵循公开、公平、公正和诚实信用的原则。依法必须进行招标的项目，其招标投标活动不受地区或者部门的限制。任何单位和个人不得违法限制或者排斥本地区、本系统以外的法人或者其他组织参加投标，不得以任何方式非法干涉招标投标活动。

(2)招标人采用公开招标方式的，应当发布招标公告。依法必须进行招标的项目的招标公告，应当通过国家指定的报刊、信息网络或者其他媒介发布。招标公告应当载明招标人的名称和地址，招标项目的性质、数量、实施地点和时间以及获取招标文件的办法等事项。招标人采用邀请招标方式的，应当向三个以上具备承担招标项目的能力、资信良好的特定的法人或者其他组织发出投标邀请书。

(3)招标人可以根据招标项目本身的要求，在招标公告或者投标邀请书中，要求潜在投标人提供有关资质证明文件和业绩情况，并对潜在投标人进行资格审查；国家对投标人的资格条件有规定的，依照其规定。招标人不得以不合理的条件限制或者排斥潜在投标人，不得对潜在投标人实行歧视待遇。

(4)招标人应当根据招标项目的特点和需要编制招标文件。招标文件应当包括招标项目的技术要求、对投标人资格审查的标准、投标报价要求和评标标准等所有实质性要求和条件以及拟签订合同的主要条款。国家对招标项目的技术、标准有规定的，招标人应当按照其规定在招标文件中提出相应要求。招标项目需要划分标段、确定工期的，招标人应当合理划分标段、确定工期，并在招标文件中载明。

(5)投标人应当在招标文件要求提交投标文件的截止时间前，将投标文件送达投标地点。招标人收到投标文件后，应当签收保存，不得开启。投标人少于三个的，招标人应当重新招标。

(6)投标人根据招标文件载明的项目实际情况，拟在中标后将中标项目的部分非主体、非关键性工作进行分包的，应当在投标文件中载明。

2.《反不正当竞争法》有关规定

2017 年 11 月 4 日，《反不正当竞争法》经第十二届全国人民代表大会常务委员会第三十次会议修订通过，自 2018 年 1 月 1 日起施行。修订后的反不正当竞争法对不正当竞争行为进行了严格规定。

(1)经营者在生产经营活动中，应当遵循自愿、平等、公平、诚信的原则，遵守法律和商业道德。

(2)国务院建立反不正当竞争工作协调机制,研究决定反不正当竞争重大政策,协调处理维护市场竞争秩序的重大问题。

(3)县级以上人民政府履行工商行政管理职责的部门对不正当竞争行为进行查处;法律、行政法规规定由其他部门查处的,依照其规定。

(4)经营者不得对其商品的性能、功能、质量、销售状况、用户评价、曾获荣誉等作虚假或者引人误解的商业宣传,欺骗、误导消费者。经营者不得通过组织虚假交易等方式,帮助其他经营者进行虚假或者引人误解的商业宣传。

(5)经营者违反本法规定,给他人造成损害的,应当依法承担民事责任。经营者的合法权益受到不正当竞争行为损害的,可以向人民法院提起诉讼。因不正当竞争行为受到损害的经营者的赔偿数额,按照其因被侵权所受到的实际损失确定;实际损失难以计算的,按照侵权人因侵权所获得的利益确定。赔偿数额还应当包括经营者为制止侵权行为所支付的合理开支。

3.《测绘市场管理暂行办法》有关规定

(1)进入测绘市场的测绘项目,金额超过 20 万元的及其他实行公开招标的测绘项目,应当通过招标方式确定承揽方。

(2)测绘项目进行招标时,须组织评标委员会,评标委员会由招标单位与当地测绘主管部门和工商行政管理部门组成。重大测绘项目的评标委员会由省级以上测绘主管部门和工商行政管理部门及有关专家组成。

(3)招标单位须制定规范的招标文件,为投标单位提供有关资料。投标单位须按招标文件的要求填写标书。投标单位应以其自身实力参与竞争,禁止投标单位之间或招投标单位之间恶意串通,损害国家或者第三方利益。

(4)评标工作应实行公正、公开的原则,当众开标、议标、确定中标单位。测绘项目的招投标及承发包,必须遵守国家的有关法律法规,禁止行贿、索贿、账外暗中"回扣"等违法行为。

4.测绘项目招标投标的法律责任

(1)《测绘法》第五十七条规定,违反本法规定,测绘项目的招标单位让不具有相应资质等级的测绘单位中标,或者让测绘单位低于测绘成本中标的,责令改正,可以处测绘约定报酬二倍以下的罚款。招标单位的工作人员利用职务上的便利,索取他人财物,或者非法收受他人财物为他人谋取利益的,依法给予处分;构成犯罪的,依法追究刑事责任。

(2)《测绘法》第五十八条规定,违反本法规定,中标的测绘单位向他人转让测绘项目的,责令改正,没收违法所得,处测绘约定报酬一倍以上二倍以下的罚款,并可以责令停业整顿或者降低测绘资质等级;情节严重的,吊销测绘资质证书。

2.3 测绘项目合同

2.3.1 合同的基础知识

合同是指平等主体的双方或多方当事人(自然人或法人)关于建立、变更、终止民事法律关系的协议。1999 年 3 月 15 日,第九届全国人民代表大会第二次会议审议通过《合同法》,自 1999 年 10 月 1 日起施行。为规范测绘项目合同,国家测绘局与国家工商行政管理局于 1995 年 6 月 6 日联合发布了《测绘市场管理暂行办法》,并于 2000 年3 月联合发布了《测绘合同》示范文本,对测绘项目合同的主要内容进行了规范。

1.合同订立

合同订立是合同法的重要内容。《合同法》第九条规定，当事人订立合同，应当具有相应的民事权利能力和民事行为能力。合同有书面形式、口头形式和其他形式。行政法规规定采用书面形式的，应当采用书面形式；当事人约定采用书面形式的，应当采用书面形式。书面形式是指合同书、信件和数据电文(包括电报、电传、传真、电子数据交换和电子邮件)等可以有形地表现所载内容的形式。

合同的内容由当事人约定，一般包括以下条款：当事人的名称或者姓名和住所；标的；数量；质量；价款或者报酬；履行期限、地点和方式；违约责任；解决争议的办法。当事人采取合同书形式订立合同的，自双方当事人签字或者盖章时合同成立。当事人采用信件、数据电文等形式订立合同的，可以在合同成立之前要求签订确认书。签订确认书时合同成立。

2.合同效力

根据《合同法》规定，依法成立的合同，自成立时生效。行政法规规定应当办理批准、登记等手续生效的，依照其规定。当事人对合同的效力可以约定附条件。附生效条件的合同，自条件成立时就时生效。附解除条件的合同，自条件成就时失效。

根据《合同法》规定，限制民事行为能力人订立的合同，经法定代理人追认后，该合同有效，但纯获利益的合同或者与其年龄、智力、精神健康状况相适应而订立的合同，不必经法定代理人追认。相对人可以催告法定代理人在一个月内予以追认。法定代理人未作表示的，视为拒绝追认。合同被追认之前，善意相对人有撤销的权利。撤销应当以通知的方式作出。行为人没有代理权、超越代理权或者代理权终止后以被代理人名义订立的合同，未经被代理人追认，对被代理人不发生效力，由行为人承担责任。相对人可以催告被代理人在一个月内予以追认。被代理人未作表示的，视为拒绝追认。合同被追认之前，善意相对人有撤销的权利。撤销应当以通知的方式作出。行为人没有代理权、超越代理权或者代理权终止后以被代理人名义订立合同，相对人有理由相信行为人有代理权的，该代理行为有效。

法人或者其他组织的法定代表人、负责人超越权限订立的合同，除相对人知道或者应当知道其超越权限的以外，该代表行为有效。无处分权的人处分他人财产，经权利人追认或者无处分权的人订立合同后取得处分权的，该合同有效。

3.合同无效

《合同法》中对合同无效的情形进行了规定，主要包括以下 5 种情况：

(1)一方以欺诈、胁迫的手段订立合同，损害国家利益；

(2)恶意串通，损害国家、集体或者第三人利益；

(3)以合法形式掩盖非法目的；

(4)损害社会公共利益；

(5)违反法律、行政法规的强制性规定。

4.合同履行

《合同法》第六十条规定，当事人应当按照约定全面履行自己的义务。当事人应当遵循诚实信用原则，根据合同的性质、目的和交易习惯履行通知、协议、保密等义务。合同生效后，当事人就质量、价款或者报酬、履行地点等内容没有约定或者约定不明确的，可以协议补充；不能达成补充协议的，按照合同有关条款或者交易习惯确定。

合同法规定，执行政府定价或者政府指导价的，在合同约定的交付期限内政府价格调整时，按照交付时的价格计价。逾期交付标的物的，遇价格上涨时，按照原价格执行；价格下降时，按照新价格执行。逾期提取标的物或者逾期付款的，遇价格上涨时，按照新价格执行；价格下降时，按照原价格执行。

5.合同的权利义务终止

按照《合同法》规定，有下列情形之一的，合同的权利义务终止：债务已经按照约定履行；合同解除；债务相互抵销；债务人依法将标的物提存；债权人免除债务；债权债务同归于一人；法律规定或者当事人约定终止的其他情形。合同的权利义务终止后，当事人应当遵循诚实信用原则，根据交易习惯履行通知、协助、保密等义务。当事人协商一致，可以解除合同。当事人可以约定一方解除合同的条件。解除合同的条件成就时，解除权人可以解除合同。

根据合同法，有下列情形之一的，当事人可以解除合同：

(1)因不可抗力致使不能实现合同目的；

(2)在履行期限届满之前，当事人一方明确表示或者以自己的行为表明不履行主要债务；

(3)当事人一方迟延履行主要债务，经催告后在合理期限内仍未履行；

(4)当事人一方迟延履行债务或者有其他违约行为致使不能实现合同目的；

(5)法律规定的其他情形。

2.3.2 测绘项目合同的主要内容

测绘项目合同是测绘项目管理的核心内容。国家测绘地理信息局、国家工商行政管理局发布的《测绘合同》示范文本对测绘项目合同的主要内容进行了示范性列举。测绘项目合同的内容，除了包括测绘范围、测绘内容和执行的技术标准外，还包括以下内容。

1.测绘工程费

(1)取费依据：国家颁布的测绘产品价格标准。

(2)取费项目及预算工程总价款。如果测绘项目按工序划分取费，可以通过列表方式列出具体的收费明细。

(3)工程完工后，根据实际测绘工作量核计实际工程价款总额。

2.甲方(委托方)的义务

(1)自合同签订之日起××日内向乙方提交有关资料。

(2)自接到乙方编制的技术设计书之日起××日内完成技术设计书的审定工作，并提出书面审定意见。

(3)应当保证乙方的测绘队伍顺利进入现场工作，并对乙方进场人员的工作、生活提供必要的条件。

(4)甲方保证工程款按时到位，以保证工程的顺利进行。

(5)允许乙方内部使用执行本合同所生产的测绘成果。

3.乙方(承揽方)的义务

(1)自收到甲方的有关材料之日起，乙方应当在××日内，根据甲方的有关资料和本合同的技术要求，完成技术设计书的编制，并交甲方审定。

(2)自收到甲方对技术设计书同意实施的审定意见之日起××日内组织队伍进场作业。

(3)乙方应当根据技术设计书要求确保测绘项目如期完成。

(4)允许甲方内部使用乙方为执行本合同所提供的属乙方所有的测绘成果。

(5)未经甲方允许，乙方不得将本合同标的的全部或部分转包给第三方。

4.测绘项目合同工期的约定

合同应当明确全部成果应于××年×月×日前交甲方验收。

5.测绘项目验收

测绘项目合同中，应当明确项目验收的组织形式、经费来源等内容。乙方应当明确于工程完工之日起××日内书面通知甲方验收，甲方应当自接到完工通知之日起××日内，组织有关专家，依据本合同约定使用的技术标准和技术要求，对乙方所完工的测绘工程完成验收，并出具测绘成果验收报告书。对乙方所提供的测绘成果的质量有争议的，应当明确由测区所在地的省级测绘产品质量监督检验站裁决，其费用由败诉方承担。

6.规定成果所有权和使用权

对乙方测绘成果的所有权、使用权和著作权归属的约定。

7.测绘工程费支付日期和方式

合同应当约定自测绘工程费全部结清之日起××日内，乙方根据技术设计书的要求向甲方交付全部测绘成果。

8.对违约责任的规定

合同应当明确规定违约责任，包括甲方违约责任和乙方违约责任，并要明确因不可抗力，致使合同无法履行时，双方应按有关法律规定及时协商处理。

9.其他约定

如本合同执行过程中的未尽事宜，双方应本着实事求是、友好协商的态度加以解决。双方协商一致的，签订补充协议。补充协议与本合同具有同等效力。因本合同发生争议，由双方当事人协商解决或由双方主管部门调解，协商或调解不成的，当事人双方同意×××仲裁委员会仲裁(当事人双方未在合同中约定仲裁机构，事后又未达成书面仲裁协议的，可向人民法院起诉)。

10.附则

合同附则的主要内容包括：本合同由双方代表签字，加盖双方公章或合同专用章即生效。全部成果交接完毕和测绘工程费结算完成后，本合同终止。本合同一式×份，甲方×份，乙方×份。

2.3.3　测绘项目合同规定

(1)测绘项目当事人应当按照合同法的有关规定，签订书面合同，使用统一的测绘合同文本。测绘合同示范文本由国家工商行政管理局和国家测绘地理信息局共同制定。

(2)当事人签订测绘合同的正本份数，由双方根据需要确定并具有同等效力，自双方签字盖章后由双方分别保存。

(3)在测绘合同中应明确规定合同标的的技术标准。合同工期按照国家测绘地理信息局制定的《测绘生产统一定额》计算。合同价款按照国家测绘地理信息局颁发的现行《测绘收费标准》或国家物价主管部门批准的测绘收费标准计算。

(4)当事人双方应当全面履行测绘合同。测绘合同发生纠纷时，当事人双方应当依照合同法的规定解决。

2.4　测绘项目经费

项目经费是指项目形成全过程所耗用的各种费用的总和。项目经费管理是在整个项目的实施过程中，为确保项目在批准的预算内尽可能好地完成而对所需经费的各个过程进行的管理。本节重点介绍测绘项目成本费用及生产经费管理。

2.4.1 测绘项目成本费用

测绘项目成本管理是在整个测绘项目实施过程中，为确保项目在批准的成本预算内尽可能好地完成而对所需经费的各个过程的管理。

1.测绘项目成本费用核算依据

为了规范测绘事业单位预算编制和支出行为，提高资金使用效益，财政部、国家测绘局2009年2月联合修订发布了《测绘生产成本费用定额》《测绘生产成本费用定额计算细则》及《测绘生产困难类别细则》，为测绘项目的成本费用核算提供了基本依据，也是目前我国测绘项目成本核算的基本参考。有关测绘项目成本费用定额、计算细则及困难类别的具体内容，详见《测绘生产成本费用定额》《测绘生产成本费用定额计算细则》及《测绘生产困难类别细则》，这里不再详细介绍。

2.测绘项目成本定额的有关说明

(1)《测绘生产成本费用定额计算细则》中所列测绘工作项目原则上以产品为成本对象，按《测绘事业单位财务制度》规定的支出和成本费用项目，分三种困难类别计算相应的成本费用。

(2)在无人区、荒漠区、常年冰雪覆盖区等难以到达的特别困难地区作业时，在确定这类地区外业工作项目定额时，应在相应的测绘项目困难类别Ⅱ类所列定额的基础上提高1～3倍。

(3)测绘项目的“定额工日”和“班组定额”是根据当前测绘生产技术方法、产品形式和技术装备水平确定的。

(4)成本费用构成比例：直接费用82%，间接费用6%，期间费用12%。

(5)测绘生产年作业工日定额为：外业180工日/年，内业220工日/年。

(6)生产单位的人员构成比例为：生产人员74%，分院(中队、室)部人员10%，院(大队)部人员16%。

(7)成本费用中包含1.5%的测绘项目设计费和3.0%的成果验收费。

(8)成本费用中不包含折旧费用或修购基金。

(9)测绘事业单位应根据本单位的生产工艺流程、生产组织结构的特点以及成本计算对象的具体情况，可分别选用品种法、定单法和分步法等不同的成本计算方法。

2.4.2 测绘生产经费支出管理

测绘生产经费支出管理是测绘项目经费管理的重要内容。为加强测绘生产经费支出管理，根据国家预算管理要求和测绘事业单位财务、会计制度，国家测绘地理信息局2011年6月制定了《测绘生产经费支出管理规定(试行)》(简称《规定》)。该《规定》虽然适用于国家测绘地理信息局局属生产单位，但对测绘单位的项目经费管理具有重要的指导和参考价值，这里仅作简要介绍。

1.生产经费管理职责

测绘生产经费支出是指由财政资金安排的，在生产组织与实施过程中发生的各项费用支出，主要包括：生产人员经费、材料费、运输费和其他直接费用等。测绘生产经费管理需要单位内部财务、生产、人事管理部门和生产作业部门的协调配合。

(1)财务管理部门的主要职责：①组织编制生产经费支出预算；②审核生产经费支出用款计划，支付生产经费；③及时进行生产经费支出核算和编报生产经费支出决算；④生产备用金的日常管理与监督；⑤生产经费支出预算执行的监督和检查。

(2)生产管理部门的主要职责：①编制生产工日计划和下达生产任务通知书；②审核生产作业部门用款申请；③统计实际工作量和生产工日报表(生产工日结算单)。

(3)人事管理部门的主要职责:①汇总、编制生产人员经费支出预算;②审核生产工日报表(生产工日结算单),编制人员经费支出发放表;③检查生产作业部门人员经费发放情况。

(4)生产作业部门的主要职责:①编制生产实施计划、用款计划;②编报生产工日报表(生产工日结算单);③负责生产经费支出的报账,并对所提供的原始凭证的真实性、合法性负责。

测绘生产单位可根据本单位部门设置的实际情况,对上述职责在部门间进行适当调整。

2.生产经费预算编制管理

(1)测绘生产单位依据生产计划,测算生产工日和计划工日值,编制生产经费支出预算。

(2)计划工日值应以财政部和国家测绘地理信息局联合颁布的《测绘生产成本费用定额》为基础,结合本单位当前生产工艺水平等实际情况测算,并以文件的形式确定。

(3)生产人员经费支出预算应依据工日计划、工日值、国家工资标准和津补贴标准进行编制。

(4)材料费、运输费和其他直接费用等生产经费支出细化预算,应按照下达的生产经费预算额度和相关规定编制。

(5)生产经费支出与生产人员经费支出预算须经财务管理部门审核,并经主管领导同意后执行。

3.生产经费支出管理

(1)生产人员经费支出由相关管理部门根据实际完成工作量,核算生产人员完成的工日数,按计划工日值进行结算。

(2)人员经费发放表应依据生产人员考勤表、生产工日报表(生产工日结算单)等编制,按规定全额转入职工个人工资账户。

(3)材料费应按照生产经费支出预算进行控制。大宗材料应统一采购、配发,严格执行出入库手续,生产作业部门不得擅自扩大采购范围或违规采购。

(4)运输费应按照生产经费支出预算进行控制。在生产实施过程中临时租用的交通工具,应签订租用合同。

(5)委托业务支出应依据签订的合同支付。委托业务在事前应按有关规定组织评审,达到政府采购额度的应按照政府采购管理有关规定执行。

(6)临时雇用人员劳务费的发放应符合相关财务规定。

(7)不可预测或突发事件的支出应由相关部门审核,报主管领导审批。

(8)外业生产备用金的使用和管理按照国家测绘局《测绘外业生产备用金管理暂行办法》执行。

(9)年度内生产任务完成后,应及时进行生产经费支出结算。间接费用和期间费用按一定的比例分摊。

(10)测绘生产单位应建立测绘生产经费支出内部监督机制,明确监督职责。对不履行职责,造成生产经费支出违规的,应追究有关人员责任。

2.4.3 测绘工程产品价格

为规范测绘工程产品价格,保护测绘工程产品用户和测绘单位的合法权益,促进测绘市场健康发展,根据《中华人民共和国价格法》,2002 年 1 月国家测绘局发布了《测绘工程产品价格》和《测绘工程产品困难类别细则》(国测财字〔2002〕3 号),作为测绘工程产品价格的参考标准。目前,我国测绘工程或产品的收费价格,主要执行的是政府指导价。具体内容可参见《测绘工程产品价格》和《测绘工程产品困难类别细则》。

第3章　测绘基准和测绘系统

大纲要求

根据《测绘法》中有关测绘基准和测绘系统的规定及《建立相对独立的平面坐标系统管理办法》(国测法字〔2006〕5号)，确认测绘项目采用的测绘基准(包括大地基准、高程基准、深度基准、重力基准)和测绘系统(包括大地坐标系统、平面坐标系统、高程系统、重力测量系统)的合法性，以及相对独立的平面坐标系统的合法性和有关当事人义务的履行情况，并分析界定有关法律责任。

根据《测绘法》中有关测量标志的规定和测量标志保护条例，确认建设、保管、拆迁、使用、检查维修，以及保护测量标志义务的履行情况，并分析界定有关法律责任。

知识要点

3.1　测绘基准的概念与特征

3.1.1　测绘基准的概念

测绘基准是指一个国家整个测绘的起算依据和各种测绘系统的基础，测绘基准包括所选用的各种大地测量参数、统一的起算面、起算基准点、起算方位以及有关的地点、设施和名称等。我国目前采用的测绘基准主要包括大地基准、高程基准、深度基准和重力基准。

1.大地基准

大地基准是建立大地坐标系统和测量空间点位的大地坐标的基本依据。我国目前大多数地区采用的大地基准仍是1980西安坐标系统，其大地测量常数采用国际大地测量学与地球物理学联合会第16届大会(1975年)推荐值，大地原点设在陕西省泾阳县永乐镇。2008年7月1日，经国务院批准，我国正式开始启用2000国家大地坐标系。2000国家大地坐标系是全球地心坐标系在我国的具体体现，其原点为包括海洋和大气的整个地球的质量中心。按照国家测绘地理信息局的有关文件要求，2000国家大地坐标系与现行国家大地坐标系转换、衔接的过渡期为8～10年，在过渡期内，可沿用现行国家大地坐标系，自2008年7月1日后新生产的各类测绘成果应采用2000国家大地坐标系。

2.高程基准

高程基准是建立高程系统和测量空间点高程的基本依据，是推算国家统一的高程控制网中所有水准高程的起算依据，它包括一个水准基面和一个永久性水准原点。我国目前采用的高程基准为1985国家高程基准。

3.重力基准

重力基准是建立重力测量系统和测量空间点的重力值的基本依据。我国先后使用了57

重力测量系统、85 重力测量系统和 2000 重力测量系统。我国目前采用的重力基准为 2000 国家重力基准。

4.深度基准

深度基准是海洋深度测量和海图上图载水深的基本依据，是计算水体深度的起算面，深度基准与国家高程基准之间通过验潮站水准联测建立联系。我国目前采用的深度基准因海区不同而有所不同。中国海区从 1956 年采用理论最低潮面（即理论深度基准面）作为深度基准。内河、湖泊采用最低水位、平均低水位或设计水位作为深度基准。

3.1.2　测绘基准的特征

1.科学性

任何测绘基准都是依靠严密的科学理论、科学手段和方法经过严密的演算和施测建立起来的，其形成的数学基础和物理结构都必须符合科学理论和方法的要求，从而使测绘基准具有科学性特点。

2.统一性

为保证测绘成果的科学性、系统性和可靠性，满足科学研究、经济建设和国防建设的需要，一个国家和地区的测绘基准必须是严格统一的。如果测绘基准不统一，不仅测绘成果不具有可比性和衔接性，地理信息资源难以共享，也会对国家安全和城市建设以及社会管理带来严重的后果。

3.法定性

测绘基准由国家最高行政机关国务院批准设立，测绘基准数据由国务院测绘地理信息主管部门负责审核，测绘基准的规定及设立、采用等均由国家法律规定，从而使测绘基准具有法定性。

4.稳定性

测绘基准是测绘活动和测绘成果的基础和依据，测绘基准一经建立，便具有长期稳定性，在一定时期内不能轻易改变。

3.2　测绘基准管理

目前，我国对测绘基准的管理，在法律、行政法规层面上主要体现在以下几个方面。

3.2.1　国家规定测绘基准

《测绘法》第五条规定，从事测绘活动，应当使用国家规定的测绘基准和测绘系统，执行国家规定的测绘技术规范和标准。测绘基准是国家整个测绘工作的基础和起算依据，为保证国家测绘成果的整体性、系统性和科学性，实现测绘成果起算依据的统一，测绘法明确国家规定测绘基准，包括大地基准、高程基准、深度基准和重力基准。

3.2.2　国家设立测绘基准

《测绘法》第九条规定，国家设立和采用全国统一的大地基准、高程基准、深度基准和重力基准，其数据由国务院测绘地理信息主管部门审核，并与国务院其他有关部门、军队测绘部门会商后，报国务院批准。

根据《测绘法》规定，国家设立和采用全国统一的大地基准、高程基准、深度基准和重力基准，并经国务院批准。从《测绘法》的相关规定可以看出，国家对测绘基准的设立是非常严格的。一方面，体现在测绘基准的数据由国务院测绘地理信息主管部门审核后，还必须与国务院其他有关部门、军队测绘部门进行会商。另一方面,测绘基准的数据经相关部门审核后,必须经过国务院批准后才能实施。

3.2.3 国家要求使用统一的测绘基准

《测绘法》第五条规定,从事测绘活动应当使用国家统一的测绘基准和测绘系统。从事测绘活动使用国家规定的测绘基准是从事测绘活动的基本原则和前提,是一项十分重要的法律制度,任何单位和个人都必须严格遵守。

3.2.4 依法追究法律责任

《基础测绘条例》明确规定,实施基础测绘项目,不使用全国统一的测绘基准和测绘系统或者不执行国家规定的测绘技术规范和标准的,责令限期改正,给予警告,可以并处10万元以下罚款;对负有直接责任的主管人员和其他直接责任人员,依法给予处分。

3.3 测绘系统

3.3.1 测绘系统的概念

测绘系统是指由测绘基准延伸,在一定范围内布设的各种测量控制网。它们是各类测绘成果的依据,包括大地坐标系统、平面坐标系统、高程系统、地心坐标系统和重力测量系统。

1.大地坐标系统

大地坐标系统是用来表述地球空间点位置的一种地球坐标系统,它采用一个接近地球整体形状的椭球作为点的位置及其相互关系的数学基础,大地坐标系统的三个坐标是大地经度(L)、大地纬度(B)、大地高(H)。我国先后采用的1954北京坐标系、1980西安坐标系和2000国家大地坐标系,是我国在不同时期采用的大地坐标系统的具体体现。

随着社会发展和科技进步,我国经济建设、国防建设、科学研究和社会发展等对国家大地坐标系提出了新的要求,迫切需要采用原点位于地球质量中心的坐标系统(简称地心坐标系)作为国家大地坐标系。采用地心坐标系,有利于采用现代空间技术对坐标系进行维护和快速更新,测定高精度三维坐标,并提高测图工作效率。经国务院批准,自2008年7月1日起,我国全面启用2000国家大地坐标系,国家测绘地理信息局授权组织实施。目前我国已经全面推广应用2000国家大地坐标系。

2.平面坐标系统

平面坐标系统是指确定地面点的平面位置所采用的一种坐标系统。大地坐标系统是建立在椭球面上的,而绘制的地图则是在平面上的,因此,必须通过地图投影把椭球面上的点的大地坐标转换成展绘在平面上的平面坐标。平面坐标用平面上两轴相交成直角的纵、横坐标表示。我国在陆地上的国家统一的平面坐标系统是采用"高斯-克吕格平面直角坐标系",它是利用高斯-克吕格投影将不可平展的地球椭球面转换成平面而建立的一种平面直角坐标系。

3.高程系统

高程系统是用于传算全国高程控制网中各点高程所采用的统一系统。我国规定采用的高程系统是正常高系统,高程起算依据是国家1985高程基准。

4.地心坐标系统

地心坐标系统是以坐标原点与地球质心重合的大地坐标系统,或空间直角坐标系统。我国目前采用的2000国家大地坐标系即是全球地心坐标系在我国的具体体现,其原点为包括海洋和大气的整个地球的质量中心。

5.重力测量系统

重力测量系统是指重力测量施测与计算所依据的重力测量基准和计算重力异常所采用的正常重力公式的总称。我国曾先后采用的57重力测量系统、85重力测量系统和2000重力测量系统,即为我国在不同时期的重力测量系统。

3.3.2　测绘系统的特点

1.科学性

测绘系统是依靠测绘科学理论和科学技术手段建立起来的,有严密的数学基础和理论基础。因此,测绘系统首先具有科学性。

2.统一性

建立全国统一的测绘系统是国际上多数国家的通用做法,是保证测绘工作有效地为国家经济建设、国防建设和社会发展以及生态保护服务的客观需要,也是国家法律明确规定的一项法律制度。因此,测绘系统和测绘基准一样,具有统一性。

3.法定性

国家规定的测绘系统由法律规定必须采用,法律明确国家建立全国统一的测绘系统、测绘系统的规范和要求由国务院测绘地理信息主管部门会同国务院其他有关部门、军队测绘部门制定,从而使测绘系统具有法定性。

4.规模性

测绘系统一般覆盖的区域都比较大,建设周期比较长,投入也比较高,系统建设整体呈现出规模性特征。1949年以来,我国建设了全国大地测量控制网、高程控制网和重力网,凝聚了几代测绘科技工作者的心血和汗水,从而使我国的测绘系统具有相当的规模。

5.稳定性

测绘系统是测绘基准的具体体现,测绘系统的科学性、统一性、法定性和规模性注定了测绘系统具有稳定性特征,测绘系统一经建立,一般不能经常进行改动,必须保持其相对稳定性。

3.3.3　测绘系统管理

1.国家建立全国统一的测绘系统

《测绘法》第十条规定,国家建立全国统一的大地坐标系统、平面坐标系统、高程系统、地心坐标系统和重力测量系统,确定国家大地测量等级和精度以及国家基本比例尺地图的系列和基本精度。根据本条规定,其他任何组织和个人不能任意建立全国统一的测绘系统。

2.国家要求采用全国统一的测绘系统

《测绘法》第五条规定,从事测绘活动,应当使用国家规定的测绘基准和测绘系统,执行国家规定的测绘技术规范和标准。根据《测绘法》规定,从事各种测绘活动,涉及建立测绘系统的,必须采取全国统一的测绘系统。

3.国家确定大地测量等级和精度

《测绘法》第十条明确规定,国家确定大地测量等级和精度以及国家基本比例尺地图的系列和基本精度,具体规范和要求由国务院测绘地理信息主管部门会同国务院其他有关部门、军队测绘部门制定。

3.4　相对独立的平面坐标系统

根据《测绘法》规定,从事测绘活动必须采用全国统一的测绘基准和测绘系统,但在特殊情况下，确实需要建立非国家统一的测绘系统的，在依法经过批准后，可以建立相对独立的平面坐标系统，并要与国家坐标系统建立一定的联系。

3.4.1 相对独立的平面坐标系统的概念

相对独立的平面坐标系统是指为满足在局部地区进行大比例尺测图和工程测量的需要而建立的一种非国家统一的，但与国家统一的系统相联系的平面坐标系统。它通常以任意点和方向起算，并进行中央子午线投影变换以及平移、旋转等。这种独立的平面坐标系统通过与国家坐标系统之间的联测，便可以确定两种坐标系统之间的数学转换关系，从而可在一定条件下转换为国家统一的坐标系统。

3.4.2 建立相对独立的平面坐标系统审批

《测绘法》第十一条规定，因建设、城市规划和科学研究的需要，国家重大工程项目和国务院确定的大城市确需建立相对独立的平面坐标系统的，由国务院测绘地理信息主管部门批准；其他确需建立相对独立的平面坐标系统的，由省、自治区、直辖市人民政府测绘地理信息主管部门批准。

建立相对独立的平面坐标系统，应当与国家坐标系统相联系。

建立相对独立的平面坐标系统审批是一项有数量限制的行政许可。为保持城市建设的可持续和科学发展，保持测绘成果的连续性、稳定性和系统性，维护国家安全和地区稳定，一个城市只能建设一个相对独立的平面坐标系统。

国家测绘局2007年制定了《建立相对独立的平面坐标系统管理办法》(国测法字〔2006〕5号)，对建立相对独立的平面坐标系统的审批权限进行了详细规定，明确了城市确需建立相对独立的平面坐标系统的，由申请单位向该城市的测绘地理信息主管部门提交申请材料，经测绘地理信息主管部门审核并报该市人民政府同意后，逐级报省级测绘地理信息主管部门；直辖市确需建立相对独立的平面坐标系统的，由申请单位向该市的测绘地理信息主管部门提交申请材料，经测绘地理信息主管部门审核并报该设区市人民政府同意后，直接报国家测绘地理信息局；其他需要建立相对独立的平面坐标系统的，由建设单位向拟建相对独立的平面坐标系统所涉及的省级测绘地理信息主管部门提交申请材料。

1. 国家测绘地理信息局的审批职责

(1)50万人口以上的城市；

(2)列入国家计划的国家重大工程项目；

(3)其他确需国家测绘地理信息局审批的。

属于国家测绘地理信息局审批范围的，由省级测绘地理信息主管部门提出意见后，转报国家测绘地理信息局。省级测绘地理信息主管部门向国家测绘地理信息局转报的书面意见中，应当包含申请建立相对独立的平面坐标系统的区域内及周边地区现有坐标系统的情况、对建立相对独立的平面坐标系统申请是否批准的建议等。

2.省级测绘地理信息主管部门的审批职责

(1)50万人口以下的城市；

(2)列入省级计划的大型工程项目；

(3)其他确需省级测绘地理信息主管部门审批的。

属于省级测绘地理信息主管部门审批范围的，由市级测绘地理信息主管部门提出意见后，转报省级测绘地理信息主管部门。市级测绘地理信息主管部门向省级测绘地理信息主管部门转报的意见所包含的内容，与省级测绘地理信息主管部门向国家测绘地理信息局转报的意见原则上一致。

3.申请建立相对独立的平面坐标系统应提交的材料

(1)建立相对独立的平面坐标系统申请书；

(2)属工程项目的申请人的有效身份证明；

(3)立项批准文件；

(4)能够反映建设单位测绘成果及资料档案管理设施和制度的证明文件；

(5)提供该市人民政府同意建立的文件。

申请建立相对独立的平面坐标系统的具体审批程序，按照《建立相对独立的平面坐标系统管理办法》执行。经批准建立的相对独立的平面坐标系统，涉及相对独立的平面坐标系统的参数被改变的，应当按照相关规定重新办理审批手续。

4.不予批准的情形

有下列情况之一的，建立相对独立的平面坐标系统的申请不予批准：

(1)申请材料内容虚假的；

(2)国家坐标系统能够满足需要的；

(3)已依法建有相关的相对独立的平面坐标系统的；

(4)测绘地理信息主管部门依法认定的应当不予批准的其他情形。

5.已有相对独立的平面坐标系统的处理

根据《建立相对独立的平面坐标系统管理办法》，对于 2002 年 12 月 1 日以前各地建立的相对独立的平面坐标系统，未履行法定手续建立且仍然在使用的相对独立的平面坐标系统，省级测绘地理信息主管部门应当组织进行清理，该废止的要废止，需要进行改造的要及时组织进行改造，对没有履行审批手续的，应当责令相关单位补办审批手续，使其合法化和规范化。

6.建立相对独立的平面坐标系统的法律责任

《测绘法》对未经批准，擅自建立相对独立的平面坐标系统的行为，设定了严格的法律责任，包括给予警告、责令改正，可以并处 50 万元以下的罚款；对负有直接责任的主管人员和其他直接责任人员，依法给予处分。

3.5 测量标志管理

测量标志是国家重要的基础设施，是国家经济建设、国防建设、科学研究和社会发展的重要基础。长期以来，国家在我国陆地和海洋边界内布设了大量的用于标定测量控制点空间地理位置的永久性测量标志，包括各等级的三角点、基线点、导线点、军用控制点、重力点、天文点、水准点和卫星定位点的木质觇标和标石标志。导航定位卫星地面跟踪站以及海底大地点设施等，这些标志在我国各个时期的国民经济建设和国防建设中都发挥了巨大的作用，是国家一笔十分宝贵的财富。

3.5.1 测量标志的概念和特征

1.测量标志的概念

测量标志是指在陆地和海洋标定测量控制点位置的标石、觇标以及其他标记的总称。标石一般指埋设于地下的固定标识物，标定控制点的位置；觇标是指建在地面上或者建筑物顶部的测量专用标架，作为观测照准目标和提升仪器高度的基础设施。根据测量标志的用途和使用的时间期限，测量标志可分为永久性测量标志和临时性测量标志。

永久性测量标志是指设有固定标志物以供测量标志使用单位长期使用的需要永久保存的测量标志，包括国家各等级的三角点、基线点、导线点、军用控制点、重力点、天文点、水准点、导航定位卫星地面跟踪站和卫星定位点的木质觇标、钢质觇标和标石标志，以及用于地形测图、工程测量和形变测量等的固定标志和海底大地点设施等。

临时性测量标志是指测绘单位在测量过程中临时设立和使用的，不需要长期保存的标志和标记。如测站点的木桩、活动觇标、测旗、测杆、航空摄影的地面标志、描绘在地面或者建筑物上的标记等，都属于临时性测量标志。

2.测量标志的特征

(1)空间位置精确性。每一个永久性测量标志都精确地承载了该标志点所在地的平面位置、高程和重力等数据信息，这些数据大都精确到毫米级，任何碰撞和移动都有可能使其精确度受到损失，从而影响到后续测量使用。

(2)位置控制范围性。根据《测量标志保护条例》建设永久性测量标志需要占用土地的，地面标志占用土地的范围为36～100平方米，地下标志占用土地的范围为16～36平方米。在测量标志周围安全控制范围内，国家法律、行政法规明确规定禁止从事特定活动，如禁止放炮、采石、架设高压线等以及其他危害测量标志的活动。

(3)保管长期性。永久性测量标志是指那些被永久保存和长期使用的测量标志，这些测量标志一经建立便拥有精确的测量成果数据，并且要定期进行检测和复测，具有长期保存和使用的特性，不能进行损坏或者擅自移动。

(4)法定性。测量标志的建设和使用需要按照国家规定的操作规程进行，测量标志的维护、保管和占地等，国家法律、行政法规都有明确的规定，擅自移动或者损毁永久性测量标志将依法受到处罚。

3.5.2 测量标志管理职责

全国人大、国务院、中央军委对保护测量标志历来都十分重视。1955年12月29日周恩来总理签署了《关于长期保护测量标志的命令》；1981年9月12日国务院和中央军委联合发布的《关于长期保护测量标志的通告》；1984年1月7日国务院公布了《测量标志保护条例》。1992年12月28日全国人大第二十九次会议审议通过了我国第一部《测绘法》，专门设立了测量标志保护的章节，对测量标志保护的基本原则进行了规定。1996年9月4日国务院重新修订发布了《中华人民共和国测量标志保护条例》。2002年12月1日实施的《测绘法》建立了统一监督管理的测绘行政管理体制，进一步强化了测量标志管理职责。2017年4月27日新修订出台的《测绘法》，在原有测量标志保护制度的基础上，进一步明确了法律责任，并将国家测绘地理信息局负责的永久性测量标志拆迁审批职能下放到省级测绘地理信息主管部门。

1.各级人民政府的职责

(1)制定有关测量标志保护的行政法规和地方政府规章；

(2)加强对测量标志保护工作的领导，采取有效措施加强测量标志保护工作，增强公民依法保护测量标志的意识；

(3)对在测量标志保护工作中做出显著成绩的单位和个人，给予奖励；

(4)将测量标志保护经费列入当地政府财政预算和年度计划。

2.国务院测绘地理信息主管部门的职责

(1)研究制定有关测量标志保护的行政法规、规章草案和相关政策,制定测量标志有偿使用的具体办法;

(2)组织制定全国测量标志保护规划及普查、维修年度计划;

(3)组织测量标志保护法律、法规的宣传,提高全民的测量标志保护意识;

(4)检查和维护国家一、二等永久性测量标志;

(5)依法查处损毁测量标志的违法行为。

3.省级测绘地理信息主管部门的职责

(1)负责本行政区域内的测量标志保护工作;

(2)拆迁永久性测量标志或者使永久性测量标志失去使用效能审批;

(3)制定本行政区域内的测量标志维修计划,并组织协调有关部门和单位统一实施;

(4)收取工程建设单位的永久性测量标志的迁建费用;

(5)负责永久性测量标志的重建工作;

(6)查处永久性测量标志违法案件。

4.市、县级测绘地理信息主管部门的职责

(1)负责本行政区域内的测量标志保护工作;

(2)按规定检查、维护永久性测量标志;

(3)永久性测量标志委托保管书的备案;

(4)接收永久性测量标志被移动或损毁的情况报告;

(5)查处违反测量标志保护有关法律、法规和规章的行为。

5.乡(镇)人民政府的职责

(1)依法做好本行政区域内的测量标志保护管理工作;

(2)及时向县级测绘地理信息主管部门报告永久性测量标志的移动和损毁情况。

3.5.3　测量标志建设与保管

1.测量标志建设

测量标志建设是指测绘单位或者项目施工单位为满足测绘活动的需要,按照国家有关规范和标准,在地面、地下或者建筑物顶部通过浇注、埋设等方式,建造用于标记测量点位的活动。测绘法律、行政法规对建设永久性测量标志的规定,主要体现在以下几个方面:

(1)使用国家规定的测绘基准和测绘标准。

(2)选择有利于测量标志长期保护和管理的点位。

(3)设置永久性测量标志的,应当对永久性测量标志设立明显标记;设置基础性测量标志的,还应当设立由国务院测绘地理信息主管部门统一监制的专门标牌。

(4)建设永久性测量标志需要占用土地的,地面标志占用土地的范围为36～100平方米,地下标志占用土地的范围为16～36平方米。

(5)设置永久性测量标志,需要依法使用土地或者在建筑物上建设永久性测量标志的,有关单位和个人不得干扰和阻挠。

(6)设置永久性测量标志的部门,应当将永久性测量标志委托测量标志设置地的有关单位或者人员负责保管,签订测量标志委托保管书,明确委托方和被委托方的权利和义务,并由委托方将委托保管书抄送乡级人民政府和县级以上地方政府测绘地理信息主管部门备案。

2.测量标志保管

测量标志保管是指测量标志建设单位或者测绘地理信息主管部门委托专门人员进行看护，并采取一定的保护措施，避免测量标志损坏或者使其失去使用效能的活动。

我国目前的测量标志保管制度，主要是通过测量标志建设单位或者测绘地理信息主管部门与测量标志保管人员签定委托保管协议来明确委托方和受托方的权利与义务关系，也有部分省、自治区、直辖市将测量标志委托当地的乡镇国土资源所管理，但最终都是通过一定的方式将保管责任落实到具体保管人员。

测量标志保管人员的主要职责为：

(1)经常检查测量标志的使用情况，查验永久性测量标志使用后的完好状况；

(2)发现永久性测量标志有移动或损毁的情况，及时向当地乡级人民政府报告；

(3)制止、检举和控告移动、损毁、盗窃永久性测量标志的行为；

(4)查询使用永久性测量标志的测绘人员的有关情况。

3.5.4 测量标志使用与维护

1.测量标志使用

《测量标志保护条例》对测绘人员使用永久性测量标志的规定，主要包括以下内容：

(1)测绘人员使用永久性测量标志，应当持有测绘作业证件，接受县级以上测绘地理信息主管部门的监督和负责保管测量标志的单位和人员的查询。

(2)使用测量标志，要按照操作规程进行测绘，不得在测量标志上架设通信设施、设置观望台、搭帐篷、拴牲畜或者设置其他有可能损毁测量标志的附着物，并保证测量标志完好。

(3)国家对测量标志实行有偿使用；但是，使用测量标志从事军事测绘任务的除外。测量标志有偿使用的收入应当用于测量标志的维护、维修，不得挪作他用。具体办法由国务院测绘行政主管部门会同国务院物价行政主管部门制定。目前，测量标志有偿使用制度基本没有落实。

2.测量标志维护

测量标志维护是指测绘地理信息主管部门或者测量标志保管、建设单位通过采取设立指示牌、构筑防护井、物理加固等方式，保证测量标志完好的活动。测绘法及测量标志保护条例对测量标志维护工作都有具体的规定，并明确了相应的职责。

(1)《测绘法》第四十五条规定，县级以上人民政府应当采取有效措施加强测量标志的保护工作。县级以上人民政府测绘地理信息主管部门应当按照规定检查、维护永久性测量标志。乡级人民政府应当做好本行政区域内的测量标志保护工作。

(2)《测量标志保护条例》第十七条规定，测量标志保护工作应当执行维修规划和计划。

全国测量标志维修规划，由国务院测绘行政主管部门会同国务院其他有关部门制定。省、自治区、直辖市人民政府管理测绘工作的部门应当组织同级有关部门，根据全国测量标志维修规划，制定本行政区域内的测量标志维修计划，并组织协调有关部门和单位统一实施。

(3)《测量标志保护条例》第十八条规定，设置永久性测量标志的部门应当按照国家有关的测量标志维修规程，对永久性测量标志定期组织维修，保证测量标志正常使用。

3.5.5 永久性测量标志拆迁审批

《测绘法》第四十三条规定，进行工程建设，应当避开永久性测量标志；确实无法避开，需要拆迁永久性测量标志或者使永久性测量标志失去效能的，应当经省、自治区、直辖市人民政府测绘地理信息主管部门批准；涉及军用控制点的，应当征得军队测绘部门的同意。所需迁建费用由工程建设单位承担。从而确定了我国永久性测量标志拆迁许可制度。

1.不得拆迁的永久性测量标志

根据《国家永久性测量标志拆迁审批程序规定》(测办〔2010〕108号)，进行工程建设，不得申请拆迁下列永久性测量标志或者使其失去使用效能：

(1)国家大地原点；

(2)国家水准原点；

(3)国家绝对重力点；

(4)全球定位系统连续运行基准站；

(5)基线检测场点；

(6)在全国测绘基准体系和测绘系统中具有关键作用的控制点。

2.申请拆迁永久性测量标志应当提交的材料

申请永久性测量标志拆迁的，申请拆迁的工程建设单位应当提交下列材料：

(1)永久性测量标志拆迁申请书；

(2)工程建设项目批准文件；

(3)同意支付拆迁费用书面材料；

(4)其他需提交的申请材料。

3.永久性测量标志拆迁审批

根据《测绘法》规定，拆迁永久性测量标志的单位，应当向省级测绘地理信息主管部门提出申请，由永久性测量标志所在地的市级测绘地理信息主管部门负责转报。市级测绘地理信息主管部门在接到拆迁申请后，对申请材料进行核实，组织有关人员进行实地调查，征求测量标志建设等有关单位或测量专家意见，必要时组织专家论证，研究提出迁建方案，依法落实迁建费用，以书面形式报告省级测绘地理信息主管部门，并附相关材料。市级转报材料包括：

(1)市级测绘地理信息主管部门的请示文件；

(2)上述申请文件中规定的申请材料；

(3)永久性测量标志的基本情况，包括点名、点号、等级、地理位置和粗略空间坐标(精确到0.5′)、点之记等基本信息，可列表说明；

(4)永久性测量标志拆迁必要性、迫切性阐述及核实，实地调查，测量标志建设单位意见等情况说明，组织专家论证的，要附专家论证意见；

(5)永久性测量标志拆迁方案，包括迁建地点选择、主要技术路线与要求、迁建工作安排、迁建经费测算等内容。

4.永久性测量标志拆迁经费

永久性测量标志拆迁费用，由申请拆迁永久性测量标志的工程建设单位承担。省级测绘地理信息主管部门批准拆除或者拆迁永久性测量标志后，工程建设单位必须按照国家有关规定依法支付必需的费用，用于重建永久性测量标志。测量标志迁建费用，一般都应当支付给负责永久性测量标志拆迁审批的测绘地理信息主管部门，由负责拆迁审批的测绘地理信息主管部门委托具有相应测绘资质和条件的单位进行重建。

第4章　基础测绘管理

大纲要求

（1）根据《测绘法》和《基础测绘条例》的规定，确认基础测绘项目组织实施的合法性，以及基础测绘项目承担单位应当履行的义务，并分析界定有关法律责任。

（2）根据《测绘法》和《基础测绘条例》中有关应急测绘保障的规定，以及《基础测绘成果应急提供办法》（国测法字〔2007〕13号），确认应急测绘保障和基础测绘设施建设的主要内容和原则，并分析界定基础测绘成果应急提供的有关权利义务与责任。

（3）根据《测绘法》中有关地理国情监测的规定，以及《关于全面开展地理国情监测的指导意见》（国测国发〔2017〕8号），确认地理国情监测的主要内容和方法，并分析界定地理国情监测成果使用管理的合法性。

知识要点

基础测绘是公益性事业，是我国测绘地理信息事业发展的重要组成部分。为加强基础测绘管理，规范基础测绘活动，保障基础测绘事业为国家经济建设、国防建设和社会发展服务，2009年5月12日，国务院以第556号令颁布了《基础测绘条例》，于2009年8月1日起施行。2015年6月，国务院批复同意《全国基础测绘中长期规划纲要（2015—2030年）》（以下简称《纲要》），明确了全国基础测绘的发展目标和重点任务。2017年7月1日施行的《测绘法》，仍然将基础测绘单列一章，并对相关内容进行了修订。

4.1　基础测绘的概念与原则

4.1.1　基础测绘的概念

基础测绘是指建立全国统一的测绘基准和测绘系统，进行基础航空摄影，获取基础地理信息的遥感资料，测制和更新国家基本比例尺地图、影像图和数字化产品，建立、更新基础地理信息系统。基础测绘主要包括以下五个方面内容。

1.建立全国统一的测绘基准和测绘系统

全国统一的测绘基准和测绘系统是各类测绘活动的基础，具有明显的公益性特征。目前我国全国统一的测绘基准和测绘系统在规模、精度和统一性方面都居于世界先进行列。但是，测绘基准和测绘系统需要不断的精化和完善，需要定期进行建设和维护，同时，测绘基准和测绘系统随着测绘技术进步而要不断地进行更新和发展。

2.进行基础航空摄影

基础航空摄影是指利用航空飞行器获取基础地理信息数据的摄影。以测绘为目的的基础航空摄影是指为满足测制和更新国家基本比例尺地图、建立和更新基础地理信息数据库的需要，在飞机上安装航空摄影仪，从空中对我国国土实施航空摄影，获取基础地理信息源数据。基础航空摄影资料详细记载了一定区域范围的地物、地貌特征以及地物之间的相互关系，具有信息量大、覆盖面广的特点。

3.获取基础地理信息的遥感资料

获取基础地理信息遥感资料的方式主要有两种：一种是接收我国自主研制的类似“资源三号”等遥感卫星数据并进行处理，从而获取基础地理信息数据；另外一种是订购其他国家的卫星遥感数据。卫星遥感资料是基础地理信息数据的重要数据源，主要用于快速更新、修测或编制国家基本比例尺地图，以及更新、修测国家和区域基础地理信息数据库。

4.测制和更新国家基本比例尺地图、影像图和数字化产品

国家基本比例尺地图是指根据国家颁布的统一测量规范、图式和比例尺系列测绘或编绘而成的地形图，是国家各项经济建设、国防建设、社会发展和生态保护的基础图，具有使用频率高、内容表示详细，分类齐全、精度高等特点，是我国最具权威性的基础地图，其测制精度和成果质量是衡量一个国家测绘科学技术发展水平的重要标志之一。

2006年，国家测绘地理信息局发布《中华人民共和国国家标准批准发布公告》(2006年第6号)，将1∶100万、1∶50万、1∶25万、1∶10万、1∶5万、1∶2.5万、1∶1万、1∶5000、1∶2000、1∶1000、1∶500比例尺地图列为我国基本比例尺地图。

影像图是指对通过航天遥感、航空摄影等方法获取的数据或照片进行一系列几何变换和误差改正，附加一定的说明信息得到的具有地理坐标系、精度指标和直观真实的照片效果的地图。国家基本比例尺地图和影像图主要包括两类：一类是传统的纸介质模拟地图，另一类是以磁带、磁盘、光盘为介质的数字化地图产品。

5.建立、更新基础地理信息系统

基础地理信息系统是通过对基础地理信息数据的集成、存储、检索、操作和分析，生成并输出各种基础地理信息的计算机系统。基础地理信息系统为土地利用、资源管理、环境监测、交通运输、经济建设、城市规划以及政府各部门行政管理服务，它具有通用性强、重复使用率高的特点，是国家基础测绘工作的重要组成部分。

4.1.2　基础测绘的特征

1.基础性

基础地理信息是通过实施基础测绘获得的基础测绘成果，在技术上构成了各项后续测绘工作和地理信息应用的基础：统一的国家测绘基准和测绘系统是现代主权国家开展各项测绘工作的基础和前提；国家基本比例尺系列地图是其他各种专题地图的制图基础；国家和地方基础地理信息系统是其他专业地理信息系统的空间定位基础，基础测绘的最明显特征就是具有基础性。

2.公益性

基础测绘是向全社会各类用户提供统一、权威的空间定位基准和基础地理信息服务的工作。基础测绘工作作为经济社会发展和国防建设的一项基础性工作，是国家在行使政治统治职能和社会管理职能时准确掌握国情国力、提高管理决策水平的重要手段，基础测绘成果是一种公共产品，具有公益性特点。因此，测绘法及基础测绘条例都明确规定，基础测绘是公益性事业。

3.通用性

通用性是基础测绘的基础性和公益性在服务内容上的具体体现,基础测绘不是为了某种特定需要服务的,而是遵循服务普遍性原则,服务于社会各个阶层、各个领域和各类不同用户,是其他一切后续测绘工作的基础。

4.权威性

基础测绘成果的权威信息是政府宏观管理与规划决策的重要依据,同时也是基础测绘基础性、公益性和通用性在基础测绘成果上的具体体现。国家基本比例尺系列地图是维护国家版图完整性的权威证明,也是权威地理信息数据的来源。

5.持续性

基础测绘成果必须具有现势性。基础测绘成果的现势性既是基础测绘的基础性的内在要求,又是社会发展对基础测绘成果的客观要求。而要保持现势性就需要对基础测绘成果进行持续不断地更新。基础测绘成果需要不断更新的属性就是基础测绘的持续性。持续性是基础测绘区别于非基础测绘的一个重要特征。其他非基础测绘往往是一次性投入,项目完成后便不再需要进行测绘,而基础测绘必须持续地进行更新,以满足经济社会发展对基础地理信息资源的需求。

6.统一性

基础测绘通过建立全国统一的测绘基准和测绘系统,生产国家统一规定的基本比例尺地图,保持国家统一规定的精度要求,体现出基础测绘的统一性特点。基础测绘的统一性,是实现基础地理信息共享利用的基本前提。

7.保密性

基础测绘成果几乎涵盖了地表全部的自然地理要素和人工设施,是现代军事精确打击不可缺少的基础资料并且涉及国家秘密,地图事关国家版图完整和政治主张,基础测绘成果普遍具有保密性特征。

4.1.3 基础测绘工作的原则

《基础测绘条例》第四条规定,基础测绘工作应当遵循统筹规划、分级管理、定期更新、保障安全的原则。

1.统筹规划

统筹规划,是指基础测绘规划的编制和组织实施、基础测绘成果的更新和利用要统筹规划。具体体现在以下五个方面:一是要统筹安排基础测绘工作中长期规划和年度计划,既要有中长期的发展目标,也要做好短期计划的执行保障,协调好各级计划的衔接;二是要统筹安排国家和地方各级基础测绘工作,充分发挥中央和地方两个积极性;三是要统筹安排区域基础测绘工作,以地区经济社会发展需求为导向,同时兼顾地区平衡;四是根据基础测绘发展需要,统筹安排基础测绘设施建设和重大基础测绘项目;五是要统筹安排基础地理信息资源的开发利用,推进共建共享,避免重复投入和建设。

2.分级管理

分级管理是指明确各级政府对基础测绘工作的监督管理和职责;建立健全基础测绘的投入机制,将基础测绘工作投入纳入各级政府预算;明确各级政府在测绘基础设施建设方面的职责和任务;明确各级测绘地理信息主管部门组织实施基础测绘项目的内容。分级管理不仅可以明确中央与地方各级政府的事权,也有利于建立起高效的基础测绘工作运行机制。

3.定期更新

定期更新是根据地表景观的变化情况、经济社会发展的速度、国家经济建设、国防建设、社会发展和生态保护对不同基础测绘成果的现势性需求和政府财政支撑的能力，结合基础测绘生产能力和成果更新的实际情况，合理确定成果更新周期，建立健全基础地理信息的更新机制。定期更新制度的确立有利于从根本上改变基础测绘滞后于国民经济和社会发展的状况。

4.保障安全

基础测绘活动获取的大量成果都涉及国家秘密，关系国家安全，因此需要采取有效措施保障基础测绘成果的安全，防止成果损坏、丢失、灭失和泄密。利用基础测绘成果应当遵守测绘成果管理条例等有关规定，通过合理划分涉密成果密级，加强成果保密技术研究，在保障涉密基础测绘成果安全的前提下，促进基础地理信息资源的高效开发利用。

2015 年 6 月 1 日，国务院对《全国基础测绘中长期规划纲要(2015—2030 年)》作出批复，要求各省(自治区、直辖市)人民政府要加强组织领导，加大支持力度，落实责任，细化政策，根据《规划纲要》确定的目标任务，切实推进本地区基础测绘各项工作。

4.2 基础测绘规划

4.2.1 基础测绘规划的概念

基础测绘规划包括全国基础测绘规划和地方基础测绘规划，是对全国及地方基础测绘在时间和空间上的战略部署和具体安排，关系国务院及县级以上地方人民政府对基础测绘工作在本级国民经济和社会发展年度计划及政府预算中的安排。

基础测绘规划的主要内容包括基础测绘的指导思想、基本原则、发展目标和主要任务，以及规划实施的保障措施等，并且还涉及布局示意图和规划项目表。全国基础测绘中长期规划还包括了简明、准确的发展方针和发展目标等。

1.全国基础测绘规划

全国基础测绘规划是指由国务院测绘地理信息主管部门会同国务院其他有关部门、军队测绘部门负责组织编制的，对全国基础测绘在时间和空间上的战略部署和具体安排，涉及国务院对基础测绘工作在国家国民经济和社会发展年度计划及政府预算的统筹和安排，是全国性的、国家基础测绘发展的阶段性目标。如 2015 年 6 月颁布实施的《全国基础测绘中长期规划纲要(2015—2030 年)》，不仅明确了基础测绘的指导思想、基本原则和发展目标，同时，还明确了我国基础测绘发展的主要任务，是我国基础测绘发展的纲领性文件。

2.地方基础测绘规划

地方基础测绘规划是指由县级以上地方人民政府测绘地理信息主管部门会同本级政府其他有关部门负责组织编制的，由县级以上测绘地理信息主管部门牵头组织，规划建设、国土资源、交通、水利、电力等有关部门参与，根据全国基础测绘规划和上一级的基础测绘规划以及本行政区域内的实际情况，拟订的地方性的、区域性的基础测绘发展的阶段性目标。

4.2.2 基础测绘规划编制

1.基础测绘规划编制的程序

(1)制定基础测绘中长期规划编制工作方案，会同有关部门开展基础测绘相关重大问题研究工作。

(2)组织规划起草班底和规划文本。

(3)组织参与规划编制工作的各有关部门对规划内容进行会商,并将会商后的规划与相关规划进行衔接。

(4)对规划指标、规划项目等规划内容进行论证。地方基础测绘规划还应当征求当地军事主管部门的意见。

(5)规划编制完成后,测绘地理信息主管部门按程序报同级人民政府批准。

全国基础测绘中长期规划在获批准后2个月内,县级以上地方测绘地理信息主管部门组织编制的中长期规划在经本级政府批准后,除有保密要求的,测绘地理信息主管部门应在测绘地理信息行业报纸或政府相关网站上公布规划文本的部分或者全部内容。

2.基础测绘规划期限

国家发展和改革委员会、国家测绘局2007年联合制定的《基础测绘计划管理办法》(发改地区〔2007〕522号)对基础测绘规划的期限作出了具体规定。基础测绘规划的规划期根据基础测绘工作的实际特点及经济建设、国防建设、社会发展和生态保护的实际需要,一般至少为5年,保持与国家国民经济和社会发展总体规划相衔接。

3.法律、行政法规对基础测绘规划编制的规定

(1)基础测绘规划报批前要组织专家论证。为协调好全局利益与局部利益、长远利益和眼前利益以及部门利益的关系,提高基础测绘规划的科学性和指导性,基础测绘规划在报批前应当经过专家论证并充分征求各方面的意见和建议。

(2)基础测绘规划要广泛征求意见。在基础测绘规划编制过程中,编制机关还要征求其他相关规划编制部门的意见,如国土资源、交通、水利、电力等部门的意见,确保基础测绘规划与相关规划的衔接。

(3)地方基础测绘规划要征求军事机关的意见。地方基础测绘规划涉及的区域范围比较具体,一般都会涉及军事禁区、军事管理区或者作战工程。因此,组织编制机关在报送审批前,还应当征求军事机关的意见。根据《中华人民共和国军事设施保护法》规定,协商解决有关军事禁区、军事管理区的范围,保证基础测绘规划的顺利实施。

4.基础测绘规划批准

国务院测绘地理信息主管部门会同国务院其他有关部门、军队测绘部门,组织编制全国基础测绘规划,报国务院批准后组织实施。县级以上地方人民政府测绘地理信息主管部门会同本级人民政府其他有关部门,根据国家和上一级人民政府的基础测绘规划和本行政区域的实际情况,组织编制本行政区域的基础测绘规划,报本级人民政府批准后组织实施。

5.基础测绘规划公布

基础测绘规划属于政府需要公开的政府信息,必须依照《政府信息公开条例》的相关规定依法公开。县级以上测绘地理信息主管部门要将经批准的基础测绘规划通过政府公报、政府网站、新闻发布会以及报刊、广播、电视等各种媒体向社会公开。

4.2.3 基础测绘年度计划

1.基础测绘年度计划的概念

基础测绘年度计划是政府履行经济调节和公共服务职能的重要依据。《测绘法》第十八条规定,县级以上人民政府应当将基础测绘纳入本级国民经济和社会发展年度计划,将基础测绘工作所需经费列入本级政府预算。

根据《测绘法》和《基础测绘条例》,国家对基础测绘计划实行分级管理。国务院发展改革

主管部门和测绘地理信息主管部门负责全国基础测绘计划的管理；县级以上地方人民政府发展改革主管部门和测绘地理信息主管部门负责本行政区域的基础测绘计划管理。国家发展和改革委员会、国家测绘局联合制定的《基础测绘计划管理办法》，对基础测绘计划管理进行了明确规定。

2.全国基础测绘年度计划的主要内容

全国基础测绘年度计划的主要内容包括：全国统一的大地基准、高程基准、深度基准和重力基准的建立和更新；全国统一的一、二等平面、高程控制网，重力网和A、B级空间定位网的建立和更新；全国1∶100万、1∶50万、1∶25万、1∶10万、1∶5万和1∶2.5万系列比例尺地形图、影像图的测制和更新；组织实施国家基础航空摄影，获取基础地理信息的遥感资料；国家基础地理信息系统的建立和更新维护；国家基础测绘公共服务体系的建立和完善；需中央财政安排的国家急需的其他基础测绘项目。

3.基础测绘年度计划编制的程序

(1)国务院测绘地理信息主管部门根据国民经济和社会发展年度计划编制要求和全国基础测绘中长期规划，组织编制并提出全国基础测绘年度计划建议，报国务院发展改革主管部门。

(2)县级以上地方测绘地理信息主管部门根据国民经济和社会发展年度计划编制要求和本行政区域基础测绘中长期规划，组织提出本行政区域基础测绘年度计划建议，报经同级发展改革主管部门平衡后，在10个工作日内由测绘地理信息主管部门和发展改革部门分别报上一级测绘地理信息主管部门和发展改革主管部门。

(3)国务院发展改革主管部门对上述计划建议进行汇总和综合平衡，编制全国基础测绘年度计划草案，作为全国国民经济和社会发展年度计划的组成部分，正式下达给国务院测绘地理信息主管部门和省级发展改革主管部门。

(4)市、县级基础测绘年度计划的编制程序由省级发展改革主管部门会同测绘地理信息主管部门研究确定。

4.基础测绘年度计划的组织实施

国务院测绘地理信息主管部门负责国家级基础测绘计划的组织实施；县级以上地方政府测绘地理信息主管部门负责本级基础测绘计划的组织实施。

国务院测绘地理信息主管部门对全国基础测绘年度计划的实施情况进行检查、指导。县级以上人民政府发展改革主管部门会同同级测绘地理信息主管部门对基础测绘中长期规划和年度计划的执行情况进行监督检查。县级以上地方人民政府测绘地理信息主管部门要逐级向上一级测绘地理信息主管部门上报基础测绘年度计划执行情况，并抄送同级发展改革主管部门；国务院测绘地理信息主管部门根据各地上报情况进行综合评估，并将结果报国务院发展改革主管部门。

4.3　分级管理与定期更新

基础测绘是公益性事业，国家对基础测绘实行分级管理。在分级管理的体制下，国家规定基础测绘成果应当定期更新，经济建设、国防建设、社会发展和生态保护急需的基础测绘成果应当及时更新。

4.3.1 基础测绘工作管理职责

基础测绘分级管理体制是指对各级人民政府、测绘地理信息主管部门及政府各有关部门关于基础测绘工作的具体职能配置和职责分工,《测绘法》和《基础测绘条例》对基础测绘工作职责作出了明确规定。

1.各级人民政府的职责

(1)加强对基础测绘工作的领导。

(2)依法批准本级基础测绘规划。

(3)将基础测绘纳入本级国民经济和社会发展规划及年度计划,基础测绘工作所需经费列入本级政府预算。

(4)遵循科学规划、合理布局、有效利用、兼顾当前与长远需要的原则,加强基础测绘设施建设,避免重复投资。

2.国务院测绘地理信息主管部门的职责

(1)负责全国基础测绘工作的统一监督管理。

(2)会同国务院其他有关部门、军队测绘部门,组织编制全国基础测绘规划,报国务院批准后组织实施。

(3)会同国务院发展改革部门编制全国基础测绘年度计划并组织实施。

(4)根据应对自然灾害等突发事件的需要,制定相应的基础测绘应急保障预案。

(5)组织实施全国性基础测绘项目。

(6)会同军队测绘部门和国务院其他有关部门制定基础测绘成果更新周期确定的具体办法。

(7)采取措施,加强对基础地理信息测制、加工、处理、提供的监督管理,确保基础测绘成果质量。

(8)负责基础测绘成果资料提供使用的审批。

3.省级测绘地理信息主管部门的职责

(1)负责本行政区域内基础测绘工作的统一监督管理。

(2)会同本级人民政府其他有关部门,根据国家基础测绘规划和本行政区域的实际情况,组织编制本行政区域的基础测绘规划,报本级人民政府批准后组织实施。

(3)会同同级政府发展改革部门,编制本行政区域内的基础测绘年度计划,并分别报上一级主管部门备案后组织实施。

(4)组织实施省级基础测绘项目。

(5)根据应对自然灾害等突发事件的需要,制定相应的省级基础测绘应急保障预案。

(6)采取措施,加强对基础地理信息测制、加工、处理、提供的监督管理,确保基础测绘成果质量。

(7)负责省级基础测绘成果资料提供使用的审批。

4.市、县级测绘地理信息主管部门的职责

(1)负责本行政区域内基础测绘工作的统一监督管理。

(2)会同本级人民政府其他有关部门,根据国家和省级基础测绘规划以及本行政区域的实际情况,组织编制本行政区域的基础测绘规划,报本级人民政府批准后组织实施。

(3)会同同级政府发展改革部门,编制本行政区域内的基础测绘年度计划,并分别报上一级主管部门备案后组织实施。

(4)按照分级管理权限组织实施基础测绘项目。

(5)采取措施,加强对基础地理信息测制、加工、处理、提供的监督管理,确保基础测绘成果质量。

(6)负责本级基础测绘成果资料提供使用的审批。

5.军队和其他有关部门的职责

其他有关部门、军队测绘部门关于基础测绘工作的职责,主要是在统一监督管理的大原则下,配合测绘地理信息主管部门依法编制基础测绘规划和年度计划;在县级以上人民政府测绘地理信息主管部门收集有关行政区域界线、地名、水系、交通、居民点、植被等地理信息的变化情况时,其他有关部门和单位应当对测绘地理信息主管部门的信息收集工作予以支持和配合。

军队测绘部门负责管理军事部门的测绘工作,并按照国务院、中央军事委员会规定的职责分工负责管理海洋基础测绘工作。

4.3.2 基础测绘组织实施

《基础测绘条例》对基础测绘组织实施的具体职责进行了明确规定。

1.国务院测绘地理信息主管部门

(1)建立全国统一的测绘基准和测绘系统;

(2)建立和更新国家基础地理信息系统;

(3)组织实施国家基础航空摄影;

(4)获取国家基础地理信息遥感资料;

(5)测制和更新全国1∶100万至1∶2.5万国家基本比例尺地图、影像图及其数字化产品;

(6)国家急需的其他基础测绘项目。

2.省级测绘地理信息主管部门

(1)建立本行政区域内与国家测绘系统相统一的大地控制网和高程控制网;

(2)建立和更新地方基础地理信息系统;

(3)组织实施地方基础航空摄影;

(4)获取地方基础地理信息遥感资料;

(5)测制和更新本区域1∶1万、1∶5000国家基本比例尺地图、影像图及其数字化产品。

3.设区的市、县级测绘地理信息主管部门

(1)在国家统一的平面控制网、高程控制网和空间定位网的基础上,布设满足当地城市建设和发展需要的平面控制网和高程控制网;

(2)1∶2000至1∶500比例尺地图、影像图和数字化产品的测制和更新;

(3)建立和更新市、县级基础地理信息系统;

(4)地方性法规、地方政府规章确定的其他基础测绘项目。

4.基础测绘项目承担单位

(1)基础测绘项目承担单位应当具有与所承担的基础测绘项目相应的测绘资质和条件,并不得超越其资质等级许可的范围从事基础测绘活动。

(2)基础测绘项目承担单位应当具备健全的保密制度和完善的保密设施,严格执行有关保守国家秘密法律、法规的规定。

(3)基础测绘项目承担单位应当建立健全基础测绘成果质量管理制度,严格执行国家规定的测绘技术规范和标准,对其完成的基础测绘成果质量负责。

4.3.3 基础测绘成果定期更新

1.基础测绘成果定期更新的概念

基础测绘成果定期更新制度是指按照一定的时间间隔更新基础测绘成果的法律规定。《测绘法》第十九条规定，基础测绘成果应当定期更新，经济建设、国防建设、社会发展和生态保护急需的基础测绘成果应当及时更新。《基础测绘条例》规定，国家实行基础测绘成果定期更新制度。基础测绘成果更新周期确定的具体办法，由国务院测绘地理信息部门会同军队测绘部门和国务院其他有关部门制定。

基础地理信息是指按照国家规定的技术规范、标准制作的、可通过计算机系统使用的数字化的基础测绘成果，是通过实施基础测绘对地表自然景观和地物形态进行测定和表述的空间信息。随着地表自然地理景观的变化和城市化水平的不断提高以及经济社会的全面进步和发展，基础地理信息不断地发生着变化，需要不断地进行更新，以保持基础地理信息的现势性和有效性。

2.基础测绘成果更新周期的因素

(1)国民经济和社会发展对基础地理信息的需求；

(2)测绘科学技术水平和测绘生产能力；

(3)基础地理信息变化情况。

《基础测绘条例》规定，1∶100 万至 1∶5000 国家基本比例尺地图、影像图和数字化产品至少 5 年更新一次，基础测绘成果更新周期确定的具体办法，由国务院测绘地理信息主管部门会同军队测绘部门和国务院其他有关部门制定。

3.基础测绘成果定期更新的职责

(1)国务院测绘地理信息主管部门的职责主要包括：建立国家基础测绘定期更新制度，会同军队测绘部门和国务院其他有关部门研究制定基础测绘成果更新周期确定的具体办法；负责国家测绘地理信息局分管范围内的基础测绘成果的定期更新；收集国家层面上的有关国界线、行政区域界线、地名、水系等地理信息的变化情况；指导、监督地方各级测绘地理信息主管部门基础测绘成果的定期更新工作。

(2)县级以上地方测绘地理信息主管部门的职责主要包括：按照管理权限负责本行政区域内基础测绘成果的定期更新，收集有关行政区域界线、地名等地理信息的变化情况。

(3)其他有关部门和单位的职责：基础测绘是公益性事业，基础测绘成果定期更新需要各个部门的协同配合，协助各级测绘地理信息主管部门的信息收集工作是各有关部门和单位的法定义务。县级以上人民政府其他有关部门和单位可通过建立计划交换、成果通报、目录汇总等信息交流方式，采用签订共建共享协议、项目合作协议等形式，支持和配合县级以上测绘地理信息主管部门的信息收集工作，提高基础测绘成果的现势性。

4.4 基础测绘成果提供利用

基础测绘成果大多数属于国家秘密，基础测绘成果的提供利用涉及国家秘密、国家安全和国家利益，基础测绘成果的提供利用必须依法予以规范。

4.4.1 基础测绘成果提供利用规定

1.基础测绘成果的内容

(1)为建立全国统一的测绘基准和测绘系统进行的天文测量、三角测量、水准测量、卫星大地测量、重力测量所获取的数据、图件；

(2)基础航空摄影所获取的数据、影像资料；

(3)遥感卫星和其他航天飞行器对地观测所获取的基础地理信息遥感资料；

(4)国家基本比例尺地图、影像图及其数字化产品；

(5)基础地理信息系统的数据、信息等。

2.基础测绘成果提供利用规定

(1)《测绘法》第三十六条规定，基础测绘成果和国家投资完成的其他测绘成果，用于政府决策、国防建设和公共服务的，应当无偿提供。除前款规定情形外，依法实行有偿使用制度。但是，各级人民政府及其有关部门和军队因防灾减灾、应对突发事件、维护国家安全等公共利益的需要，可以无偿使用。测绘成果使用的具体办法由国务院规定。

(2)《测绘成果管理条例》第十七条规定，法人或者其他组织需要利用属于国家秘密的基础测绘成果的，应当提出明确的利用目的和范围，报测绘成果所在地的测绘行政主管部门审批。测绘行政主管部门审查同意的，应当以书面形式告知测绘成果的秘密等级、保密要求以及相关著作权保护要求。

(3)为规范基础测绘成果提供、使用管理，保障依法合理使用基础测绘成果，国家测绘局于2006年9月制定了《基础测绘成果提供使用管理暂行办法》(国测法字〔2006〕13号)，对基础测绘成果的提供利用进行了规定。《基础测绘成果提供使用管理暂行办法》第二条规定，提供、使用不涉及国家秘密的基础测绘成果，由测绘成果资料保管单位按照便民、高效的原则，制定相应的提供、使用办法，报同级测绘地理信息主管部门批准后实施。外国组织和个人以及在我国注册的外商独资企业和中外合作企业申请使用我国基础测绘成果的具体办法，另行制定。第三条规定，国家测绘地理信息局主管全国基础测绘成果提供使用管理工作。县级以上测绘地理信息主管部门负责本行政区域内基础测绘成果的提供使用管理工作。

4.4.2　基础测绘成果审批职责

1.国家测绘地理信息局审批职责

(1)全国统一的一、二等平面控制网、高程控制网和国家重力控制网的数据、图件；

(2)1∶50万、1∶25万、1∶10万、1∶5万、1∶2.5万国家基本比例尺地图、影像图和数字化产品；

(3)国家基础航空摄影所获取的数据、影像等资料，以及获取基础地理信息的遥感资料；

(4)国家基础地理信息数据；

(5)其他应当由国家测绘地理信息局审批的基础测绘成果。

2.省级测绘地理信息主管部门审批职责

(1)本行政区域内全国统一的三、四等平面控制网、高程控制网的数据和图件；

(2)本行政区域内的1∶1万、1∶5000等国家基本比例尺地图、影像图和数字化产品；

(3)本行政区域内的基础航空摄影所获取的数据、影像等资料，以及获取基础地理信息的遥感资料；

(4)本行政区域内的基础地理信息数据；

(5)属国家测绘地理信息局审批范围，但已委托省级测绘地理信息主管部门负责管理的基础测绘成果；

(6)其他应当由省级测绘地理信息主管部门审批的基础测绘成果。

3.市、县级测绘地理信息主管部门审批职责

根据《基础测绘成果提供使用管理暂行办法》,市(地、州)、县级测绘地理信息主管部门受理审批基础测绘成果的具体范围和审批办法,由省、自治区、直辖市测绘地理信息主管部门规定。目前,市、县级测绘地理信息主管部门负责管理的基础测绘成果主要包括以下方面:

(1)本行政区域内与国家三、四等以上平面控制网、高程控制网相连接以及加密控制网的数据、图件;

(2)本行政区域内的1∶500、1∶1000、1∶2000国家基本比例尺地图、影像图和数字化产品;

(3)本行政区域内的基础地理信息数据;

(4)属省级测绘地理信息主管部门管理范围,但已委托市(地、州)、县级测绘地理信息主管部门负责管理的基础测绘成果;

(5)其他应当由市(地、州)、县级测绘地理信息主管部门审批的基础测绘成果。

4.4.3 基础测绘成果使用申请

1.申请使用基础测绘成果的条件

(1)有明确、合法的使用目的;

(2)申请的基础测绘成果范围、种类、精度与使用目的相一致;

(3)符合国家的保密法律法规及政策。

2.申请使用基础测绘成果应当提交的材料

(1)基础测绘成果使用申请表;

(2)加盖单位公章的证明函;

(3)属于财政投资的项目须提交项目批准文件,属于非财政投资的项目须提交项目合同书、委托函等合法有效证明文件;

(4)申请无偿使用涉密成果,须提交相应机关的公函;

(5)经办人有效身份证明及复印件。

申请人首次申请使用涉密成果的,还应同时提交下列申请材料:

(1)单位注册登记证书和相应的组织机构代码证及复印件;

(2)相应的保密管理制度和保密设备条件的证明材料;

(3)单位内部负责保管涉密成果的机构、人员(有效身份证明及复印件、联系方式)等基本情况的证明文件。

3.申请使用基础测绘成果的证明函

(1)申请使用的基础测绘成果属于国家测绘地理信息局或者其他省、自治区、直辖市测绘地理信息主管部门受理审批范围的,应当提供申请人所在地的省、自治区、直辖市测绘地理信息主管部门出具的证明函。

(2)申请使用的基础测绘成果属于本省、自治区、直辖市测绘地理信息主管部门受理审批范围的,应提供申请人所在地的县级以上测绘地理信息主管部门出具的证明函。

(3)属于中央国家机关或者单位的申请人,应当提供其所属中央国家机关或者单位司(局)级以上机构出具的证明函。其中,申请无偿使用基础测绘成果的,应当由中央国家机关、单位或者办公厅另行出具公函。

(4)属于军队和武警部队的申请人,应当提供其所属师级以上机构出具的公函。

(5)省、自治区、直辖市测绘地理信息主管部门申请管理并对外提供该省级行政区域全部

范围的国家级基础测绘成果的，需持省级人民政府或政府办公厅公函，向国家测绘地理信息局申请办理委托管理手续。

4.4.4　基础测绘成果应急提供

为在应对突发事件过程中主动快速提供基础测绘成果服务，维护国家和人民群众生命财产安全，更好地发挥测绘保障作用，根据《突发事件应对法》《测绘法》《测绘成果管理条例》等法律法规的规定以及《国家突发公共事件总体应急预案》的要求，2007 年 12 月，国家测绘地理信息局制定了《基础测绘成果应急提供办法》，对基础测绘成果应急提供的原则、条件等内容进行了规定。

1.基础测绘成果应急提供的原则

(1)时效性：突出应急事件的时间点，要及时提供应对突发事件所需的各种基础测绘成果。

(2)安全性：按照国家保密法律法规的相关要求提供基础测绘成果，确保国家秘密安全。

(3)可靠性：所提供成果的范围、种类、数量等与所需一致，各种相关资料应当一致。

(4)无偿性：应对突发事件所需的基础测绘成果无偿提供使用。

2.申请基础测绘成果应急服务的条件

(1)发生突发事件；

(2)申请人为应对突发事件的相关部门或者单位。

3.基础测绘成果应急提供的有关规定

(1)各级测绘地理信息主管部门应当按照职责分工负责相应的基础测绘成果的应急提供和使用审批。突发事件发生地的测绘地理信息主管部门应当快速响应，积极做好提供基础测绘成果应急服务的相关工作。

(2)申请基础测绘成果应急服务，采用简化申请程序的方式办理。申请人可先电话向相应测绘地理信息主管部门提出要求，再以加盖本部门印章的传真形式如实提交应急申请材料，主要包括突发事件的概况以及所需测绘成果的范围、种类、数量等。

(3)各级测绘地理信息主管部门应当当场或者在 4 小时内完成基础测绘成果应急服务申请的审核与批复，明确并及时通知相关测绘成果保管单位。基础测绘成果不能满足应对突发事件需求时，测绘地理信息主管部门应予以说明，并提出有关应急解决方案。

(4)基础测绘成果应急提供时，各级测绘地理信息主管部门可无偿调用所缺的基础测绘成果。被调用方接到调用方加盖本机关印章的书面通知(传真)后，应在 8 小时内(特殊情况不超过 24 小时)准备好相关基础测绘成果，并及时通知调用方领取。无正当理由，被调用方不得以任何借口拒绝或者延迟提供。

(5)测绘成果保管单位负责提供应对突发事件时所需的基础测绘成果。测绘成果保管单位应当根据相关批复或者调用通知(情况特别紧急时，可以依据相关测绘地理信息主管部门的电话通知)，在最短时间内完成基础测绘成果应急提供，一般提供期限为 8 小时，特殊情况不超过 24 小时。

(6)被许可使用人应当到指定的测绘成果保管单位领取应对突发事件所需的基础测绘成果，并同时按照《基础测绘成果提供使用管理暂行办法》的规定办理领用手续。情况特别紧急时，测绘地理信息主管部门可以及时向有关部门送达所需的基础测绘成果。在确保安全的前提下，也可经涉密网络传输有关数据，以提高应急时效。

(7)被许可使用人应当在 7 个工作日内，按照《基础测绘成果提供使用管理暂行办法》的规定，向测绘地理信息主管部门提交有关申请材料，补齐基础测绘成果使用审批手续。

(8)被许可使用人应当严格按照国家有关保密和知识产权等法律法规的要求保管和使用基础测绘成果,并向相应测绘地理信息主管部门反馈测绘成果应急服务的效用信息。

(9)在应对突发事件时,有关测绘地理信息主管部门违反规定,拒绝或者延迟无偿调用基础测绘成果的,由上一级测绘地理信息主管部门责令立即改正;对主要负责人、负有责任的主管人员和其他责任人员依法给予处分;构成犯罪的,依法追究刑事责任。

4.使用基础测绘成果的规定

根据《基础测绘成果提供使用管理暂行办法》,被许可使用人应当严格按照下列规定使用基础测绘成果:

(1)被许可使用人必须根据基础测绘成果的密级按国家有关保密法律法规的要求使用,并采取有效的保密措施,严防泄密。

(2)被许可使用人所领取的基础测绘成果仅限于在本单位的范围内,按其申请并经批准的使用目的使用。本单位以被许可使用人在企业登记主管机关、机构编制主管机关或者社会团体登记管理机关的登记为限,不得扩展到所属系统和上级、下级或者同级其他单位。

(3)被许可使用人若委托第三方开发,项目完成后,负有督促其销毁相应测绘成果的义务。第三方为外国组织和个人以及在我国注册的外商独资企业和中外合资、合作企业的,被许可使用人应当履行对外提供我国测绘成果的审批程序,依法经国家测绘地理信息局或者省、自治区、直辖市测绘地理信息主管部门批准后,方可委托。

(4)被许可使用人应当在使用基础测绘成果后所形成的成果的显著位置注明基础测绘成果版权的所有者。

(5)被许可使用人主体资格发生变化时,应向原受理审批的测绘地理信息主管部门重新提出使用申请。

4.5 应急测绘保障

现代测绘技术和地理信息是准确掌握灾情险情和突发事件的重要手段,是科学决策指挥、有效组织和实施减灾救灾的基础依据。应急测绘保障服务是贯穿突发事件的预防、应对、处置和恢复全过程的重要基础工作,是国家突发事件应急体系的重要内容,是各级测绘地理信息主管部门履行公共服务职能的重要体现,是新时期公益性测绘地理信息工作的重要任务。为明确应急测绘保障工作职责,《测绘法》第二十五条规定,县级以上人民政府测绘地理信息主管部门应当根据突发事件应对工作需要,及时提供地图、基础地理信息数据等测绘成果,做好遥感监测、导航定位等应急测绘保障工作。同时,《基础测绘条例》第十一条对基础测绘应急保障也作出了规定,从而使我国的应急测绘保障制度不断完善。

4.5.1 应急测绘保障的相关概念

1.突发事件

根据《中华人民共和国突发事件应对法》(简称《突发事件应对法》)规定,突发事件是指突然发生,造成或者可能造成严重社会危害,需要采取应急处置措施予以应对的自然灾害、事故灾难、公共卫生事件和社会安全事件。

(1)自然灾害。主要包括干旱、洪涝灾害、台风、风雹、冰、冷、雪、沙尘暴等气象灾害、地震灾害、地质灾害、海洋灾害及森林火灾等。

(2)事故灾难。主要包括工、矿、商、贸等企业的各类安全事故,交通运输事故、公共设施和设备事故，环境污染和生态破坏事件等。

(3)公共卫生事件。主要包括传染病疫情，群体性不明原因疾病，食品安全和职业危害、动物疫情以及其他严重影响公众健康和生命安全的事件。

(4)社会安全事件。主要包括恐怖袭击事件、经济安全事件和涉外突发事件等。

按照社会危害程度、影响范围等因素，自然灾害、事故灾难、公共卫生事件分为特别重大、重大、较大和一般四级。突发事件的分级标准由国务院或者国务院确定的部门制定。

2.应急测绘保障

应急测绘保障是各级测绘地理信息主管部门为国家应对突发事件提供的测绘保障活动。应急测绘保障是贯穿突发事件的预防、应对、处置和恢复全过程的重要基础工作，是国家突发事件应急体系的重要内容，是各级测绘地理信息主管部门履行公共服务职能的重要体现，是新时期公益性测绘地理信息工作的重要任务。

3.应急测绘保障的特征

(1)面向对象。应急测绘保障要应对水灾、火灾、震灾、山体滑坡等各种自然灾害和突发事件，具有明确的测绘保障任务和保障服务对象。

(2)快速及时。应急测绘保障需要快速部署任务区基础地理信息框架数据，并于事件发生前后以及过程中实时监测地理环境变化，快速获取、处理地理空间信息，生产面向对象的各种数据集。

(3)详细准确。应急测绘保障需要提供应急处置的各种空间定位数据、影像数据等，数据要求精准、详细，尽可能准确反映出事件发生地的各种自然地理和人文要素变化，从而为应急处置提供依据。

4.5.2　应急测绘保障的主要内容

1.提供地图、基础地理信息数据等测绘成果

根据测绘法和应对突发事件工作需要，各级测绘地理信息主管部门在自然灾害等突发事件发生后，要在当地政府及政府应急指挥部门的统一协调组织下，及时为政府、应急指挥及防灾减灾等各相关职能部门提供地图、基础地理信息数据等基础测绘成果，以保障应急测绘保障工作需要。

这里所说的地图，既包括可能使用到的国家基本比例尺地图，也包括根据实际救灾工作需要紧急制作的各类专题地图。基础地理信息数据包括国家基本比例尺地图数据、基础地理信息系统数据以及航空航天遥感影像资料等。

2.遥感监测

遥感监测是利用航空航天遥感技术对地面覆盖、大气、海洋和近地表状况等进行监测的技术方法，遥感监测技术是通过航空或卫星等收集环境的电磁波信息，对远离的环境目标进行监测、识别环境质量状况的技术。它是一种先进的环境信息获取技术，在获取大面积同步和动态环境信息方面，“快”并且“全”，是其他监测手段无法比拟和完成的，被普遍应用于应急突发事件监测领域，是及时了解灾情、掌握应急事件态势、进行灾情险情评估的重要手段。

《测绘法》明确县级以上测绘地理信息主管部门要“做好遥感监测”，就是要充分发挥测绘地理信息主管部门的技术优势和地理信息资源优势，及时协助有关部门做好灾情险情监测和灾情评估等应急保障工作。

3.导航定位

导航定位是指运用全球卫星导航定位技术，及时获取突发事件发生地的空间位置、空间分布以及区域范围等数据，为应急救援与处置等提供数据支持。测绘地理信息主管部门要充分依靠建立的卫星导航定位基准站服务系统，及时提供空间定位基准应急服务，保障应急工作需要。

4.5.3 基础测绘应急保障

基础测绘应急保障是基础测绘条例确定的应急保障制度。《基础测绘条例》第十一条规定，县级以上人民政府测绘行政主管部门应当根据应对自然灾害等突发事件的需要，制定相应的基础测绘应急保障预案。自然灾害等突发事件发生后，县级以上人民政府测绘行政主管部门应当立即启动基础测绘应急保障预案，采取有效措施，开展基础地理信息数据的应急测制和更新工作。

4.5.4 基础测绘设施建设

1.基础测绘设施的概念

基础测绘设施是指为实现基础地理信息共享，用于基础地理信息的获取、处理、存储、传输、分发和提供的设备、软件及其他有关设施。包括高分辨率立体测图卫星及相关卫星应用系统，地理信息变化监测体系，信息化测绘生产基地和测绘野外技术装备，地理信息采集、获取、处理、更新，以及测绘成果档案存储与分发服务、测绘的安全保障基础设施等，涉及基础地理信息获取与处理、存储与管理、服务与应用等多个方面。基础测绘设施是开展基础测绘工作的重要基础和保障，是国家一种重要的基础设施和宝贵的财富，对经济建设、国防建设和社会发展具有重要作用，也是从事其他测绘工作的重要物质基础。

2.基础测绘设施建设的原则

《基础测绘条例》第十八条规定，县级以上人民政府及其有关部门应当遵循科学规划、合理布局、有效利用、兼顾当前与长远需要的原则，加强基础测绘设施建设，避免重复投资。从而明确了基础测绘设施建设的基本原则。

(1)科学规划。基础测绘设施建设要根据国民经济和社会发展以及测绘地理信息事业发展的实际需求，在详细调查、充分论证的基础上，组织编制基础测绘设施建设规划，对基础测绘设施的建设布局、规模、时序以及资金的落实作出具体安排，避免重复投资。

(2)合理布局。是指在基础测绘设施建设的空间布局上既要突出重点区域，又要兼顾地区之间的统筹和平衡。

(3)有效利用。是指要按照建设资源节约型社会的需求，充分利用现有的基础测绘设施，最大限度地发挥基础测绘设施的作用。

(4)兼顾当前与长远需要。是指要根据基础测绘发展需求，优先安排各领域需求量大、要求迫切的基础测绘设施项目，使基础测绘设施满足实际应用需要。同时要兼顾基础测绘工作的基础性和长期性，按照规划积极推进重点基础测绘设施项目建设。

3.基础测绘设施建设优先领域

《基础测绘条例》第十八条第二款规定，国家安排基础测绘设施建设资金，应当优先考虑航空摄影测量、卫星遥感、数据传输以及基础测绘应急保障的需要。

4.基础测绘设施保护规定

(1)国家安排基础测绘设施建设资金。《基础测绘条例》规定，国家安排基础测绘设施建设资金，并确定了基础测绘设施建设资金应当重点和优先保障的领域，包括航空摄影测量、卫星遥感、数据传输以及基础测绘应急保障。

(2)加强基础航空摄影和用于测绘的高分辨率卫星影像获取与分发的统筹协调。基础测绘条例要求县级以上人民政府测绘地理信息主管部门应当加强基础航空摄影和用于测绘的高分辨率卫星影像获取与分发的统筹协调，做好基础测绘应急保障工作，配备相应的装备和器材，组织开展培训和演练，不断提高基础测绘应急保障服务能力。

自然灾害等突发事件发生后，县级以上人民政府测绘地理信息主管部门应当立即启动基础测绘应急保障预案，采取有效措施，开展基础地理信息数据的应急测制和更新工作。

(3)国家依法保护基础测绘设施。根据《基础测绘条例》，国家依法保护基础测绘设施，任何单位和个人不得侵占、损毁、拆除或者擅自移动基础测绘设施。侵占、损毁、拆除或者擅自移动基础测绘设施的，要承担相应的法律责任。包括给予责令限期改正，警告，可以并处5万元以下罚款等行政处罚；造成损失的，依法承担赔偿责任；构成犯罪的，依法追究刑事责任；尚不构成犯罪的，对负有直接责任的主管人员和其他直接责任人员，依法给予处分。

4.5.5　基础测绘应急保障的内容

1.基础测绘应急保障的内容

《基础测绘条例》第二十条对县级以上人民政府测绘地理信息主管部门基础测绘应急保障的工作内容进行了规定。主要包括以下内容：

(1)加强基础航空摄影和用于测绘的高分辨率卫星影像获取与分发的统筹协调；

(2)配备相应的装备和器材；

(3)组织开展培训和演练；

(4)启动基础测绘应急保障预案；

(5)开展基础地理信息数据的应急测制和更新工作。

2.基础测绘应急保障预案的内容

根据《基础测绘条例》，基础测绘应急保障预案的内容包括：应急保障组织体系，应急装备和器材配备，应急响应，基础地理信息数据的应急测制和更新等应急保障措施。

(1)应急保障组织体系，即基础测绘应急保障工作的领导机构、工作机构和职责等。建立有效的组织体系是落实应急管理工作的基础。各级测绘地理信息主管部门都应当建立健全基础测绘应急保障工作的组织体系。

(2)应急装备和器材配备，主要包括航空摄影、地面快速数据采集和处理等各种装备和器材配备。应急装备和器材配备是快速获取突发事件事发地区基础地理信息数据的关键。

(3)应急响应。根据国家测绘地理信息局制定的国家测绘地理信息应急保障预案，除国家突发事件有重大特殊要求外，根据突发事件救援与处置工作对测绘地理信息保障的紧急需求，将测绘应急响应分为两个等级。

(4)基础地理信息数据的应急测制和更新。基础测绘应急保障预案包括基础地理信息数据的应急测制、更新的程序，确保突发事件发生后，能够及时、高效、快速地获取基础地理信息，为决策、救援、恢复和重建等工作提供有力的保障。

4.5.6　国家应急测绘保障预案的主要内容

为健全国家测绘应急保障工作机制，有效整合利用国家测绘地理信息资源，提高测绘地理信息应急保障能力，依据《突发事件应对法》《测绘法》《测绘成果管理条例》《国家突发公共事件总体应急预案》等规定，国家测绘局于2009年制定了《国家应急测绘保障预案》(国测成字

〔2009〕4 号)。

1.保障任务

国家测绘应急保障的核心任务是为国家应对突发自然灾害、事故灾难、公共卫生事件、社会安全事件等突发公共事件高效有序地提供地图、基础地理信息数据、公共地理信息服务平台等测绘成果,根据需要开展遥感监测、导航定位、地图制作等技术服务。

2.保障对象

国家测绘地理信息应急保障对象:

(1)党中央、国务院;

(2)国家突发事件应急指挥机构及国务院有关部门;

(3)重大突发事件所在地人民政府及其有关部门;

(4)参加应急救援和处置工作的中国人民解放军、中国人民武装警察部队;

(5)参加应急救援和处置工作的其他相关单位或组织。

3.应急响应分级

除国家突发事件有重大特殊要求外,根据突发事件救援与处置工作对测绘地理信息保障的紧急需求,测绘地理信息应急响应分为两个等级。

(1)Ⅰ级响应。需要进行大范围联合作业;涉及大量的数据采集、处理和加工;成果提供工作量大的测绘地理信息应急响应。

(2)Ⅱ级响应。以提供现有测绘成果为主,具有少量的实地监测、数据加工及专题地图制作需求的测绘地理信息应急响应。

4.组织体系

(1)领导机构。成立国家测绘应急保障领导小组(以下简称"领导小组"),负责领导、统筹、组织全国测绘地理信息应急保障工作。国家测绘地理信息局局长任组长,副局长任副组长,成员由局机关各司(室)和局所属有关事业单位主要领导组成。

(2)办事机构。国家测绘应急保障领导小组下设办公室,领导小组办公室设在国家测绘地理信息局测绘成果管理与应用司,作为领导小组的办事机构,承担测绘地理信息应急日常管理工作。测绘成果管理与应用司司长任领导小组办公室主任。

(3)工作机构。国家测绘地理信息局直属事业单位为国家测绘地理信息应急保障主要工作机构,承担重大测绘地理信息应急保障任务。

(4)地方机构。各省级测绘地理信息主管部门负责本行政区域测绘地理信息应急保障工作,成立本级测绘地理信息应急保障领导和办事机构。在本级人民政府的领导和领导小组的指导下,统筹、组织本行政区域突发事件测绘地理信息应急保障工作。按照领导小组的要求,调集整理现有成果、采集处理现势数据、加工制作专题地图,并及时向国家测绘地理信息局提供。

(5)社会力量。具有测绘资质的相关企事业单位作为国家测绘地理信息应急保障体系的重要组成部分,根据要求承担相应测绘地理信息应急保障任务,各测绘单位应当积极响应。

5.应急启动

特别重大、重大突发事件发生,或者收到国家一级、二级突发事件警报信息、宣布进入预警期后,领导小组办公室迅速提出应急响应级别建议,报领导小组研究确定。由领导小组组长宣布启动Ⅰ级响应,分管测绘成果的副组长宣布启动Ⅱ级响应。响应指令由领导小组办公室通知各有关部门和相关单位。各有关部门和单位收到指令以后,应迅速启动本部门、本单位的应急预案，并根据职责分工，立即部署、开展相应的测绘地理信息应急保障工作。

6.Ⅱ级响应

(1)基本要求。承担应急任务的有关部门、单位人员、设备、后勤保障应及时到位；启动24小时值班制度。领导小组办公室应迅速与国家相关突发事件应急指挥机构沟通，与事发地省级测绘地理信息主管部门取得联系，并保持信息联络畅通。

(2)成果速报。在Ⅱ级响应启动后4小时内，组织相关单位向党中央、国务院及有关应急指挥机构提供现有适宜的事发地测绘地理信息成果。

(3)成果提供。开通测绘成果提供绿色通道，按相关规定随时受理、提供应急测绘成果。

(4)专题加工。根据救援与处置工作的需要，组织有关单位进行局部少量的航空摄影等实地监测；收集国家权威部门专题数据；快速加工、生产事发地专题测绘成果。

(5)信息发布。如确有需要的，可通过政府门户网站向社会适时发布事发地应急测绘成果目录及能够公开使用的测绘成果。

7.Ⅰ级响应

(1)启动Ⅱ级响应的所有应急响应措施。

(2)领导小组各成员单位主要负责人出差、请假的，必须立即返回工作岗位；确实不能及时返回的，可先由主持工作的领导全面负责。

(3)根据国家应急指挥机构的特殊需求，及时组织开发专项应急地理信息服务系统。

(4)无适宜的测绘成果，急需进行大范围联合作业时，由领导小组办公室提出建议，报领导小组批准后，及时采用卫星遥感、航空摄影、地面测绘等手段快速获取相应的测绘成果。

(5)领导小组成员单位根据各自工作职责，分别负责综合协调、成果提供、数据获取、数据处理、宣传发动、后勤保障等工作，并将应急工作进展情况及时反馈领导小组办公室。

8.响应中止

突发事件的威胁和危害得到控制或者消除，政府宣布停止执行应急处置措施，或者宣布解除警报、终止预警期后，由领导小组组长决定中止Ⅰ级响应，分管测绘成果的副组长决定中止Ⅱ级响应。响应终止通知由领导小组办公室下达。

各级测绘地理信息主管部门应继续配合突发事件处置和恢复重建部门，做好事后测绘地理信息保障工作。

9.保障措施

(1)制定测绘地理信息应急保障预案。各省级测绘地理信息主管部门和各有关单位应制定本部门、本单位测绘地理信息应急保障预案，报国家测绘地理信息局备案，并结合实际情况有计划、有重点地组织预案演练，原则每年不少于一次。

(2)组建测绘地理信息应急保障队伍。各省级测绘地理信息主管部门要按要求建立测绘地理信息应急保障专家库，根据实际需要协调有关专家为测绘地理信息应急保障决策及处置提供咨询、建议与技术指导；各单位遴选政治和业务素质较高的技术骨干组成测绘地理信息应急快速反应队伍。

(3)测绘地理信息应急保障资金。根据测绘地理信息应急保障工作需要，结合国家预算管理的有关规定，应当将测绘地理信息应急保障工作所需资金纳入预算，对应急保障资金的使用和效果进行监督。

(4)做好测绘地理信息应急保障成果资料储备工作。各级测绘地理信息主管部门应当全面了解掌握地理信息资源分布状况，完善地理信息数据共享机制；收集、整理突发事件的重点防范地区的各类专题信息和测绘成果，根据潜在需求，有针对性地组织制作各种专题测绘地理信息产品，确保在国家需要应急测绘地理信息保障时，能够快速响应，高效服务。

(5)建设应急地理信息服务平台。在全国地理信息公共服务平台的基础上，根据中办、国办(国务院应急办)、国家减灾委、国家防总及公安、安全等有关部门的特殊要求，开发完善应急地理信息服务平台，提高测绘地理信息应急保障的效率、质量和安全性。

(6)完善测绘地理信息应急保障基础设施。规划建设全国性测绘地理信息应急技术装备保障系统，并建立突发事件测绘地理信息应急服务装备快速调配机制。重点推进测绘卫星体系项目建设，加快测绘应急生产装备和设施更新，联通政府内网，改造与扩容测绘地理信息专网，提高测绘地理信息应急保障服务能力。

(7)加快测绘地理信息应急高技术攻关。深入研究应急测绘地理信息快速获取、处理、服务技术，实现"3S"与网络、通信、辅助决策技术集成。

(8)确保通信畅通。充分利用现代通信手段，建立国家测绘地理信息应急保障通信网络，确保信息畅通。领导小组办公室组织编制国家测绘地理信息应急保障工作通信录，并适时更新。

10.监督与管理

(1)检查与监督。国家测绘地理信息应急响应指令下达后，各级测绘地理信息主管部门应对所属单位测绘地理信息应急保障执行时间和进度进行监督，及时发现潜在问题，并迅速采取有效措施，确保按时保质完成测绘地理信息应急保障任务。

(2)责任与奖惩。各部门、各单位主要负责人是测绘地理信息应急保障的第一责任人。国家测绘地理信息应急保障工作实行责任追究，对在测绘地理信息应急保障工作中存在失职、渎职行为的人员，将依照《突发事件应对法》等有关法律法规追究责任。

各级测绘地理信息主管部门对在国家测绘地理信息应急保障工作中做出突出贡献的先进集体和先进个人应当给予表彰和奖励。

(3)宣传和培训。在测绘地理信息应急响应期间，各级测绘地理信息主管部门应当通过网络、报刊、电视等现代传媒手段，及时对国家测绘地理信息应急保障工作进行报道。定期对测绘地理信息应急保障人员进行新知识新技术培训，提高其应急专业技能。

(4)预案管理与更新。省级以上测绘地理信息主管部门应当定期组织对各地区、各单位测绘地理信息应急保障预案及实施情况进行检查评估，不断完善地方测绘地理信息应急保障制度和设施。

4.6 地理国情监测

地理国情是重要的基本国情，是制定和实施国家发展战略与规划，优化国土空间开发格局的重要依据；是推进自然生态系统和环境保护，合理配置各类资源，实现绿色发展的重要支撑；是做好防灾减灾和应急保障服务，开展相关领域调查、普查的重要数据基础。2013年，国务院部署了第一次全国地理国情普查。在张高丽副总理为组长的普查领导小组正确领导下，在有关部门、各级政府的共同努力下，国家测绘地理信息局牵头组织完成了这次规模宏大、任务艰巨的普查工作，获取了全覆盖、无缝隙、高精度的海量地理国情数据，全面准确地摸清了我国地理国情家底，为了解国情、把握国势、制定国策提供基础数据支撑和科学手段保障。经国务院批准，普查成果已由国家测绘地理信息局、国土资源部、国家统计局、国务院第一次全国地理国情普查领导小组办公室联合向社会发布。在圆满完成地理国情普查和监测试点的基础上，全面开展地理国情监测，对于履行新时期测绘地理信息主管部门的新职责、新使命，更好地服务经济社会发展和生态文明建设，具有重要的现实意义和深远的历史意义。新修订的《测绘法》第二十六条规定，县级以上人民政府测绘地理信息主管部门应当会同本级人民政府其他有关部门依法开展地理国情监测，并按照国家有关规定严格管理、规范使用地理国情监测成果。

4.6.1 地理国情监测的基本概念

1.国情的概念

国情是指一个国家的社会性质、政治、经济、文化等方面的基本情况和特点，也特指一个国家某一时期的基本情况和特点。一方面指国家的情况，另一方面指国家的社会性质。具体通过 7 个方面来反映国情，如环境和资源、科技教育、经济发展、政治等。

2.地理国情的概念

地理国情是国情的一部分。狭义来看，是指与地理空间紧密相连的自然环境、自然资源基本情况和特点的总和；广义来看，是指通过地理空间属性将包括自然环境与自然资源、科技教育状况、经济发展状况、政治状况、社会状况、文化传统、国际环境和国际关系等在内的各类国情进行关联与分析，从而得出能够深入揭示经济社会发展的时空演变和内在关系的综合国情。

3.地理国情监测的概念

地理国情监测是综合利用全球卫星导航定位技术、航空航天遥感技术、地理信息系统技术等现代测绘技术，综合各时期已有测绘成果档案，对地形、水系、交通、地表覆盖等要素进行动态和定量化、空间化的监测，并统计分析其变化量、变化频率、分布特征、地域差异、变化趋势等，形成反映各类资源、环境、生态、经济要素的空间分布及其发展变化规律的监测数据、地图图形和研究报告。地理国情监测通过对地理国情进行动态地测绘、统计，从地理的角度来综合分析和研究国情，为政府、企业和社会各方面提供真实可靠和准确权威的地理国情信息。

4.6.2 地理国情监测的对象和内容

根据国家测绘地理信息局发布的《地理国情监测内容指南》，地理国情监测的对象和内容主要包括国土空间开发动态监测、生态环境保护动态监测、资源节约利用动态监测、城市空间发展变化动态监测、区域总体发展规划实施和重大工程建设动态监测、灾害性地理国情信息监测以及其他监测等内容。作为示例，这里主要介绍国土空间开发动态监测、生态环境保护动态监测和资源节约利用动态监测的内容。

1.国土空间开发动态监测

(1)优化开发区动态监测。通过对城市建成区发展、工业用地和城郊农业用地变化、公共服务设施空间分布、基础设施空间分布进行动态监测，以重点反映城镇化水平、工业化发展水平、产业空间结构布局合理性、公共服务设施和基础设施完备性和便利化等指标的发展趋势，为全面提升产业层次和区域国际竞争力提供监测信息服务。

(2)重点开发区动态监测。通过对国土利用变化、公共服务设施空间分布和基础设施空间分布进行监测，重点分析和评估土地资源数量和质量、交通网络布局、基础设施建设等情况及其变化，反映重点开发区域工业化、城镇化开发水平和进程。

(3)农产品主产区监测。利用多源、长时间序列、多季相、高分辨率遥感影像数据，结合历史基础地理信息资料和其他专题资料，对于遥感数据无法覆盖区域，利用星载雷达遥感弥补遥感数据的不足，结合野外踏勘调查，对我国粮食和经济作物等农业大宗产品主要优势产区开展监测，监测近年来的农业生产布局、国土利用状况、基础设施建设情况，重点反映农业用地空间分布及变化、主要作物类型分布、各类基础设施空间及配置程度等，服务国家粮食安全战略。

2.生态环境保护动态监测

(1)重点生态功能区自然生态监测。结合国家重点生态功能区的地域分布，选取县级行政区作为监测地区，采用多源、多时相中、高分辨率光谱遥感数据，地理国情普查的高分辨率遥感影像数据及“资源三号”卫星影像，基础地理信息数据等，监测近年来主要地表覆盖类型的变化，掌握林地覆盖率、草地覆盖率、水域湿地覆盖率、耕地和建设用地比例等与自然生态指标相关的信息，反映监测地区水域涵养、生物多样性维护、防风固沙等类型的自然生态变化，评估监测地区的自然生态保护情况，分析自然生态保护与经济发展的关系等。

(2)湖泊(湿地)面积和体积变化监测。选取有代表性的湖泊或湿地，利用多时相的中、高分辨率及“资源三号”卫星影像、基础地理信息数据等，开展湖泊(湿地)面积和水体体积变化监测，分析湖泊(湿地)面积和体积变化与流域植被状况、经济发展、人口增长等相互关系。

(3)沙漠变化监测。利用中、高分辨率遥感影像和地理国情普查数据等多种数据资料，按照面积变化较大、人类活动频繁、综合意义大等原则，选取有代表性的主要沙漠或沙地进行分布范围和面积变化监测，分析沙漠范围的变化趋势和沙漠变迁对当地居民生产生活的影响，着重分析沙漠向农田过渡区域的土地利用或覆盖类型变化、人口迁徙和相关的政策影响，评估气候变化对沙漠的作用及次生影响等。

(4)典型冰川与永久积雪变化监测。对典型冰川与永久积雪覆盖的区域，可以利用多时相、多源的遥感影像和高程数据，结合国家西部1∶5万地形图空白地区测图工程成果、第二次冰川资源调查成果数据等，利用自动提取与解译技术，辅助以人机交互解译手段，采集冰川与永久积雪信息，调查冰川与永久积雪的名称、位置、范围及表面积等，调查永久积雪的雪盖表面面积、雪线光学、高程等信息，提取冰川的表面面积和分布范围，获取冰川进退的位置、范围和表面面积等覆盖变化信息，分析冰川进退与全球气候变化、地区经济社会发展的关系等。

3.资源节约利用动态监测

(1)能源矿产开发区动态监测。利用多种遥感平台获取的多种类、多时相的中、高分辨率微波、雷达遥感数据，结合基础地理信息数据以及相关专题资料，通过对开发活动痕迹、堆(矿)石区、植被覆盖、水域、交通等对象的空间分布、范围、形态和数量信息进行监测，反映能源矿产开发区域的人类活动强度变化、生态环境质量及发展趋势等，为能源矿产开发区的绿色、安全、高效开采及经济社会可持续发展提供服务。

(2)森林资源分布动态监测。以地市级行政区域为监测对象，利用多源遥感影像、基础地理信息成果等数据，结合各地森林资源清查结果、地理单元普查成果等，开展森林资源空间分布、面积比例、活立木蓄积量、单位有林地蓄积量等变化监测，为实现森林资源保护、林区经济转型发展等提供依据。

(3)水资源及水利设施动态监测。以省或者市级行政区为基本单元，利用多尺度基础地理信息数据库提取相关要素，结合水利普查数据，采取实测或者高分辨率遥感影像获取、更新、补充有关属性信息，监测近年来重要河流、湖泊、水库、重要水源地相关指标的变化，综合分析地表水体变化情况、中小河流治理、抗旱设施现状、水毁灾毁水利工程历史和现状等，服务国家、部门和各地水资源保护的政策措施的制定，以促进水资源的合理利用。

(4)旅游资源空间分布动态监测。针对自然、文化保护区，自然、文化遗产，风景名胜区、森林公园、地质公园、博物馆以及民族风情、现代建设新城、红色旅游等自然风景和人文景观旅游资源，开展旅游资源的数量、类型、密度、空间分布等变化监测，分析评估旅游环境变化对旅游资源的影响，满足当地旅游资源管理的需要。

(5)岸线资源动态监测。围绕河口湿地保护、沿海滩涂合理开发利用保护，海草床、珊瑚礁等保护和修复，开展岸线长度、岸线资源类型、空间分布等监测，分析评估岸线资源对居民生产生活的影响，为岸线资源保护提供基础。

4.6.3　地理国情监测工作的具体职责

《测绘法》第二十六条规定了各级人民政府及县级以上人民政府测绘地理信息主管部门开展地理国情监测工作的具体职责。

1.各级人民政府

各级人民政府应当采取有效措施，发挥地理国情监测成果在政府决策、经济社会发展和社会公众服务中的作用。

2.县级以上测绘地理信息主管部门

(1)应当会同本级人民政府其他有关部门依法开展地理国情监测；

(2)按照国家有关规定严格管理、规范使用地理国情监测成果。

第 5 章　测绘标准化管理

大纲要求

根据《测绘法》中有关测绘技术规范和标准的规定、《中华人民共和国标准化法》(简称《标准化法》)的有关规定，以及《测绘标准化工作管理办法》(国测国字〔2008〕6 号)，确认测绘活动中采用的规范、标准的合法性。根据《中华人民共和国计量法》(简称《计量法》)及《测绘计量管理暂行办法》(国测国字〔1996〕24 号)的有关规定，确认测绘计量检定人员资格和计量检定机构的合法性，确认测绘活动中使用的仪器设备及其他计量器具的合法性。

知识要点

5.1　标准化基本知识

2017 年 11 月 4 日，第十二届全国人民代表大会常务委员会第三十次会议审议通过了修订后的《标准化法》，自 2018 年 1 月 1 日起施行。修订后的《标准化法》明确了团体标准的法律地位，取消了强制性行业标准和地方标准，并作出了强制性标准文本免费公开，团体标准、企业标准自我声明公开和监督制度等一系列规定，为加强标准化管理提供了有力地法律支撑。

5.1.1　标准化的基本概念

1.标准的概念

按照修订后的《标准化法》的定义，标准(含标准样品)是指农业、工业、服务业以及社会事业等领域需要统一的技术要求。标准包括国家标准、行业标准、地方标准、团体标准、企业标准。国家标准分为强制性标准、推荐性标准，行业标准、地方标准是推荐性标准。

强制性标准必须执行。国家鼓励采用推荐性标准。

2.标准化的概念

标准化工作的任务是制定标准、组织实施标准以及对标准的制定、实施进行监督。1996 年我国颁发的国家标准《标准和有关领域的通用术语第一部分:基本术语》(GB 3935.1—1996)中规定了标准化的定义:标准化是为在一定范围内获得最佳秩序，对实际的或潜在的问题制定共同的和重复使用的规则的活动。1986 年国际标准化组织发布的 ISO 第 2 号指南中对标准化的定义是:针对现实的或潜在的问题，为制定(供有关各方)共同重复使用的规定所进行的活动。

3.标准分类

标准分为国家标准、行业标准、地方标准、团体标准、企业标准等 5 类。国家标准分为强制性标准和推荐性标准，行业标准、地方标准是推荐性标准。

(1)国家标准。对保障人身健康和生命财产安全、国家安全、生态环境安全以及满足经济社会管理基本需要的技术要求，应当制定强制性国家标准。国务院有关行政主管部门依据职责负责强制性国家标准的项目提出、组织起草、征求意见和技术审查。国务院标准化行政主管部门负责强制性国家标准的立项、编号和对外通报。强制性国家标准由国务院批准发布或者授权批准发布。

对满足基础通用、与强制性国家标准配套、对各有关行业起引领作用等需要的技术要求，可以制定推荐性国家标准。推荐性国家标准由国务院标准化行政主管部门制定。

(2)行业标准。没有推荐性国家标准、需要在全国某个行业范围内统一的技术要求，可以制定行业标准。行业标准由国务院有关行政主管部门制定，报国务院标准化行政主管部门备案。

(3)地方标准。为满足地方自然条件、风俗习惯等特殊技术要求，可以制定地方标准。地方标准由省、自治区、直辖市人民政府标准化行政主管部门制定；设区的市级人民政府标准化行政主管部门根据本行政区域的特殊需要，经所在地省、自治区、直辖市人民政府标准化行政主管部门批准，可以制定本行政区域的地方标准。地方标准由省、自治区、直辖市人民政府标准化行政主管部门报国务院标准化行政主管部门备案，由国务院标准化行政主管部门通报国务院有关行政主管部门。

(4)团体标准。国家鼓励学会、协会、商会、联合会、产业技术联盟等社会团体协调相关市场主体共同制定满足市场和创新需要的团体标准，由本团体成员约定采用或者按照本团体的规定供社会自愿采用。制定团体标准，应当遵循开放、透明、公平的原则，保证各参与主体获取相关信息，反映各参与主体的共同需求，并应当组织对标准相关事项进行调查分析、实验、论证。国务院标准化行政主管部门会同国务院有关行政主管部门对团体标准的制定进行规范、引导和监督。

(5)企业标准。企业可以根据需要自行制定企业标准，或者与其他企业联合制定企业标准。国家支持在重要行业、战略性新兴产业、关键共性技术等领域利用自主创新技术制定企业标准。

推荐性国家标准、行业标准、地方标准、团体标准、企业标准的技术要求不得低于强制性国家标准的相关技术要求。

5.1.2　标准属性及种类

1.标准属性

(1)强制性标准。根据《标准化法》，国家标准分为强制性标准、推荐性标准，行业标准、地方标准是推荐性标准。强制性标准必须执行。保障人身健康和生命财产安全、国家安全、生态环境安全以及满足经济社会管理基本需要的标准，为强制性国家标准。其他标准为推荐性标准。强制性国家标准由国务院批准发布或者授权批准发布。

(2)推荐性标准。强制性标准以外的标准是推荐性标准。对满足基础通用、与强制性国家标准配套、对各有关行业起引领作用等需要的技术要求，可以制定推荐性国家标准。推荐性国家标准由国务院标准化行政主管部门制定。

2.标准种类

标准分类既有按行业进行归类的，也有按标准的功能进行分类的，这里主要介绍根据标准的性质进行分类。按标准的专业性质，通常将标准划分为技术标准、管理标准和工作标准3大类：

(1)技术标准。对标准化领域中需要统一的技术事项所制定的标准称技术标准。技术标准又细分为：基础技术标准、产品标准、工艺标准、检验和试验方法标准、设备标准、原材料标准、安全标准、环境保护标准、卫生标准等。其中的每一类还可进一步细分，如技术基础标准还可再分为：术语标准、图形符号标准、数系标准、公差标准、环境条件标准、技术通则性标准等。

(2)管理标准。对标准化领域中需要协调统一的管理事项所制定的标准叫管理标准。管理标准主要是对管理目标、管理项目、管理业务、管理程序、管理方法和管理组织所作的规定。

(3)工作标准。为实现工作过程的协调，提高工作质量和工作效率，对每个职能和岗位的工作制定的标准叫工作标准。在我国建立了企业标准体系的企业里一般都制定工作标准。按岗位制定的工作标准通常包括：岗位目标、工作程序和工作方法、业务分工和业务联系方式、职责权限、质量要求与定额、对岗位人员的基本技术要求、检查考核办法等内容。

5.2 测绘标准管理

5.2.1 测绘标准的概念及分类

1.测绘标准化的概念

测绘地理信息标准(简称“测绘标准”)是针对性很强的技术标准，具体是指某一测绘地理信息工序的条款，而且大家都必须共同遵守的规定。测绘标准是组织测绘生产和测绘成果应用的基本技术依据，其形式包括标准、规范、图式、规定、细则等多种。测绘标准包括国家标准、行业标准、地方标准和标准化指导性技术文件。为了加强测绘标准化工作的统一监管与协调，促进测绘标准化工作的规范化，国家测绘局于 2008 年 3 月出台了《测绘标准化工作管理办法》。

根据《测绘标准化工作管理办法》，在测绘地理信息领域内，需要在全国范围内统一的技术要求，应当制定国家标准；对没有国家标准而又需要在测绘行业范围内统一的技术要求，可以制定测绘行业标准；对没有国家标准和行业标准而又需要在省、自治区、直辖市范围内统一的技术要求，可以制定相应的地方测绘标准、团体标准等。

测绘标准化是指在测绘生产及管理过程中，对重复性事业和概念通过制定、发布和实施测绘标准或者测绘标准化指导性技术文件，达到统一，以获得最佳秩序和社会效益的活动。

2.测绘标准分类

截至到 2017 年 6 月，我国现行的测绘地理信息标准共 282 项，其中国家标准 136 项，行业标准 146 项，测绘与地理信息技术规定 74 项，还涉及指导性技术文件 3 项。其他部门也先后制定了相关测绘国家标准 73 项，测绘行业标准 84 项。目前，我国的测绘标准共分为定义与描述类、获取与处理类、检验与测试类、成果与服务类、管理类 5 大类，在这 5 大类中，又可以根据不同种类标准的特点，细分为若干小类标准。

(1)定义与描述类。定义与描述类标准是通过对基础地理信息进行定义与描述，使得标准化涉及的各方在一定的时间和空间范围内达到对地理信息的相对一致的理解，从而促进基础地理信息应用。这类标准属于基础性标准，通常被其他测绘地理信息标准引用，具有重要的指导意义。

定义与描述类标准共 7 个小类标准，标准总数预计约 58 项。基于地理标识的参考系统、三维基础地理信息要素分类与代码、影像要素分类与代码、三维基础地理信息要素数据词典、航天影像和航空影像数据要素词典、公众版地形图图式、电子地图图式等标准是将来我国标准制定的主要任务。

(2)获取与处理类标准。获取与处理类标准是以地理信息数据获取与处理中各专业技术、各类工程中的需要协调统一的各种技术、方法、过程等为对象制定的标准。主要目的是通过对基础地理信息获取、加工、处理和应用等的方法、过程、行为的技术要求和技术参数进行确定，从而使基础地理信息数据获取与处理过程中的各个环节产生的误差得到控制，保证地理信息数据质量。

获取与处理类标准共包括11个小类标准，标准总数预计约228项。现行的获取与处理类标准主要集中于大地测量、航空摄影测量、光学航空摄影、国家基本比例尺地形图编绘、基础地理信息数据生产与数据库建设等方面，如《全球定位系统实时动态测量(RTK)技术规范》(CH/T 2009—2010)、《1∶500 1∶1000 1∶2000 地形图航空摄影规范》(GB/T 6962—2005)、《国家基本比例尺地形图更新规范》(GB/T 14268—2008)等，都属于获取与处理类标准。

(3)检验与测试类标准。检验与测试类标准是为检验各种测绘地理信息成果质量，以检测对象、质量要求、检测方法及其技术要求为对象制定的标准。检验与测试类标准共包括5个小类标准，标准总数预计约46项。如《测绘成果质量检查与验收》(GB/T 24356—2009)、《数字水准仪检定规程》(CH/T 8019—2009)等都属于检验与测试类标准。

(4)成果与服务类标准。成果与服务类标准是为保证测绘成果满足用户需要，对一种或一组基础地理信息产品应达到的技术要求作出规定的标准。成果与服务类标准共分5个小类标准，标准总数预计约49项。现行的成果与服务类标准主要集中在地形图和基础地理信息数据基本产品方面。如《地理信息 定位服务》(GB/T 28589—2012)、《基础地理信息标准数据基本规定》(GB 21139—2007)、《基础地理信息数字成果 1∶500 1∶1000 1∶2000 数字线划图》(CH/T 9008.1—2010)等都属于成果与服务类标准。

(5)管理类标准。管理类标准是为保障测绘地理信息工作的有效开展，以测绘和基础地理信息项目管理、成果管理、归档管理、认证管理为对象制定的标准。管理类标准共包括4个小类标准，标准总数预计约28项。如《测绘技术设计规定》(CH/T 1004—2005)、《测绘技术总结编写规定》(CH/T 1001—2005)、《测绘作业人员安全规范》(CH 1016—2008)等都属于管理类标准。

5.2.2　测绘标准的制定

制定标准是指根据生产发展和科学技术发展的需要，制定过去没有而现在需要进行制定的标准。制定标准工作量大，工作要求高，是国家标准化工作的重要方面，反映了一个国家标准化工作的整体水平。

1.测绘国家标准

对于需要在全国范围内统一的测绘地理信息技术要求，应当制定测绘国家标准：

(1)测绘术语、分类、模式、代号、代码、符号、图式、图例等技术要求；

(2)国家大地基准、高程基准、重力基准和深度基准的定义和技术参数，国家大地坐标系统、平面坐标系统、高程系统、地心坐标系统和重力测量系统的实现、更新和维护的仪器、方法、过程等方面的技术要求；

(3)国家基本比例尺地图、公众版地图及其测绘的方法、过程、质量、检验和管理等方面的技术要求；

(4)基础航空摄影的仪器、方法、过程、质量、检验和管理等方面的技术指标和技术要求，用于测绘的遥感卫星影像的质量、检验和管理等方面的技术要求；

(5)基础地理信息数据生产及基础地理信息系统建设、更新与维护的方法、过程、质量、检验和管理等方面的技术要求；

(6)测绘地理信息工作中需要统一的其他技术要求。

2.强制性测绘标准

测绘国家标准分为强制性标准和推荐性标准。下列情况应当制定强制性测绘标准或者强制性条款：

(1)涉及国家安全、人身及财产安全的技术要求；

(2)建立和维护测绘基准与测绘系统必须遵守的技术要求；

(3)国家基本比例尺地图测绘与更新必须遵守的技术要求；

(4)基础地理信息标准数据的生产和认定；

(5)测绘行业范围内必须统一的技术术语、符号、代码、生产与检验方法等；

(6)需要控制的重要测绘成果质量的技术要求；

(7)国家法律、行政法规规定强制执行的内容及其技术要求。

3.测绘标准化指导性技术文件

(1)涉及的相关测绘技术尚在发展中，需要有相应的标准文件引导其发展或者具有标准化价值，尚不能制定为标准的；

(2)采用国际标准化组织以及其他国际组织(包括区域性国际组织)技术报告的；

(3)国家基础测绘项目及有关重大测绘专项实施中，没有国家标准和行业标准而又需要统一的技术要求。

修订后的《标准化法》取消了标准化指导性技术文件的要求，赋予了团体标准的法律定位。但目前，我国测绘地理信息团体标准研究制定工作尚未开始。

5.2.3 测绘标准化管理职责

1.国家测绘地理信息局标准化工作职责

(1)贯彻国家标准化法律、行政法规、方针和政策，制定测绘标准化管理的规章制度；

(2)组织制定和实施国家测绘标准化规划与计划，建立测绘标准体系；

(3)组织实施测绘国家标准项目和标准复审；

(4)组织制定、修订、审批、发布和复审测绘行业标准和标准化指导性技术文件；

(5)负责测绘标准的宣传、贯彻、实施和监督工作，归口负责测绘标准化工作的国际合作与交流；

(6)指导省、自治区、直辖市测绘地理信息主管部门的标准化工作。

国家测绘地理信息局测绘标准化工作委员会具体承担测绘标准化的有关工作。

2.省级测绘地理信息主管部门标准化工作职责

(1)贯彻国家标准化工作的法律、法规、方针和政策，制定贯彻实施的具体办法；

(2)组织制定和实施地方测绘标准化规划、计划；

(3)组织实施测绘地方标准项目；

(4)组织宣传、贯彻与实施测绘标准并监督检查；

(5)指导市、县测绘地理信息主管部门的标准化工作。

3.市、县测绘地理信息主管部门标准化工作职责

按照我国目前的测绘法律法规和相关标准化法规、行政法规的规定，市、县级测绘地理信息主管部门的测绘标准化工作职责，主要包括以下几个方面：

(1)贯彻国家标准化工作的法律、法规、方针和政策；

(2)组织宣传、贯彻与实施测绘标准的监督检查；

(3)组织实施地方测绘标准项目；

(4)上级测绘地理信息主管部门和本级人民政府标准化主管部门规定的其他职责。

5.3　测绘计量管理

为推进放管服改革，完善国家计量管理法律制度，2017 年 12 月 27 日，第十二届全国人民代表大会常务委员会第三十一次会议通过了关于修改《计量法》的决定，修订后的《计量法》自 2017 年 12 月 28 日起施行。2016 年 1 月 3 日，国务院第 119 次常务会议对《计量法实施细则》进行了修订，自修订之日起施行。

5.3.1　测绘计量的概念与特征

1.测绘计量的概念

计量是实现单位统一、量值准确可靠的活动。凡是以实现计量单位统一和测量准确可靠为目的的科学技术、法制、管理等活动都属于计量的范围。

测绘计量是指以测绘技术和法制手段保证测量量值准确可靠、单位统一的测量活动。准确的测绘计量对于保障国家计量单位制的统一和量值的准确可靠，保证测绘成果质量，促进测绘事业发展具有重要意义。

测绘计量标准是指用于测量器具检定、测试各类测绘计量器具的标准装置、器具和设施。测绘计量器具是指用于直接或间接传递量值的测绘地理信息工作用仪器、仪表和器具。

2.测绘计量的特征

(1)统一性。根据测绘计量的概念，测绘计量的一个重要目的是保证计量单位统一，因而测绘计量具有统一性特点。

(2)准确性。测绘计量是保证量值准确的测量，其计量数据的准确性是最基本的特性。

(3)法定性。测绘计量基准和测绘计量标准由国家有关计量的法律规定，测绘计量检定和计量器具管理由国家法律规定，测绘计量检定人员的资格由国家计量行政主管部门和有关主管部门考核认定，因此，测绘计量具有法定性。

5.3.2　测绘计量管理规定

为加强测绘计量监督管理，提高测绘成果质量，国家测绘局于 1996 年 5 月专门颁布了《测绘计量管理暂行办法》，对测绘计量管理进行了具体规定。

1.对计量检定的规定

计量检定活动是指由法律规定的或者质量技术监督部门授权的强制检定和其他检定活动。为加强对计量检定活动的管理，国家出台了一系列法律、法规和规章。

(1)《计量法实施细则》第十一条规定，使用实行强制检定的计量标准的单位和个人，应当向主持考核该项计量标准的有关人民政府计量行政部门申请周期检定。使用实行强制检定的工作计量器具的单位和个人，应当向当地县(市)级人民政府计量行政部门指定的计量检定机构申请周期检定。当地不能检定的，向上一级人民政府计量行政部门指定的计量检定机构申请周期检定。

(2)《计量法实施细则》第十二条规定，企业、事业单位应当配备与生产、科研、经营管理相适应的计量检测设施，制定具体的检定管理办法和规章制度，规定本单位管理的计量器具明细目录及相应的检定周期，保证使用的非强制检定的计量器具定期检定。

(3)《测绘计量管理暂行办法》第六条规定，社会公用计量标准、部门最高等级的测绘计量标准，均为国家强制检定的计量标准器具，应按国务院计量行政主管部门规定的检定周期向同级政府计量行政主管部门申请周期检定，周期检定结果报同级测绘地理信息主管部门备案。未按照规定申请检定或检定不合格的，不准使用。

(4)《测绘计量管理暂行办法》第十条规定，开展测绘计量器具检定，应执行国家、部门或地方计量检定规程。对没有正式计量检定规程的，应执行有关测绘技术标准或自行编写检校办法报主管部门批准后使用。

(5)《测绘计量管理暂行办法》第七条规定，申请面向社会开展测绘计量器具检定、建立社会公用计量标准、承担测绘计量器具产品质量监督试验以及申请作为法定计量检定机构的，应根据申请承担任务的区域，向相应的政府计量行政主管部门申请授权；申请承担测绘计量器具新产品样机试验的，向当地省级政府计量行政主管部门申请授权；申请承担测绘计量器具新产品定型鉴定的，向国务院计量行政主管部门申请授权。

2.对产品质量检验机构的规定

(1)《计量法》第二十二条规定，为社会提供公证数据的产品质量检验机构，必须经省级以上人民政府计量行政部门对其计量检定、测试的能力和可靠性考核合格。

(2)2016 年 1 月 13 日，国务院新修订的《计量法实施细则》第二十八条规定，县级以上人民政府计量行政部门依法设置的计量检定机构，为国家法定计量检定机构。其职责是：负责研究建立计量基准、社会公用计量标准，进行量值传递，执行强制检定和法律规定的其他检定、测试任务，起草技术规范，为实施计量监督提供技术保证，并承办有关计量监督工作。

(3)《测绘计量管理暂行办法》第十四条规定，测绘产品质量监督检验机构，必须向省级以上政府计量行政主管部门申请计量认证。取得计量认证合格证书后，在测绘产品质量监督检验、委托检验、仲裁检验、产品质量评价和成果鉴定中提供作为公证的数据，具有法律效力。

3.对测绘计量检定人员的规定

(1)《计量法》第二十条规定，县级以上人民政府计量行政部门可以根据需要设置计量检定机构，或者授权其他单位的计量检定机构，执行强制检定和其他检定、测试任务。执行前款规定的检定、测试任务的人员，必须经考核合格。

(2)《计量法实施细则》第二十九条规定，国家法定计量检定机构的计量检定人员，必须经县级以上人民政府计量行政部门考核合格，并取得计量检定证件。其他单位的计量检定人员，由其主管部门考核发证。无计量检定证件的，不得从事计量检定工作。

(3)《测绘计量管理暂行办法》第九条规定，从事政府计量行政主管部门授权项目检定、测试的计量检定人员，必须经授权部门考核合格；其他计量检定人员，可由其上级主管部门考核合格。取得计量检定员证书后，才能开展检定、测试工作。根据实际需要，省级以上测绘地理信息主管部门可经同级政府计量行政主管部门同意，组织计量检定人员考核并发证。计量检定的考核事项，执行国务院计量行政主管部门发布的《计量检定人员管理办法》(质检总局令第 105 号)的规定。

第6章　测绘成果管理

大纲要求

(1)根据《测绘法》和《基础测绘条例》中有关测绘成果质量的规定,以及《测绘质量监督管理办法》(国测国字〔1997〕28号)、《测绘生产质量管理规定》(国测国字〔1997〕20号)、《关于加强测绘质量管理的若干意见》(国测国字〔2008〕8号)、《测绘成果质量监督抽查管理办法》(国测国发〔2010〕9号)、《测绘地理信息质量管理办法》(国测国发〔2015〕17号),确认测绘地理信息单位保证测绘地理信息成果质量义务的履行情况,并分析界定有关法律责任。

(2)根据《测绘法》和《基础测绘条例》中有关测绘成果汇交、保管的规定,以及《关于汇交测绘成果目录和副本的实施办法》(国测发〔1993〕77号)、《测绘地理信息业务档案管理规定》(国测成发〔2015〕1号),确认汇交、保管测绘地理信息成果的合法性和有关当事人义务的履行情况,并分析界定有关法律责任。

(3)根据《测绘法》中有关国家秘密测绘成果的规定、《中华人民共和国保守国家秘密法》(简称《保密法》)的有关规定、《测绘成果管理条例》和对外提供我国测绘资料的有关规定,以及《国家测绘局关于加强涉密测绘成果管理工作的通知》(国测成字〔2008〕2号)、《关于进一步加强涉密测绘成果管理工作的通知》(国测成字〔2009〕3号)、《关于加强涉密地理信息数据应用安全监管的通知》(国测信发〔2009〕2号),确认提供使用国家秘密测绘地理信息成果的合法性以及有关当事人保密义务的履行情况并分析界定有关法律责任。

(4)根据《测绘法》和《测绘成果管理条例》中有关测绘成果提供使用的规定,以及《基础测绘成果提供使用管理暂行办法》(国测法字〔2006〕13号),确认提供和使用各类测绘地理信息成果的合法性和有关当事人义务的履行情况,并分析界定有关法律责任。

(5)根据《测绘法》和《测绘成果管理条例》中有关重要地理信息数据的规定,以及《重要地理信息数据审核公布管理规定》(国土资源部令第19号),确认重要地理信息数据的合法性和有关当事人义务的履行情况,并分析界定有关法律责任。

知识要点

6.1　测绘成果的概念与特征

测绘成果是国家重要的基础性、战略性资源,是一切测绘活动所形成的记录和最终成果。为加强测绘成果管理,维护国家安全和利益,保障测绘成果在国家经济建设、国防建设和社会发展中发挥更大的作用,国务院于2006年5月17日第136次常务会议审议通过了《中华人民共和国测绘成果管理条例》(简称《测绘成果管理条例》),自2006年9月1日起施行。2017年7月1日,新修订实施的《测绘法》进一步强化了测绘成果管理规定。

6.1.1 测绘成果的概念

测绘成果是指通过测绘形成的数据、信息、图件以及相关的技术资料，是各类测绘活动形成的记录和描述自然地理要素或者地表人工设施的形状、大小、空间位置及其属性的地理信息、数据、资料、图件和档案。

测绘成果分为基础测绘成果和非基础测绘成果。基础测绘成果包括全国性基础测绘成果和地区性基础测绘成果。测绘成果服务于经济建设、国防建设、社会发展和生态保护的各个领域，测绘成果的表现形式，涉及数据、信息、图件以及相关的技术资料等，主要包括：

(1)天文测量、大地测量、卫星大地测量、重力测量的数据和图件；

(2)航空航天摄影和遥感的底片、磁带；

(3)各种地图(包括地形图、普通地图、地籍图、海图和其他有关的专用地图等)及其数字化成果；

(4)各类基础地理信息以及在基础地理信息基础上挖掘、分析形成的信息；

(5)工程测量数据和图件；

(6)地理信息系统中的地理信息数据及其运行软件；

(7)其他有关的地理信息数据；

(8)与测绘成果直接有关的技术资料和档案等。

6.1.2 测绘成果的特征

1.科学性

测绘成果的采集、加工和处理，必须依据一定的数学法则，借助于特定的测绘仪器装备以及特定的软件系统来进行，因而测绘成果具有科学性的特点。

2.保密性

测绘成果涉及自然地理要素和地表人工设施的形状、大小、空间位置及其属性，大部分测绘成果都涉及国家秘密，关系国家安全和利益，具有保密性特征。

3.系统性

不同的测绘成果以及测绘成果的不同表示形式，都是依据一定的数学基础和投影法则，在一定的测绘基准和测绘系统控制下，按照“从整体到局部，先控制后碎布”的原则，有着内在的关联，具有系统性。

4.专业性

不同种类的测绘成果，由于专业不同，其表示形式和精度要求也不尽相同。如大地测量成果与房产测绘成果等有着明显的区别，带有很强的专业性。

5.具有著作权

测绘成果具有专业性、系统性、物质表现性、科学性和创作性，具备了作品具有著作权的基本要素。地图、地理信息系统以及地理信息数据等都具有著作权。

6.2 测绘成果保密管理

国家秘密是关系国家安全和利益，依照法定程序规定，在一定时间内只限一定范围的人员知悉的事项。我国国家秘密的密级分为“绝密”“机密”“秘密”三级。“绝密”是最重要的国家秘密，泄露会使国家的安全和利益受到特别严重的损害；“机密”是重要的国家秘密，泄露会使国家安全和利益遭受严重的损害；“秘密”是一般的国家秘密，泄露会使国家安全和利益遭受损害。

为了保守国家秘密，维护国家的安全和利益 1988 年 9 月 5 日，第七届全国人民代表大会常务委员会第三次会议通过了《保密法》，并于 2010 年 4 月 29 日第十一届全国人民代表大会常务委员会第十四次会议修订通过，自 2010 年 10 月1 日起施行。2017 年 4 月 27 日第十二届全国人民代表大会常务委员会第二十七次会议审议通过的新《测绘法》，建立了涉密地理信息可追溯管理制度，对获取、持有、提供、利用涉密地理信息的行为进行了规定，并赋予了各级测绘地理信息主管部门关于涉密地理信息违法行为的行政处罚权，为加强涉密地理信息管理提供了坚实的法律保障。

6.2.1　测绘成果保密范围

测绘成果保密是指测绘成果由于涉及国家秘密，综合运用法律和行政手段将测绘成果严格限定在一定范围内和被一定范围内的人员知悉的活动。由于大量的测绘成果都属于国家秘密，测绘成果也相应地划分为秘密测绘成果和公开测绘成果两类。2003 年 12 月 23 日，国家测绘局和国家保密局联合印发《测绘管理工作国家秘密范围的规定》（国测办字〔2003〕17 号），对测绘成果的密级进行了严格的划分。

1.绝密

国家大地坐标系、地心坐标系以及独立坐标系之间的相互转换参数；分辨率高于 $5'\times5'$，精度优于 1 毫伽的全国性高精度重力异常成果；1∶1 万、1∶5 万全国高精度数字高程模型；地形图保密处理技术参数及算法。

2.机密

国家等级控制点坐标成果以及其他与之精度相当的坐标成果；国家等级天文测量、三角测量、导线测量、卫星大地测量的观测成果；国家等级重力点成果及其他精度相当的重力点成果；分辨率高于 $30'\times30'$，精度优于 5 毫伽的重力异常成果；精度优于 1 米的高程异常成果；精度优于 $3''$的垂线偏差成果；涉及军事禁区的大于或等于 1∶1 万的国家基本比例尺地形图及数字化成果；1∶2.5 万、1∶5 万、1∶10 万国家基本比例尺地形图及其数字化成果；空间精度及涉及的要素和范围相当于上述机密基础测绘成果的非基础测绘成果。

3.秘密

构成环线或者线路长度超过 1000 米的国家等级水准网成果资料；重力加密点成果；分辨率高于 $30'\times30'$至 $1^\circ\times1^\circ$，精度在 5 毫伽至 10 毫伽的重力异常成果；精度在 1 米至 2 米的高程异常成果；精度在 $3''$至 $6''$的垂线偏差成果；非军事禁区 1∶5000 国家基本比例尺地形图，或多张连续的、覆盖范围超过 6 平方千米的大于 1∶5000 的国家基本比例尺地形图及其数字化成果；1∶10 万、1∶25 万、1∶50 万国家基本比例尺地形图及其数字化成果；军事禁区及国家安全要害部门所在地的航摄影像；空间精度及涉及的要素和范围相当于上述秘密基础测绘成果的非基础测绘成果；涉及军事、国家安全要害部门的点位名称及坐标；涉及国民经济重要设施精度优于 100 米的点位坐标。

6.2.2　测绘成果保密规定

1.测绘法律、法规对成果保密管理的规定

(1)地理信息生产、保管、利用单位应当对属于国家秘密的地理信息的获取、持有、提供、利用情况进行登记并长期保存，实行可追溯管理。从事测绘活动涉及获取、持有、提供、利用属于国家秘密的地理信息，应当遵守保密法律、行政法规和国家有关规定。

(2)测绘成果保管单位应当采取措施保障测绘成果的完整和安全，并按照国家有关规定向社会公开和提供利用。测绘成果属于国家秘密的，适用国家保密法律、行政法规的规定；需要对外提供的，按照国务院和中央军事委员会规定的审批程序执行。测绘成果的秘密范围和秘密等级，应当依照保密、行政法规的规定，按照保障国家秘密安全、促进地理信息共享和应用的原则确定并及时调整、公布。

(3)测绘成果保管单位应当建立健全测绘成果资料的保管制度，配备必要的设施，确保测绘成果资料的安全，并对基础测绘成果资料实行异地备份存放制度。

(4)测绘成果保管单位应按照规定保管测绘成果资料，不得损毁、散失、转让。测绘项目的出资人或者承担测绘项目的单位，应当采取必要的措施，确保其获取的测绘成果安全。

(5)对外提供属于国家秘密的测绘成果，应当按照国务院和中央军事委员会规定的审批程序，报国务院测绘行政主管部门或者省、自治区、直辖市人民政府测绘行政主管部门审批；测绘行政主管部门在审批前，应当征求军队有关部门的意见。

(6)法人或者其他组织需要利用属于国家秘密的基础测绘成果的，应当提出明确的利用目的和范围，报测绘成果所在地的测绘主管部门审批。测绘主管部门在依法履行审批手续时，要以书面形式告知测绘成果的秘密等级、保密要求以及相关著作权保护要求。

2.保密法对测绘成果保密的有关规定

(1)国家秘密载体的制作、收发、传递、使用、复制、保存、维修和销毁，应当符合国家保密规定。绝密级国家秘密载体应当在符合国家保密标准的设施、设备中保存，并指定专人管理；未经原定密机关、单位或者其上级机关批准，不得复制和摘抄；收发、传递和外出携带，应当指定专人负责，并采取必要的安全措施。

(2)存储、处理国家秘密的计算机信息系统(简称"涉密信息系统")按照涉密程度实行分级保护。涉密信息系统应当按照国家保密标准配备保密设施、设备。保密设施、设备应当与涉密信息系统同步规划、同步建设、同步运行。涉密信息系统应当按照规定，经检查合格后，方可投入使用。

(3)机关、单位对外交往与合作中需要提供国家秘密事项，或者任用、聘用的境外人员因工作需要知悉国家秘密的，应当报国务院有关主管部门或者省、自治区、直辖市人民政府有关主管部门批准，并与对方签订保密协议。

3.国家测绘地理信息局《关于进一步加强涉密测绘成果管理工作的通知》规定

(1)遵守航空摄影成果先送审后提供使用的规定。未按照国务院、中央军委有关规定，经有关军区进行保密审查的航空摄影成果一律不得提供使用。

(2)按照先归档入库再提供使用的规定管理涉密测绘成果。国家级基础测绘成果向国家基础地理信息中心归档入库；地方基础测绘成果向地方相应测绘成果保管单位归档入库。未归档入库的涉密测绘成果一律不得提供使用。

(3)各测绘资质单位或者测绘项目出资人依法开展测绘活动获取的涉密测绘成果，应当采取必要的措施确保成果安全。需要向其他法人或者组织提供使用的，必须按管理权限报测绘成果所在地的县级以上测绘行政主管部门批准同意。

(4)涉密测绘成果使用单位，必须依据经审批同意的使用目的和范围使用涉密测绘成果。使用目的或项目完成后，使用单位必须按照有关规定及时销毁涉密测绘成果。如需要用于其他目的的，应另行办理审批手续。任何单位和个人不得擅自复制、转让或转借涉密测绘成果。

4.国家测绘地理信息局《关于加强涉密测绘成果管理工作的通知》规定

(1)从事涉密测绘成果生产、加工、保管和使用等方面工作的单位,应当建立健全保密管理制度,按照积极防范、突出重点、严格标准、明确责任的原则,对落实保密制度的情况进行定期或不定期的检查,及时解决保密工作中的问题。

(2)涉密单位应当建立保密管理领导责任制,设立保密工作机构,配备保密管理人员。应当根据接触、使用、保管涉密测绘成果的人员情况,区分核心、重要和一般涉密人员,实行分类管理,进行岗前涉密资格审查,签署保密责任书,加强日常管理和监督。

(3)涉密单位应当依照国家保密法律、法规和有关规定,对生产、加工、提供、传递、使用、复制、保存和销毁涉密测绘成果,建立严格登记管理制度,加强涉密计算机和存储介质的管理,禁止将涉密载体作为废品出售或处理。

(4)涉密单位要及时确定涉密测绘成果保密要害部门、部位,明确岗位责任,设置安全可靠的保密防护措施。

(5)涉密单位应当对涉密计算机信息系统采取安全保密防护措施,不得使用无安全保密保障的设备处理、传输、存储涉密测绘成果。

(6)经审批获得的涉密测绘成果,被许可使用人只能用于被许可的使用目的和范围。使用目的或项目完成后,用户要按照规定及时销毁涉密测绘成果,由专人核对、清点、登记、造册、报批、监销,并报提供成果的单位备案;也可请提供成果的单位核对、回收,统一销毁。如需要用于其他目的的,应另行办理审批手续。任何单位和个人不得擅自复制、转让或转借。

(7)用户若委托第三方承担成果开发、利用任务的,第三方必须具有相应的成果保密条件,涉及测绘活动的,还应具备相应的测绘资质;用户必须与第三方签订成果保密责任书,第三方承担相关保密责任;委托任务完成后,用户必须及时回收或监督第三方按保密规定销毁涉密测绘成果及其衍生产品。

(8)涉密测绘成果严格实行管用分开。测绘成果保管单位不得擅自使用涉密测绘成果。确因工作需要使用的,必须按照涉密测绘成果提供使用管理办法,办理审批手续。

(9)要按照国家相关定密、标密规定,及时、准确地为测绘活动中产生的涉密测绘成果或衍生产品标明密级和保密期限。涉密测绘成果及其衍生产品,未经国家测绘地理信息局或者省级测绘地理信息主管部门进行保密技术处理的,不得公开使用,严禁在公共信息网络上登载发布使用。

(10)经国家批准的中外经济、文化、科技合作项目,凡涉及对外提供我国涉密测绘成果的,要依法报国家测绘地理信息局或者省级测绘地理信息主管部门审批后再对外提供。

(11)外国的组织或者个人经批准在中华人民共和国领域内从事测绘活动的,所产生的测绘成果归中方部门或单位所有;未经国家测绘地理信息局批准,不得向外方提供,不得以任何形式将测绘成果携带或者传输出境。严禁任何单位和个人未经批准擅自对外提供涉密测绘成果。

5.国家测绘地理信息局《关于加强涉密地理信息数据应用安全监管的通知》规定

(1)经依法审批获得涉密地理信息数据的企事业单位(用户),必须遵守国家保密法律、法规和有关规定,建立健全保密管理制度,不得擅自向其他单位和个人复制、提供、转让或转借涉密地理信息数据。严禁任何单位和个人未经批准擅自对外提供涉密地理信息数据。

(2)涉密地理信息数据只能用于被许可的范围。使用目的实现后不再需要使用涉密地理信息数据的用户,要按照国家相关规定及时销毁涉密地理信息数据,并报涉密地理信息数据提供单位备案;也可请提供数据的单位核对、回收,统一销毁。如需超许可范围使用的,应另行办理审批手续。

(3)用户在涉及加工、处理、集成等使用涉密地理信息数据的建设项目(简称“涉密项目”)招标投标中,必须委托给国内具有相应测绘资质的单位(简称“第三方”)承担。严禁委托给外国企业或者外商独资、中外合作企业以及具有外资背景的企业承担涉密项目建设。

(4)若需第三方参与涉密项目的,在涉密项目建设前,用户必须与第三方签订地理信息数据保密责任书,明确责任和义务。涉密项目完成后,用户必须及时回收或监督第三方按规定销毁涉密地理信息数据及其衍生产品(新产生的涉密地理信息数据)。

(5)在使用涉密地理信息数据的项目中,用户必须严格管理,设定涉密环境,科学合理确定使用人,落实责任,确保使用过程中涉密地理信息数据及其衍生品的安全。严禁将涉密项目在公开环境下使用,特别是在互联网上使用。

(6)各级测绘地理信息主管部门要依法依规对持有涉密地理信息数据的用户运行的地理信息系统进行定期或不定期的检查。发现问题,要及时纠正,督促整改;情节严重的,要依法严肃处理。

6.2.3 测绘成果保密管理职责

测绘法、测绘成果管理条例等法律、行政法规对各级测绘地理信息主管部门的测绘成果保密管理职责进行了规定。主要体现在以下方面。

1.确定测绘成果的秘密范围和秘密等级

《测绘成果管理条例》第十六条规定,国家保密工作部门、国务院测绘行政主管部门应当商军队测绘主管部门,依照有关保密法律、行政法规的规定,确定测绘成果的秘密范围和秘密等级。

2.及时调整、公布测绘成果的秘密范围和秘密等级

《测绘法》第三十四条第三款规定,测绘成果的秘密范围和秘密等级,应当依照保密法律、行政法规的规定,按照保障国家秘密安全、促进地理信息共享和利用的原则确定并及时调整、公布。

3.进行保密技术处理

《测绘成果管理条例》第十六条第二款规定,利用涉及国家秘密的测绘成果开发生产的产品,未经国务院测绘行政主管部门或者省、自治区、直辖市人民政府测绘行政主管部门进行保密技术处理的,其秘密等级不得低于所用测绘成果的秘密等级。

4.提供保密技术处理方式

《测绘法》第三十四条第一款规定,县级以上人民政府测绘地理信息主管部门应当积极推进公众版测绘成果的加工和编制工作,通过提供公众版测绘成果、保密技术处理等方式,促进测绘成果的社会化应用。

5.审批属于国家秘密的基础测绘成果

《测绘成果管理条例》第十七条规定,法人或者其他组织需要利用属于国家秘密的基础测绘成果的,应当提出明确的利用目的和范围,报测绘成果所在地的测绘行政主管部门审批。

6.告知申请人测绘成果的秘密等级、保密要求以及相关著作权保护要求

《测绘成果管理条例》第十七条第二款规定,法人或者其他组织需要利用属于国家秘密的基础测绘成果的,应当提出明确的利用目的和范围,报测绘成果所在地的测绘行政主管部门审批。测绘行政主管部门审查同意的,应当以书面形式告知测绘成果的秘密等级、保密要求以及

相关著作权保护要求。

7.对外提供属于国家秘密的测绘成果审批

《测绘成果管理条例》第十八条规定，对外提供属于国家秘密的测绘成果，应当按照国务院和中央军事委员会规定的审批程序，报国务院测绘行政主管部门或者省、自治区、直辖市人民政府测绘行政主管部门审批；测绘行政主管部门在审批前，应当征求军队有关部门的意见。

8.依法查处涉密地理信息违法行为

《测绘法》第六十五条规定，违反本法规定，地理信息生产、保管、利用单位未对属于国家秘密的地理信息的获取、持有、提供、利用情况进行登记、长期保存的，给予警告，责令改正，可以并处二十万元以下的罚款；泄露国家秘密的，责令停业整顿，并处降低测绘资质等级或者吊销测绘资质证书；构成犯罪的，依法追究刑事责任。

违反本法规定，获取、持有、提供、利用属于国家秘密的地理信息的，给予警告，责令停止违法行为，没收违法所得，可以并处违法所得二倍以下的罚款；对直接负责的主管人员和其他直接责任人员，依法给予处分；造成损失的，依法承担赔偿责任；构成犯罪的，依法追究刑事责任。

9.对提供、使用保密成果的单位进行监督检查

《行政许可法》第六十一条规定，行政机关应当建立健全监督制度，通过核查反映被许可人从事行政许可事项活动情况的有关材料，履行监督责任。行政机关依法对被许可人从事行政许可事项的活动进行监督检查时，应当将监督检查的情况和处理结果予以记录，由监督检查人员签字后归档。公众有权查阅行政机关监督检查记录。

6.2.4　对测绘成果涉密人员的规定

(1)在涉密岗位工作的人员(简称“涉密人员”)，按照涉密程度分为核心涉密人员、重要涉密人员和一般涉密人员，实行分类管理。有关机关、单位任用、聘用测绘成果涉密人员应当按照有关规定进行审查。

(2)涉密人员应当具有良好的政治素质和品行，具有胜任涉密岗位所要求的工作能力。涉密人员的合法权益受法律保护。

(3)涉密人员上岗应当经过保密教育培训，掌握保密知识技能，签订保密承诺书，严格遵守保密规章制度，不得以任何方式泄露国家秘密。

(4)涉密人员出境应当经有关部门批准，有关机关认为涉密人员出境将对国家安全造成危害或者对国家利益造成重大损失的，不得批准出境。

(5)涉密人员离岗离职实行脱密期管理。核心涉密人员脱密期为2～3年，重要涉密人员脱密期为1～2年，一般涉密人员脱密期为6个月至1年。涉密人员在脱密期内，应当按照规定履行保密义务，不得违反规定就业，不得以任何方式泄露国家秘密。

6.3　测绘成果汇交与保管

测绘成果是国家经济建设、国防建设、社会发展和生态保护的重要基础。为充分发挥测绘成果的作用，提高测绘成果的使用效益，降低政府行政管理成本，实现测绘成果的共建共享，维护测绘成果的完整和安全，国家实行测绘成果汇交与保管制度。

6.3.1　测绘成果汇交的概念与原则

1.测绘成果汇交的概念

测绘成果汇交是指将测绘成果向法定的公共服务和公共管理机构提交副本或者目录，由

公共服务和公共管理机构编制测绘成果目录，并向社会发布信息，利用汇交的测绘成果副本更新公共产品和依法向社会提供利用的过程。

2.测绘成果汇交的原则

(1)依法汇交。测绘成果汇交作为一项法定义务，必须依法汇交。要按照测绘成果投资主体的不同依法汇交测绘成果目录或副本。

(2)无偿汇交。测绘成果汇交的目的是为了促进测绘成果资料的共建共享，提高测绘成果的使用效率，节约公共财政的资金投入。因此，测绘法明确测绘成果目录或者副本实行无偿汇交。

(3)定期汇交。《测绘成果管理条例》第九条规定，测绘项目出资人或者承担国家投资的测绘项目的单位应当自测绘项目验收完成之日起 3 个月内，向测绘行政主管部门汇交测绘成果副本或者目录。

(4)不得向第三方提供。为了保证测绘成果的完整和安全，维护测绘成果所有权人的权益，未经测绘成果所有权人许可，任何单位或者个人不得向第三方提供，测绘项目出资人或者测绘单位汇交的测绘成果依法受法律保护，并依法享有测绘成果的所有权。

6.3.2 测绘成果汇交的内容

1.测绘成果汇交的主体

(1)测绘项目出资人。根据测绘法、测绘成果管理条例的规定，对没有使用国家投资的测绘项目，或者是由公民、法人、其他组织自行出资的测绘项目，由测绘项目出资人按照规定向测绘项目所在地省、自治区、直辖市人民政府测绘地理信息主管部门汇交测绘成果目录，测绘成果汇交的主体为测绘项目出资人。

(2)承担测绘项目的测绘单位。基础测绘项目或者国家投资的其他测绘项目，测绘成果汇交的主体为承担测绘项目的单位，由测绘单位汇交测绘成果副本或者目录。其中，基础测绘项目汇交副本。中央财政投资完成的测绘项目，由承担测绘项目的单位向国务院测绘地理信息主管部门汇交测绘成果资料；地方财政投资完成的测绘项目，由承担测绘项目的单位向测绘项目所在地的省、自治区、直辖市人民政府测绘地理信息主管部门汇交测绘成果资料。

(3)中方部门或者单位。测绘成果管理条例对外国的组织或者个人与中华人民共和国有关部门或者单位合作，经批准在中华人民共和国领域内从事测绘活动的，明确规定测绘成果归中方部门或者单位所有，并由中方部门或者单位向国务院测绘地理信息主管部门汇交测绘成果副本。

2.测绘成果目录汇交的内容

根据《测绘法》《测绘成果管理条例》和国家测绘局《关于汇交测绘成果目录和副本的实施办法》规定，测绘成果目录汇交的主要内容如下：

(1)按国家基准和技术标准施测的一、二、三、四等天文、三角、导线、长度、水准测量成果的目录；

(2)重力测量成果的目录；

(3)具有稳固地面标志的全球定位测量、多普勒定位测量、卫星激光测距等空间大地测量成果的目录；

(4)用于测制各种比例尺地形图和专业测绘的航空摄影底片的目录；

(5)我国自己拍摄的和收集国外的可用于测绘或修测地形图及其他专业测绘的卫星摄影底片和磁带的目录；

(6)面积在10平方千米以上的1∶500～1∶2000比例尺地形图和整幅的1∶5000～1∶100万比例尺地形图(包括影像地图)的目录；

(7)其他普通地图、地籍图、海图和专题地图的目录；

(8)上级有关部门主管的跨省区、跨流域，面积在50平方千米以上，以及其他重大国家项目的工程测量的数据和图件目录；

(9)县级以上地方人民政府主管的面积在省管限额以上(由省级政府规章确定)的工程测量的数据和图件目录。

3.测绘成果汇交副本的内容

(1)按国家基准和技术标准施测的一、二、三、四等天文、三角、导线、长度、水准测量成果的成果表、展点图(路线图)、技术总结和验收报告的副本；

(2)重力测量成果的成果表(含重力值归算、点位坐标和高程、重力异常值)、展点图、异常图、技术总结和验收报告的副本；

(3)具有稳固地面标志的全球定位测量、多普勒定位测量、卫星激光测距等空间大地测量的测量成果、布网图、技术总结和验收报告的副本；

(4)正式印制的地图，包括各种正式印刷的普通地图、政区地图、教学地图、交通旅游地图，以及全国性和省级的其他专题地图。

4.测绘成果汇交的法律责任

《测绘法》第六十条规定，违反本法规定，不汇交测绘成果资料的，责令限期汇交；测绘项目出资人逾期不汇交的，处重测所需费用一倍以上二倍以下的罚款；承担国家投资的测绘项目的单位逾期不汇交的，处五万元以上二十万元以下的罚款，并处暂扣测绘资质证书，自暂扣测绘资质证书之日起六个月内仍不汇交的，吊销测绘资质证书；对直接负责的主管人员和其他直接责任人员，依法给予处分。

5.测绘地理信息主管部门的职责

(1)负责接收测绘成果副本和目录的测绘地理信息主管部门应当及时出具测绘成果汇交凭证；

(2)在规定的时限内将测绘成果副本和目录移交给测绘成果保管单位；

(3)国务院测绘地理信息主管部门和省级测绘地理信息主管部门应当及时编制测绘成果目录，并向社会公布。

(4)依法查处不按照规定汇交测绘成果资料的违法行为。

6.3.3　测绘成果保管的特性

测绘成果保管是指测绘成果保管单位(含使用测绘成果的单位)依照国家有关测绘、档案法律、行政法规的规定，采取科学的防护措施和手段，对测绘成果进行归档、保存和管理的活动。

由于测绘成果具有专业性、系统性、保密性等特点，同时，测绘成果又以纸质资料和数据资料形态共同存在，使测绘成果保管不同于一般的文档资料保管，具有其特殊性。

1.测绘成果保管要采取安全保障措施

测绘成果是对不同时期的自然地理要素和地表人工设施的真实反映，不仅数量大，测绘成果的获取需要花费大量人力、物力和财力，测绘成果一经丢失、毁坏，必须得到实地进行重新测绘，并且测绘成果散失后容易造成失泄密，从而危害国家安全和利益。因此，测绘成果保管单位必须要建立健全测绘成果资料保管制度，采取安全保障措施，以保障测绘成果的完整和安全。测绘成果资料的存放设施与条件,要符合国家保密、消防及档案管理的有关规定和要求。

2.基础测绘成果保管要采取异地存放制度

为保障国家基础测绘成果资料的安全,避免出现基础测绘成果资料由于意外情况造成毁坏、散失,测绘成果保管单位应当按照国家有关规定,对基础测绘成果资料实行异地备份存放制度。基础测绘成果异地备份存放的设施和条件,不能低于测绘成果保管单位的设施和条件。根据国家规范规定,基础测绘成果异地存放的异地距离,一般不得少于500千米。

3.测绘成果保管不得损毁、散失和转让

由于测绘成果的重要性和具有著作权特点,测绘成果保管单位应当按照规定保管测绘成果资料,不得损毁、散失,未经测绘成果所有权人许可,不得擅自转让测绘成果。由于大部分测绘成果都属于国家秘密,国家秘密测绘成果损毁、散失,会给国家安全和利益造成危害。因此,测绘成果管理条例规定测绘成果保管单位应当采取措施保证测绘成果的完整和安全,不得损毁、散失和转让。

4.建立测绘成果保管制度由国家法律规定

不论是测绘法律、行政法规,还是国家档案、保密法律法规,都明确规定要建立健全测绘成果保管制度,配备必要的设施,确保测绘成果资料的安全,测绘成果资料的存放设施与条件,要符合国家保密、消防及档案管理的有关规定。建立测绘成果保管制度由国家法律规定,这是测绘成果保管的重要特征。

6.3.4 测绘成果保管的法律规定

(1)《测绘法》第三十四条第二款和第三款规定,测绘成果保管单位应当采取措施保障测绘成果的完整和安全,并按照国家有关规定向社会公开和提供利用。测绘成果属于国家秘密的,适用国家保密法律、行政法规的规定;需要对外提供的,按照国务院和中央军委规定的审批程序执行。

(2)《保密法》第十七条规定,机关、单位对承载国家秘密的纸介质、光介质、电磁介质等载体(简称"国家秘密载体")以及属于国家秘密的设备、产品,应当做出国家秘密标志。不属于国家秘密的,不应当做出国家秘密标志。

(3)《测绘成果管理条例》规定,测绘成果保管单位应当建立健全测绘成果资料的保管制度,配备必要的设施,确保测绘成果资料的安全,并对基础测绘成果资料实行异地备份存放制度。测绘成果资料的存放设施与条件,应当符合国家保密、消防及档案管理的有关规定和要求。测绘成果保管单位应当按照规定保管测绘成果资料,不得损毁、散失、转让。测绘项目的出资人或者承担测绘项目的单位,应采取必要的措施,确保其获取的测绘成果的安全。

(4)测绘成果保管单位有下列行为之一的,由测绘地理信息行政主管部门给予警告,责令改正;有违法所得的,没收违法所得;造成损失的,依法承担赔偿责任;对直接负责的主管人员和其他直接责任人员,依法给予处分:①未按照测绘成果资料的保管制度管理测绘成果资料,造成测绘成果资料损毁、散失的;②擅自转让汇交的测绘成果资料的;③未依法向测绘成果的使用人提供测绘成果资料的。

6.4 测绘地理信息档案管理

为加强测绘地理信息档案管理工作,提高档案工作服务测绘地理信息事业发展水平,国家测绘地理信息局、国家档案局于2017年7月发布了《测绘地理信息档案管理规定》,为我国测绘地理信息档案管理工作提供了的依据。

6.4.1　测绘地理信息档案管理职责

测绘地理信息档案是指测绘地理信息系统各单位在履行管理职能和开展各项业务活动中直接形成的，对国家、社会和本单位具有保存价值的各种文字、图表、音像、电子数据等形式和载体的历史记录。测绘地理信息档案是测绘地理信息事业的重要信息资源，是各单位履行职责、开展业务的信息支持和保障，是国家档案资源建设的组成部分。

《测绘地理信息档案管理规定》对国家测绘地理信息局及其他有关单位、单位所属部门以及档案管理机构的职责进行了规定。

1.测绘地理信息主管部门档案管理职责

国家测绘地理信息局对全国测绘地理信息档案工作实行监督和指导，在业务上接受国家档案行政管理部门的监督和指导。

地方各级测绘地理信息主管部门负责对本行政区域内测绘地理信息档案工作实行监督和指导，在业务上接受同级档案行政管理部门的监督和指导。

2.国家测绘地理信息局档案工作机构职责

(1)贯彻执行档案工作的法律、法规和规定，建立健全测绘地理信息档案工作规章制度；

(2)监督和指导测绘地理信息档案工作；

(3)监督和指导测绘地理信息系统及国家测绘地理信息局所属单位文书等门类档案工作；

(4)统一管理国家测绘地理信息局机关档案，对局机关各司室文件材料的形成、积累和归档工作进行业务监督和指导；

(5)负责国家测绘地理信息局机关档案信息化工作，开发机关档案信息资源，参与机关电子文件全程管理，负责局机关电子文件归档和电子档案管理；

(6)按照国家有关规定向中央档案馆移交档案。

国家测绘档案资料馆是国家测绘地理信息业务档案保管机构，承担测绘地理信息业务档案管理。

3.各单位档案工作机构管理职责

各单位应当按照国家规定设立相应的档案工作机构，并履行以下职责：

(1)贯彻落实上级主管部门有关档案工作规定和工作部署，承担本单位档案管理职能，制定本单位档案工作管理办法并组织实施；

(2)具有行政管理职能的单位在业务上受上级行政主管部门和同级档案行政主管部门的监督和指导，对所属单位档案工作进行监督和指导，并对系统内下级单位的档案工作进行业务指导；

(3)统一管理本单位的档案，监督和指导本单位所属部门做好各门类档案的形成、积累和归档工作；

(4)负责本单位档案信息化工作，参与本单位电子文件全程管理工作，负责本单位电子文件归档和电子档案管理；

(5)按照国家有关规定向同级国家综合档案馆移交档案。

4.各单位所属部门的档案管理职责

(1)负责本部门应当归档的各种门类、形式和载体的文件材料的收集工作，保证归档文件材料的齐全完整；

(2)对归档的文件按照各门类档案管理办法的相关规定进行整理，做到分类清楚、鉴定准确、排列有序，并按规定向本单位档案部门归档；

(3)接受本单位档案工作机构的指导与检查。

6.4.2 测绘地理信息档案管理与应用

1.测绘地理信息档案的接收

(1)各单位应当按要求编制本单位的文件材料归档范围和档案保管期限表。归档范围、保管期限应当划分科学、准确。

(2)国家测绘地理信息局制定和完善机关文书档案、测绘地理信息业务档案及其他门类档案的文件材料归档范围和档案保管期限表，并经批准后执行。

(3)国家测绘地理信息局所属各单位制定和完善本单位文件材料归档范围和档案保管期限表，报国家测绘地理信息局档案工作机构批准后执行。

(4)各单位应当加大档案收集整理力度，加强对档案收集整理工作的监督和指导，确保档案应收尽收、应归尽归。

(5)对重点工作、重大活动、重大建设项目、重大科研项目等活动中形成的档案，实行档案工作与专项活动工作进程同步管理。

(6)各单位应当按照相关档案管理规定，确定档案的具体接收范围，并接收本单位在工作中直接形成的各种门类、形式和载体的档案。

(7)应当归档的文件材料由各单位有关部门按照职责分工负责收集齐全并按相关规定进行整理，定期向本单位档案部门归档。与纸质或其他载体形式的文件相对应的电子文件应当一并归档。

(8)任何单位、部门或个人不得将应当归档文件材料据为己有或拒绝归档。

(9)各单位对接收范围内的档案应当按规定实行集中统一管理。不得由各承办部门和个人分散保存。

(10)各单位所属部门应当按照规定时限向本单位档案部门归档，并办理归档手续。档案部门接收的档案应当符合归档质量要求。

2.测绘地理信息档案的管理

(1)各单位应当依据国家相关规定，结合工作需要建立健全本单位各门类档案管理制度，并进行具体管理。

(2)各单位对保管期限已满的档案，应当及时进行鉴定。鉴定工作结束后，应由档案工作机构提出档案鉴定报告。

(3)国家测绘地理信息局机关的档案鉴定工作在办公室负责人主持下，由档案工作机构和有关业务部门组成鉴定小组共同进行。

(4)各单位的档案鉴定工作在分管档案工作的单位负责人主持下，由办公室、档案工作机构和有关业务部门组成鉴定小组共同进行。

(5)销毁档案必须按照规定履行相关手续。未经批准，不得销毁任何档案。

(6)各单位档案工作机构对接收的各种门类、形式和载体的档案，应当按照国家有关档案分类的标准规范要求进行分类、整理编目和保管。

(7)档案工作机构应当分别建立接收、移出档案登记台账，及时对接收和移出的档案进行登记。

(8)各单位应当按照国家档案移交的有关规定，定期移交档案。单位撤销或合并的，应当将本单位的全部档案认真整理，妥善保管，不得分散，并按国家有关规定保管、移交。临时机构撤销时，其档案向设立该机构的单位移交。

(9)各单位档案工作机构应当对档案的接收、整理、保管、利用、移交、销毁等情况进行统计，并按照规定报送本单位档案工作基本情况统计表。

(10)各单位应当加强档案信息化建设，将档案信息化纳入本单位信息化建设整体规划，统一部署、同步实施。

(11)各单位应当为开展档案工作提供必要的条件，做到档案工作人员办公室、档案库房、档案阅览室三室分开。档案安全保管条件应当符合国家相关要求。

(12)各单位应当建立健全档案安全保密管理制度，为档案保管保密提供条件保障，确保档案信息系统、档案实体、电子档案安全有效，严防档案损毁和失泄密事件发生。

(13)各单位应当建立档案安全管理责任制，根据档案实体与信息管理实际，制定应急预案，将档案安全责任明确到人。各单位档案工作机构应当建立库存档案和设备定期检查制度，并做好检查记录。对库存档案发现可疑情况或者发生意外事故的，应当立即向本单位领导报告。

(14)重要测绘地理信息档案应当实行异地备份保管，重要电子档案应当实行异质备份保管。

3.档案信息资源开发与利用

(1)各单位档案部门应当主动开发、挖掘档案信息资源，不断创新服务形式，强化服务功能，积极提供档案信息服务，满足各方面对测绘地理信息档案的利用需求。

(2)各单位应当加快推进传统载体档案数字化和利用网络化，运用信息化手段对档案信息资源进行管理开发，以方便检索利用，实现资源共享。

(3)各单位应当加强电子档案利用基础设施建设，保证电子档案得到方便快捷的利用。对已完成数字化的档案，其原件一般不再提供利用。

(4)网络利用档案应当采取有效的安全保护措施，对上网文件、档案进行严格审查，禁止把涉密文件和档案传输到非涉密或密级不符的网络。

6.4.3　测绘地理信息业务档案管理

1.测绘地理信息业务档案主要内容

测绘地理信息业务档案是指从事测绘地理信息业务活动中形成的具有保存价值的文字、数据、图件、电子文件、声像等不同形式和载体的历史纪录，是国家科技档案的重要组成部分。2015 年 3 月，国家测绘地理信息局、国家档案局发布了《测绘地理信息业务档案管理规定》，为我国测绘地理信息业务档案管理提供了依据。

测绘地理信息业务档案的主要内容包括：

(1)航空、航天遥感影像获取档案；

(2)基础测绘项目档案；

(3)地理国情监测(普查)档案；

(4)应急测绘保障服务档案；

(5)测绘成果与地理信息应用档案；

(6)测绘科学技术研究项目档案；

(7)工程测量档案；

(8)海洋测绘与江河湖水下测量档案；

(9)界线测绘与不动产测绘档案;

(10)公开地图制作档案。

2.档案建档与归档

《测绘地理信息业务档案管理规定》对测绘地理信息业务档案的建档与归档,做出了具体规定,主要包括以下内容:

(1)项目承担单位(简称“建档单位”)负责业务文件资料归档材料的形成、积累、整理、立卷等建档工作。

(2)档案建档工作应当纳入测绘地理信息项目计划、经费预算、管理程序、质量控制、岗位责任。项目实施过程中,应当同步提出建档工作要求,同步检查建档制度执行情况。

(3)项目组织部门下达测绘地理信息项目计划时,应当以书面形式告知相应的档案保管机构,并在项目合同书、设计书等文件中,明确提出业务档案的归档范围、份数、时间、质量等要求。

(4)建档单位应当按照《测绘地理信息业务档案保管期限表》,将归档材料收集齐全、整理立卷,确保业务档案的完整、准确、系统和安全。不得篡改、伪造、损毁、丢失测绘地理信息业务档案。

(5)归档业务文件材料应当原始真实、系统完整、清晰易读和标识规范,符合归档要求,档案载体能够长期保存。

(6)国家或地方重大测绘地理信息项目业务档案验收应当由相应的测绘地理信息主管部门组织实施,并出具验收意见。其他项目业务档案的验收,由相应的档案保管机构负责,并出具验收意见。未获得档案验收合格意见的测绘地理信息项目不得通过项目验收。

(7)项目组织部门在完成项目验收后,应当将项目验收意见抄送档案保管机构。建档单位应当在测绘地理信息项目验收完成之日起 2 个月内,向项目组织部门所属的档案保管机构移交测绘地理信息业务档案,办理归档手续。

3.档案保管与销毁

(1)档案保管机构应当将测绘地理信息业务档案进行分类、整理并编制目录,做到分类科学、整理规范、排架有序和目录完整。

(2)测绘地理信息业务档案保管期限分为永久和定期。具有重要查考利用保存价值的,应当永久保存;具有一般查考利用保存价值的,应当定期保存,期限为 10 年或 30 年,具体划分办法按照《测绘地理信息业务档案保管期限表》要求执行。

(3)档案保管机构应当具备档案安全保管条件,库房配备防火、防盗、防渍、防有害生物、温湿度控制、监控等保护设施设备,库房管理应当符合国家有关规定。

(4)档案保管机构应当建立健全测绘地理信息业务档案安全保管制度,定期对档案保管状况进行检查,采取有效措施,确保档案安全。重要的测绘地理信息业务档案实行异地备份保管。

(5)档案保管机构应当对保管期满的测绘地理信息业务档案提出鉴定意见,并报同级测绘地理信息主管部门批准。对不再具有保存价值的档案应当登记、造册,经批准后按规定销毁。禁止擅自销毁测绘地理信息业务档案。

(6)因机构变动等原因,测绘地理信息业务档案保管关系发生变更的,原单位应当妥善保管测绘地理信息业务档案并向指定机构移交。

(7)鼓励单位和个人向档案保管机构移交、捐赠、寄存测绘地理信息业务档案,档案保管机构应当对其进行妥善保管。

4.服务利用与监督管理

(1)各级测绘地理信息主管部门和档案保管机构应当依法向社会开放测绘地理信息业务档案,法律、法规另有规定的除外。单位和个人持合法证明,可以依法利用已经开放的测绘地理信息业务档案。

(2)档案保管机构应当定期公布馆藏开放的测绘地理信息业务档案目录,并为档案利用创造条件,简化手续,提供方便。测绘地理信息业务档案的阅览、复制、摘录等应当符合国家有关规定。

(3)各级测绘地理信息主管部门和档案保管机构应当采取档案编研、在线服务、交换共享等多种方式,加强对档案信息资源的开发利用,提高档案利用价值,扩大利用领域。

(4)向档案保管机构移交、捐赠、寄存测绘地理信息业务档案的单位和个人,对其档案具有优先利用权,并可对其不宜向社会开放的档案提出限制利用意见,维护其合法权益。

(5)各级测绘地理信息主管部门应当加强对业务档案工作的领导,明确分管负责人、工作机构和人员,建立健全档案管理规章制度,保障档案工作所需经费,配备适应档案现代化管理需要的设施设备。

(6)各级测绘地理信息主管部门应当依法履行管理职责,加强对测绘地理信息业务档案工作的监督检查,对违法违规行为责令整改。对于违反国家档案管理规定,造成测绘地理信息业务档案失真、损毁、丢失的,依法追究相关人员的责任;构成犯罪的,依法移送司法机关处理。

6.5　测绘地理信息质量管理

测绘成果质量是指测绘成果满足国家规定的测绘技术规范和标准,以及满足用户期望目标值的程度。测绘成果广泛应用于各项工程建设、国防建设以及经济社会发展的方方面面,与国家利益、社会公共利益和人民群众的自身利益密切相关。2015 年 6 月,国家测绘地理信息局颁布了《测绘地理信息质量管理办法》,对测绘地理信息质量监督管理、测绘单位的质量责任与义务、质检机构的质量责任与义务以及质量奖惩等进行了详细规定,是我国目前测绘地理信息质量管理的重要依据,也是注册测绘师资格考试和注册测绘师执业的重要内容。

6.5.1　测绘地理信息质量监督管理职责

1.国家测绘地理信息局

(1)负责全国测绘地理信息质量的统一监督管理。

(2)按年度制定国家测绘地理信息质量监督检查计划。

(3)组织建立国家测绘地理信息成果质量检验专家库,专家库成员参加国家测绘地理信息成果质量监督检验工作。

(4)对甲级测绘资质单位的测绘地理信息质量实行监督检查,并依法向社会公布测绘成果质量监督检查结果。

(5)研究制定测绘地理信息质量标准和规范。

(6)负责组织实施全国质量监督抽查工作;按年度制定全国质量监督抽查计划,重点组织实施重大测绘项目、重点工程测绘项目以及与人民群众生活密切相关、影响面广的其他测绘项目成果的质量监督抽查。

(7)鼓励采用先进的科学技术和管理方法,提高测绘地理信息质量,对测绘地理信息质量管理先进、成果质量优异的单位和个人,给予表彰奖励。

(8)负责授权全国重大测绘项目、重点工程测绘项目的质量争议。

2.省级测绘地理信息主管部门

(1)负责本行政区域内测绘地理信息质量统一监督管理。

(2)省级人民政府测绘地理信息主管部门可建立、管理省级测绘地理信息成果质量检验专家库。

(3)负责组织实施本行政区域内质量监督抽查工作,并依法向社会公布质量监督检查结果。

(4)负责受理本行政区域内测绘地理信息成果质量投诉、举报、申诉并依法进行处理。

(5)鼓励采用先进的科学技术和管理方法,提高测绘地理信息质量,对测绘地理信息质量管理先进、成果质量优异的单位和个人,给予表彰奖励。

(6)对本行政区域内的测绘单位、测绘地理信息项目质量和监督检查结果等信息的收集、汇总、分析和管理,并向国务院测绘地理信息主管部门报告年度质量信息。

3.市、县测绘地理信息主管部门

(1)负责本行政区域内测绘地理信息质量统一监督管理。

(2)负责组织实施本行政区域内质量监督抽查工作,并依法向社会公布质量监督检查结果。

(3)负责受理本行政区域内测绘地理信息成果质量投诉、举报、申诉并依法进行处理。

(4)鼓励采用先进的科学技术和管理方法,提高测绘地理信息质量,对测绘地理信息质量管理先进、成果质量优异的单位和个人,给予表彰奖励。

(5)对本行政区域内的测绘单位、测绘地理信息项目质量和监督检查结果等信息的收集、汇总、分析和管理,并向上级测绘地理信息主管部门报告年度质量信息。

6.5.2 测绘地理信息质量责任与义务

1.测绘单位的质量责任与义务

(1)测绘单位应按照质量管理体系建设要求,建立健全覆盖本单位测绘地理信息业务范围的质量管理体系,规范质量管理行为,确保质量管理体系的有效运行。

(2)甲、乙级测绘单位应设立质量管理和质量检查机构;丙、丁级测绘单位应设立专职质量管理和质量检查人员。测绘地理信息项目的技术和质检负责人等关键岗位须由注册测绘师充任。

(3)测绘单位应建立质量责任制,明确岗位职责,制定并落实岗位考核办法和质量责任。

(4)测绘地理信息项目实施所使用的仪器设备应按照国家有关规定进行检定、校准。

用于基础测绘项目和规模化测绘地理信息生产的新技术、新工艺、新软件等,须得到项目组织方同意或通过由项目组织方组织的检验、测试或鉴定。

(5)测绘单位应建立合同评审制度,确保具有满足合同要求的实施能力。

(6)测绘地理信息项目实施,应坚持先设计后生产,不允许边设计边生产,禁止没有设计进行生产。技术设计文件需要审核的,由项目委托方审核批准后实施。

(7)测绘地理信息项目实行"两级检查、一级验收"制度。作业部门负责过程检查,测绘单位负责最终检查。过程成果达到规定的质量要求后方可转入下一工序。必要时,可在关键工序、难点工序设置检查点,或开展首件成果检验。

(8)项目委托方负责项目验收。基础测绘项目、测绘地理信息专项和重大建设工程测绘地理信息项目的成果未经测绘质检机构实施质量检验,不得采取材料验收、会议验收等方式验收,以确保成果质量;其他项目的验收应根据合同约定执行。

(9)国家法律法规或委托方有明确要求实施监理的测绘地理信息项目,应依法开展监理工作,监理单位资质及监理工作实施应符合相关规定。监理单位对其出具的监理报告负责。

(10)测绘单位对其完成的测绘地理信息成果质量负责，所交付的成果，必须保证是合格品。

(11)测绘单位应建立质量信息征集机制，主动征求用户对测绘地理信息成果质量的意见，并为用户提供咨询服务。

(12)测绘单位应及时、认真地处理用户的质量查询和反馈意见。与用户发生质量争议的，报项目所在地测绘地理信息主管部门进行处理，或依法诉讼。

(13)测绘地理信息项目通过验收后，测绘单位应将项目质量信息报送项目所在地测绘地理信息主管部门。

(14)测绘地理信息项目依照国家有关规定实行项目分包的，分包出的任务由总承包方向发包方负完全责任。

2.测绘质检机构的质量责任与义务

(1)测绘质检机构应具备从事测绘地理信息质量检验工作所必需的基本条件和技术能力，按照国家有关规定取得相应资质。

(2)测绘质检机构取得注册测绘师资格的人员经登记后，以注册测绘师名义开展工作。登记工作参照《注册测绘师执业管理办法(试行)》规定的注册程序进行。

(3)测绘质检机构可根据需要设立质检分支机构，并对其建设和业务工作负责。

(4)测绘质检机构的主要职责是：①(按照测绘地理信息主管部门下达的测绘地理信息成果质量监督检查计划，承担质量监督检验工作；②受委托对测绘地理信息项目成果进行质量检验、检测和评价；③受委托对有关科研项目和新技术手段测制的测绘地理信息成果进行质量检验、检测、鉴定；④受委托承担测绘地理信息质量争议的仲裁检验；⑤向主管的测绘地理信息主管部门定期报送测绘地理信息成果质量分析报告。

(5)测绘质检机构应依照法律法规、技术标准及设计文件实施检验，客观、公正地作出检验结论，对检验结论负责。

(6)监督检验应制定技术方案，技术方案经组织实施监督检验工作的部门批准后实施检验工作。

(7)技术方案及检验报告由本单位注册测绘师签字后方可生效。

(8)任何单位和个人不得干预测绘质检机构对质量检验结论的独立判定。

(9)测绘地理信息成果质量检验结果是测绘地理信息项目验收、测绘资质监督管理、测绘资质晋升和评优奖励的重要依据。

6.5.3　测绘地理信息质量监督管理规定

1.《测绘法》关于质量管理的规定

(1)《测绘法》第三十九条规定，测绘单位应当对完成的测绘成果质量负责。县级以上人民政府测绘地理信息主管部门应当加强对测绘成果质量的监督管理。

(2)《测绘法》第二十七条规定，国家对从事测绘活动的单位实行测绘资质管理制度。从事测绘活动的单位应当具备下列条件，并依法取得相应等级的测绘资质证书后，方可从事测绘活动：①有法人资格；②有与从事的测绘活动相适应的专业技术人员；③有与从事的测绘活动相适应的技术装备和设施；④有健全的技术和质量保证体系、安全保障措施、信息安全保密管理制度以及测绘成果和资料档案管理制度。有健全的技术和质量保证体系、安全保障措施、信息安全保密管理制度以及测绘成果和资料档案管理制度。

2.《基础测绘条例》关于质量管理的规定

《基础测绘条例》第二十四条规定，县级以上人民政府测绘行政主管部门应当采取措施，加强对基础地理信息测制、加工、处理、提供的监督管理，确保基础测绘成果质量。基础测绘项目承担单位应当建立健全基础测绘成果质量管理制度，严格执行国家规定的测绘技术规范和标准，对其完成的基础测绘成果质量负责。

3.《测绘地理信息质量管理办法》规定

《测绘地理信息质量管理办法》对测绘地理信息成果质量监督管理以及测绘单位的质量责任与义务进行了详细规定。

（1）国家对测绘地理信息质量实行监督检查制度。甲、乙级测绘单位每3年监督检查覆盖一次，丙、丁级测绘单位每5年监督检查覆盖一次。监督检查工作经费列入测绘地理信息主管部门本级行政经费预算或专项预算，专款专用。

（2）国家测绘地理信息局按年度制定国家测绘地理信息质量监督检查计划。县级以上地方人民政府测绘地理信息主管部门依据上一级质量监督检查计划并结合本地情况，安排本级监督检查工作，报上一级测绘地理信息主管部门备案。

（3）同一测绘地理信息项目或同一批次成果，上级监督检查的，下级不得另行重复检查。

（4）测绘单位应配合监督检查，任何组织、个人不得以任何理由和形式设置障碍，拒绝或妨碍监督检查。

（5）监督检查中需要进行的检验、鉴定、检测等监督检验活动，由实施监督检查的测绘地理信息主管部门委托测绘成果质量检验机构（简称“测绘质检机构”）承担。

（6）国家测绘地理信息局组织建立国家测绘地理信息成果质量检验专家库，专家库成员参加国家测绘地理信息成果质量监督检验工作。省级测绘地理信息主管部门可建立、管理省级测绘地理信息成果质量检验专家库。

（7）各级测绘地理信息主管部门应依法向社会公布监督检查结果，确属不宜向社会公布的，应依法抄告有关主管部门、有关权利人和利害相关人，并向上一级测绘地理信息主管部门备案。

（8）各级测绘地理信息主管部门负责受理本行政区域内的测绘地理信息质量投诉、检举、申诉，依法进行处理。

（9）因测绘地理信息成果质量问题造成重大事故的，测绘单位、成果使用单位应及时向相关测绘地理信息主管部门和其他有关部门报告。

（10）各级测绘地理信息主管部门应加强对本行政区域内测绘单位、测绘地理信息项目质量和监督检查结果等信息的收集、汇总、分析和管理，下一级向上一级报告年度质量信息。

4.国家测绘地理信息局《关于加强测绘质量管理的若干意见》规定

（1）在对全国测绘质量实行统一监管的总体要求下，国家测绘地理信息局重点加强对影响面广、社会反映强烈的重大测绘项目和重大建设工程测绘项目质量的监督检查；地方测绘地理信息主管部门负责对本行政区域内测绘单位和测绘项目质量工作的日常监督管理。基础测绘项目的质量，由组织实施该项目的测绘地理信息主管部门监督管理；非基础测绘项目的质量，由项目实施地的测绘地理信息主管部门监督管理。

（2）测绘项目出资人要依法择优选择项目承担单位，并自觉接受测绘地理信息主管部门的监督；设计单位要按国家有关法律法规和技术标准进行项目设计，确保设计质量，应无条件帮助解决因设计造成的质量问题，并承担设计质量责任；施测单位必须严格按照合同、有关标准、项目设计书施测，确保所使用的仪器、设备、软件等符合国家有关规定；负责质量检验或验收的单位及专家，要严格依据国家有关规定、标准和设计书的要求，对项目进行检验或验收，并对作出的结论负责。

(3)贯彻实施测绘部门"二级检查、一级验收"等质量控制制度。国家测绘地理信息局将重点开展重大测绘工程成果质量的监督检查。地方测绘地理信息主管部门要积极支持和配合全国性检查活动，同时要建立质量管理的长效机制，制定详细的分级分类检查目录和计划，扩大监督检查的覆盖面，缩短覆盖周期。甲、乙级测绘单位至少每2～3年检查一次，丙、丁级测绘单位至少每4～5年检查一次。测绘仪器、设备检校情况应作为监督检查的重要内容。

(4)建立健全包括质量信用在内的测绘信用档案公示制度，根据测绘单位的质量信用情况进行分类监管，及时将质量信誉良好的单位和不好的单位分类向社会公布。在招投标活动中，要加大对低质压价等恶性竞争行为的打击力度，努力营造全行业重质量、讲信誉的良好氛围和市场环境。

6.5.4　测绘成果质量责任与检查验收

测绘单位是测绘成果生产的主体，必须自觉遵守国家有关质量管理的法律、法规和规章，对完成的测绘成果质量负责。

1.测绘单位质量责任

(1)测绘单位的法定代表人确定本单位的质量方针和质量目标，签发质量手册，建立本单位的质量体系并保证有效运行，对本单位提供的测绘成果承担质量责任。

(2)测绘单位的行政领导及总工程师(质量主管负责人)按照职责分工负责质量方针、质量目标的贯彻实施，签发有关的质量文件及作业指导书，处理生产过程中的重大技术问题和质量争议；审议技术总结，对本单位成果的技术设计质量负责。

(3)测绘单位的质量管理机构及质量检查人员在规定的职权范围内，负责质量管理的日常工作。编制年度质量计划，贯彻技术标准和质量文件，对作业过程进行现场监督和检查，处理质量问题，组织实施内部质量审核工作。各级检查人员对其所检查的成果质量负责。

(4)测绘生产人员必须严格执行操作规程，按照技术设计进行作业，并对作业质量负责。其他岗位的工作人员，应当严格执行有关的规章制度，保证本岗位的工作质量。因工作质量问题影响成果质量的，承担相应的质量责任。

(5)测绘单位按照测绘项目的实际情况实行项目质量负责人制度。项目质量负责人对该测绘项目的产品质量负直接责任。

2.测绘成果检查验收

(1)测绘单位对测绘成果质量实行过程检查和最终检查。

(2)测绘成果过程检查由测绘单位的中队(室、车间)检查人员承担。

(3)测绘成果最终检查由测绘单位的质量管理机构负责实施。

(4)验收工作由测绘项目的委托单位组织实施，或由该单位委托具有检验资格的检验机构验收，验收工作应在测绘成果最终检查合格后进行。

(5)检查、验收人员与被检查单位在质量问题处理上有分歧时，属检查过程中的，由测绘单位的总工程师裁定；属验收过程中的，由测绘单位上级质量管理机构裁定。委托验收中产生的分歧，应当报各省级测绘地理信息主管部门的质量管理机构裁定。

6.5.5　测绘成果质量监督管理措施

1.加强测绘标准化管理

(1)通过制定国家标准和行业标准，加强质量、标准及计量基础工作，确保成果质量。

(2)加强测绘计量检定人员业务培训,做到持证上岗,保证量值的准确溯源和传递。

(3)引导测绘单位贯彻执行国家规定的测绘技术规范和标准,并加大监督检查力度。

2.开展测绘成果质量监督检查

通过定期开展测绘成果质量监督检查,及时发现问题,督促测绘单位进行整改。检查内容包括:质量保证体系运行情况和质量管理制度建立情况、执行测绘技术标准的情况、测绘成果质量状况、仪器设备的检定情况等。测绘成果质量监督检查的结果,要纳入测绘单位信用档案,并依法向社会公布。

3.加强对测绘仪器设备计量检定情况的监督检查

根据《测绘计量管理暂行办法》,未按规定申请检定或检定不合格的仪器,不准使用。《测绘计量管理暂行办法》在测绘计量器具目录中,明确规定了J2级以上经纬仪、S3级以上水准仪、GPS接收机、精度优于$5mm+5\times10^{-6}D$的测距仪、全站仪、伽级重力仪以及尺类等仪器设备的检定周期为1年,其他精度的仪器设备一般为2年。因此,测绘地理信息主管部门要通过组织实施对测绘项目的检查验收,监督检查测绘单位的测绘仪器设备定期检定情况,确保测绘仪器设备稳定、安全、可靠。

4.引导测绘单位建立健全质量管理制度

测绘法将建立健全完善的测绘技术、质量保证体系作为测绘资质申请的一个基本条件,充分说明了建立健全测绘技术、质量保证体系对保证测绘成果质量的重要性。因此,各级测绘地理信息主管部门要通过加强测绘资质审查和质量监督,引导测绘单位建立健全测绘成果质量管理制度,加强测绘成果质量宣传教育,确保测绘成果质量。

5.依法查处不合格的测绘成果

通过查处测绘成果质量违法案件,充分发挥查办案件的治本功能,进一步提高测绘单位的质量意识和质量责任,从而有效地保障测绘成果质量。测绘成果质量不合格的,要依法责令测绘单位补测或者重测;情节严重的,责令停业整顿,并处降低资质等级或者吊销测绘资质证书;给用户造成损失的,依法承担赔偿责任。

6.6 测绘成果提供利用

测绘成果提供利用是指测绘成果生产单位或者测绘成果保管单位根据合同约定或者测绘成果使用者的申请,依照国家有关规定提供利用测绘成果的活动。大多数测绘成果都涉及国家秘密,测绘成果提供利用必须严格遵守国家测绘、保密等有关法律、行政法规的规定。

6.6.1 测绘成果提供利用规定

1.《测绘法》对测绘成果提供利用的规定

(1)《测绘法》第三十六条规定,基础测绘成果和国家投资完成的其他测绘成果,用于政府决策、国防建设和公共服务的,应当无偿提供。除前款规定情形外,测绘成果依法实行有偿使用制度。但是,各级人民政府及有关部门和军队因防灾减灾、应对突发事件、维护国家安全等公共利益的需要,可以无偿使用。

(2)《测绘法》第三十四条规定,县级以上人民政府测绘地理信息主管部门应当积极推进公众版测绘成果的加工和编制工作,通过提供公众版测绘成果、保密技术处理等方式,促进测绘成果的社会化应用。测绘成果保管单位应当采取措施保障测绘成果的完整和安全,并按照国家有关规定向社会公开和提供利用。测绘成果属于国家秘密的,适应保密法律、行政法规的规定;需要对外提供的,按照国务院和中央军事委员会规定的审批程序执行。测绘成果的秘密范围和秘密等级,应当依照保密法律、行政法规的规定,按照保障国家秘密安全、促进地理信息共享和应用的原则确定并及时调整、公布。

(3)《测绘法》第四十条第二款规定,县级以上人民政府应当建立健全政府部门间地理信息资源共建共享机制,引导和支持企业提供地理信息社会化服务,促进地理信息广泛应用。

2.《测绘成果管理条例》对测绘成果提供利用的规定

(1)使用财政资金的测绘项目和使用财政资金的建设工程测绘项目,有关部门在批准立项前应当书面征求本级人民政府测绘行政主管部门的意见。测绘行政主管部门应当自收到征求意见材料之日起10日内,向征求意见的部门反馈意见。有适宜测绘成果的,应当充分利用已有的测绘成果,避免重复测绘。

(2)国家保密工作部门、国务院测绘行政主管部门应当商军队测绘主管部门,依照有关保密法律、行政法规的规定,确定测绘成果的秘密范围和秘密等级。

(3)利用涉及国家秘密的测绘成果开发生产的产品,未经国务院测绘行政主管部门或者省、自治区、直辖市人民政府测绘行政主管部门进行保密技术处理的,其秘密等级不得低于所用测绘成果的秘密等级。

(4)对外提供属于国家秘密的测绘成果,应当按照国务院和中央军事委员会规定的审批程序,报国务院测绘行政主管部门或者省、自治区、直辖市人民政府测绘行政主管部门审批;测绘行政主管部门在审批前,应当征求军队有关部门的意见。

(5)基础测绘成果和财政投资完成的其他测绘成果,用于国家机关决策和社会公益性事业的,应当无偿提供。除前款规定外,测绘成果依法实行有偿使用制度。各级人民政府及其有关部门和军队因防灾、减灾、国防建设等公共利益的需要,可以无偿使用测绘成果。依法有偿使用测绘成果的,使用人与测绘项目出资人应当签订书面协议,明确双方的权利和义务。

(6)测绘成果涉及著作权保护和管理的,依照有关法律、行政法规的规定执行。

3.基础测绘成果提供利用的规定

《基础测绘成果提供使用管理暂行办法》对基础测绘成果提供利用进行了规定,详见第5章基础测绘相关内容。这里不再重复。

6.6.2 对外提供属于国家秘密的测绘成果审批

对外提供属于国家秘密的测绘成果是指向境外、国外以及其与国内有关单位合作的法人或者其他组织提供的属于国家秘密的测绘成果。根据《测绘成果管理条例》对外提供属于国家秘密的测绘成果的,要严格按照国务院和中央军事委员会规定的审批程序,报国务院测绘地理信息主管部门或者省、自治区、直辖市人民政府测绘地理信息主管部门审批。

1.申请资料

根据《对外提供我国涉密测绘成果审批程序规定》(测办〔2010〕108号),对外提供属于国家秘密的测绘成果,成果资料的范围跨省、自治区、直辖市区域的,向国家测绘地理信息局提出申请;其他情形向成果内容表现地的省级测绘地理信息主管部门提出申请,并应当提交下列材料:

(1)《对外提供我国涉密测绘成果申请表》;

(2)企业法人营业执照或者事业单位法人证书(申请人为政府部门的除外);

(3)外方身份证明材料;

(4)国家批准合作项目批文;

(5)申请人与外方签订的合同或协议；

(6)拟提供成果的说明性材料，包括成果种类、范围、数量及精度等；

(7)拟提供成果为申请人既有的，应当提交该成果一套及成果所有部门或单位同意申请人使用的证明文件；

(8)拟提供成果非申请人既有、需国家测绘地理信息局提供的，申请人应当提交本单位具有的保密管理制度、成果保管条件、管理机构和人员的证明材料；

(9)其他应当提供的材料。

2.不予批准的情况

(1)对外提供的测绘成果资料妨碍国家安全的；

(2)非涉密的测绘成果资料能够满足需要的；

(3)申请材料内容虚假的；

(4)审批机关依法不予批准的其他情形。

6.6.3 遥感影像公开使用

遥感影像是十分重要的测绘成果，包括卫星遥感影像和航空遥感影像，以及采用测绘遥感技术方法加工处理形成的遥感影像图。遥感影像在国土资源监测、地理国情普查、应急处突和国家基本比例尺地形图更新等工作中，发挥着日益重要的作用。为维护国家安全利益，加强对遥感影像公开使用的管理，国家测绘地理信息局 2011 年 11 月出台了《遥感影像公开使用管理规定(试行)》(国测成发〔2011〕9 号)。

1.遥感影像公开使用管理

(1)根据《遥感影像公开使用管理规定(试行)》，国家测绘地理信息局负责监督管理全国遥感影像公开使用工作，县级以上测绘地理信息主管部门负责监督管理辖区内遥感影像公开使用工作。

(2)从事提供或销售分辨率高于 10 米的卫星遥感影像活动的机构，应当建立客户登记制度，包括客户名称与性质、提供的影像覆盖范围和分辨率、用途、联系方式等内容。每半年一次向所在地省级以上测绘地理信息主管部门报送备案。

(3)为应对重大突发事件应急抢险救灾急需，各级人民政府及其有关部门和军队可以无偿使用遥感影像，各遥感影像保管单位、销售与提供机构应当无偿提供相关数据和资料。

2.遥感影像公开使用规定

(1)公开使用的遥感影像空间位置精度不得高于 50 米；影像地面分辨率(简称“分辨率”)不得优于 0.5 米；不标注涉密信息，不处理建筑物、构筑物等固定设施。

(2)在公开使用的遥感影像上标注地名、地址或者其他属性信息，应当符合下列要求：①符合《基础地理信息公开表示内容的规定(试行)》(国测成发〔2010〕8 号)；②符合《公开地图内容表示若干规定》(国测法字〔2003〕1 号)；③符合《公开地图内容表示补充规定(试行)》(国测图字〔2009〕2 号)；④符合国家其他法规制度要求，不得标注、显示禁止公开的信息。

(3)属于国家秘密且确需公开使用的遥感影像，公开使用前应当依法送省级以上测绘地理信息主管部门会同有关部门组织审查并进行保密技术处理。分辨率优于 0.5 米的遥感影像，公开使用前应当报送国家测绘地理信息局组织审查并进行保密技术处理。

(4)向社会公开出版、传播、登载和展示遥感影像的，还应当报送省级以上测绘地理信息主管部门进行地图审核，并取得审图号。

(5)从事遥感影像采集、加工处理、地名地物属性标注等活动,应当按规定取得相应的测绘资质。

6.6.4　测绘成果知识产权保护

测绘成果种类繁多,其中地图及其数字化成果、地理信息系统、地理信息数据和资料等许多测绘成果都属于知识产权保护的范围,应当依法对权利人的知识产权予以保护。为此,新测绘法明确规定国家依法保护测绘成果的知识产权。

1.测绘成果知识产权的基本概念

测绘成果知识产权(简称"测绘成果产权")是指测绘成果所有人依法对测绘成果享有占有、使用、收益和处分的权利。测绘成果产权包括测绘成果的人身权和财产权,这里所说的测绘成果的人身权,主要是测绘成果的人身精神权利,包括对测绘成果的发布权、署名权、修改权和保护数据完整权;测绘成果产权的财产权包括对测绘成果的所有权、持有权、经营权、转让权、许可使用权、质押权及其收益权。

(1)测绘成果的人身权。测绘成果的人身权是指测绘成果的人身精神权利,且是一种永久存在的权利。测绘成果的人身权包括对测绘成果的发布权、署名权、修改权和保护数据的完整权。

(2)测绘成果所有权。测绘成果所有权是指所有人依法对自己所有的测绘成果享有占有、使用、收益和处分的权利。测绘成果所有权是测绘成果产权中最基本的一种权利。

(3)测绘成果产权的持有权。测绘成果产权的持有权是指持有权人依法对自己持有的测绘成果享有实际的支配权和收益权,原始持有人还享有人身权。持有权与所有权的区别,在于持有权中可能有部分支配权和收益权受到一定程度的限制。

(4)测绘成果产权的经营权。测绘成果产权的经营权是指产权人以营利为目的而享有对测绘成果进行各种商业活动的权利。《民法通则》第八十一条和第八十二条授予了公民、单位、法人经营管理的财产依法享有经营权。

(5)测绘成果产权的转让权。测绘成果产权的转让权是指所有权人或持有权人通过合同方式,把自己所有的或持有的测绘成果所有权或持有权进行转移的权利。转让的内容包括出售、交换、赠予和继承。

(6)测绘成果产权的许可使用权。测绘成果产权的许可使用权是指所有权人或持有权人通过合同方式,许可他人在一定条件下使用所有权人或持有权人提供的测绘成果的权利。这里所说的一定条件是指按照合同的约定使用。同测绘成果产权的转让权相比,许可使用权转移的只是使用权,被许可使用人不得再许可第三人使用。

(7)测绘成果产权的质押权。测绘成果产权的质押权是指所有权人或持有权人为筹集资金,通过合同方式把自己的或者第三人的测绘成果所有权或持有权,用来向债权人作为履行债务担保的权利。

2.测绘成果产权保护

长期以来,为保护测绘成果产权,维护所有权人的合法权益,国家不论从立法角度,还是在实际监督管理工作中,都进行了积极的探索和研究,并通过立法的方式实施产权保护。目前,我国测绘成果的产权保护主要体现在以下方面:

(1)法律、行政法规规定。《测绘法》第三十三条规定,国家依法保护测绘成果的知识产权。《测绘成果管理条例》第二十条规定,测绘成果涉及著作权保护和管理的,依照有关法律、行政法规的规定执行。

(2)在成果的显著位置标明版权所有者。国家测绘地理信息局在《基础测绘成果提供使用管理暂行办法》中规定,被许可利用人应当在使用基础测绘成果所形成的成果的显著位置注明基础测绘成果版权的所有者,以此保护基础测绘成果的知识产权。

(3)在地图版权页载明地图作者。《地图管理条例》规定,经审核批准的地图,应当在地图或者附着地图图形的产品的适当位置显著标注审图号。其中,属于出版物的,应当在版权页标注审图号。

(4)在使用协议上明确产权归属。《测绘成果管理条例》第十九条第三款规定,依法有偿使用测绘成果的,使用人与测绘项目出资人应当签订书面协议,明确双方的权利和义务;测绘成果涉及著作权保护和管理的,依照有关法律、行政法规的规定执行。

6.7 重要地理信息数据审核与公布

为加强重要地理信息数据审核、公布工作的管理,确保对外公布的重要地理信息数据的权威性和准确性,《测绘法》第三十七条建立了对中华人民共和国领域和中华人民共和国管辖的其他海域的位置、高程、深度、面积、长度等重要地理信息数据进行审核与公布制度。2003 年3 月25 日,国土资源部以 19 号令下发了《重要地理信息数据审核公布管理规定》,对重要地理信息数据审核与公布进行了规定。

6.7.1 重要地理信息数据的概念和特征

1.重要地理信息数据的概念

重要地理信息数据是指在中华人民共和国领域和管辖的其他海域内的重要自然和人文地理实体的位置、高程、深度、面积、长度等位置信息数据和重要属性信息数据。重要地理信息数据主要包括以下内容:

(1)涉及国家主权、政治主张的地理信息数据;

(2)国界、国家面积、国家海岸线长度,国家版图重要特征点、地势、地貌分区位置等地理信息数据;

(3)冠以“全国”“中国”“中华”等字样的地理信息数据;

(4)经相邻省级人民政府联合勘定并经国务院批复的省级界线长度及行政区域面积,沿海省、自治区、直辖市海岸线长度;

(5)需要由国务院测绘地理信息主管部门审核的其他重要地理信息数据。

2.重要地理信息数据的特征

(1)权威性。重要地理信息数据的获取是依据科学的观测方法和手段,由国务院测绘地理信息主管部门审核,并要与国务院其他有关部门、军队测绘部门会商后,报国务院批准,由国务院或者国务院授权的部门以公告形式公布,并在全国范围内发行的报纸或者互联网上刊登,体现出了重要地理信息数据的权威性。

(2)准确性。重要地理信息数据涉及重要自然和人文地理实体的位置、高程、深度、面积、长度等位置信息数据和重要属性信息数据,这些数据是依据科学的技术方法和手段获取的,建议人提出建议后,国务院测绘地理信息主管部门要对数据的科学性、完整性、可靠性等进行严格审核,因而,重要地理信息数据具有严格的准确性。

(3)法定性。重要地理信息数据审核公布制度由国家法律规定,重要地理信息数据的审核、批准、公布的主体和程序都必须严格按照测绘法和行政许可法以及《重要地理信息数据审核公布管理规定》执行，任何单位和个人不得擅自审核公布。

6.7.2　重要地理信息数据审核

根据《测绘法》，重要地理信息数据由国务院测绘地理信息主管部门审核。但由于重要地理信息数据的权威性、科学性等特点，国务院测绘地理信息主管部门还必须与国务院有关部门进行会商。如有关国界线的重要地理信息数据必须与外交部会商，有关行政区域界线的长度等重要地理信息数据应当与国务院民政部门进行会商。但是申请审核公布重要地理信息数据，必须依法向国务院测绘地理信息主管部门提出申请。

1.建议人提交资料

国务院测绘地理信息主管部门负责受理单位和个人（建议人）提出的审核公布重要地理信息数据的建议。建议人也可以直接向省、自治区、直辖市测绘地理信息主管部门提出建议。

建议人建议审核公布重要地理信息数据，应当提交以下资料：

(1)建议人的基本情况；

(2)重要地理信息数据的详细数据成果资料，科学性及公布的必要性说明；

(3)重要地理信息数据获取的技术方案及对数据验收评估的有关资料；

(4)国务院测绘地理信息主管部门规定的其他资料。

2.重要地理信息数据审核内容

(1)重要地理信息数据公布的必要性；

(2)提交的有关资料的真实性和完整性；

(3)重要地理信息数据的可靠性和科学性；

(4)重要地理信息数据是否符合国家利益，是否影响国家安全；

(5)与相关历史数据、已公布数据的对比。

国务院测绘地理信息主管部门会同国务院有关部门、军队测绘部门，对需要审核的重要地理信息数据公布的必要性、公布部门等内容进行会商后，向国务院上报公布建议。

6.7.3　重要地理信息数据公布

经国务院测绘地理信息主管部门商国务院其他有关部门对重要地理信息数据进行审核并报国务院后，由国务院批准，并由国务院或者国务院授权的部门公布。

1.公布的方式

重要地理信息数据经国务院批准并明确授权公布的部门后，要以公告形式公布，并在全国范围内发行的报纸或者互联网上刊登。

2.重要地理信息数据公布应注意的事项

(1)重要地理信息数据公布时，应当注明审核、公布的部门。

(2)依法公布重要地理信息数据的国务院有关部门，应当在公布时，将公布公告抄送国务院测绘地理信息主管部门。国务院测绘地理信息主管部门收到公布公告后，应当按照规定期限书面通知建议人。

(3)国务院有关部门、有关单位或者个人擅自发布已经国务院批准并授权国务院有关部门公布的重要地理信息数据的，擅自发布未经国务院批准的重要地理信息数据的，要依法承担相应的法律责任。

3.重要地理信息数据的使用

中华人民共和国领域和管辖的其他海域的位置、高程、深度、面积、长度等重要地理信息数据，关系到国家政治、经济和国际地位以及社会稳定，涉及国家主权和领土完整以及民族尊严。因此，《重要地理信息数据审核公布管理规定》明确，在行政管理、新闻传播、对外交流等对社会公众有影响的活动、公开出版的教材以及需要使用重要地理信息数据的，应当使用依法公布的数据。

6.7.4 法律责任

1.《测绘法》的有关规定

《测绘法》第六十一条，违反本法规定，擅自发布中华人民共和国领域和中华人民共和国管辖的其他海域的重要地理信息数据的，给予警告，责令改正，可以并处五十万元以下的罚款；对直接负责的主管人员和其他直接责任人员，依法给予处分；构成犯罪的，依法追究刑事责任。

2.《重要地理信息数据审核公布管理规定》的有关规定

《重要地理信息数据审核公布管理规定》对有关违法行为设定了明确的法律责任。

(1)国务院有关部门具有下列行为之一的，由国务院测绘行政主管部门依法给予警告，责令改正，可以并处10万元以下罚款；构成犯罪的，依法追究刑事责任；尚不够刑事处罚的，对负有直接责任的主管人员和其他直接责任人员，依法给予行政处分：①擅自发布已经国务院批准并授权国务院有关部门公布的重要地理信息数据的；②擅自发布未经国务院批准的重要地理信息数据的。

(2)有关单位和个人具有下列行为之一的，由省级测绘行政主管部门依法给予警告，责令改正，可以并处10万元以下罚款；构成犯罪的，依法追究刑事责任；尚不够刑事处罚的，对负有直接责任的主管人员和其他直接责任人员，依法给予行政处分：①擅自发布已经国务院批准并授权国务院有关部门公布的重要地理信息数据的；②擅自发布未经国务院批准的重要地理信息数据的。

6.8 地理信息产业发展

6.8.1 地理信息产业的概念与特征

1.地理信息产业的基本概念

地理信息产业是指以现代测绘和地理信息系统、遥感、卫星导航定位等技术为基础，以地理信息开发利用为核心，从事地理信息获取、处理、应用的高技术服务业。地理信息产业涉及测绘装备制造和地理信息相关软件开发、地理信息工程服务、卫星遥感及航空摄影、位置及导航服务、互联网地图服务等内容。地理信息产业综合效益好、产业关联度大、国际化程度高，是与国家安全紧密相关的特殊产业，具有高新技术产业和战略性新兴产业特征。

2.地理信息产业的特征

(1)地理信息产业是战略性新兴产业。地理信息产业作为信息产业的一个重要分支，可以广泛地应用于国家经济建设、国防建设、社会发展和生态保护各个领域，已成为政府治理和行业信息化发展的重要支撑。2007年，《国务院关于加强测绘工作的意见》(国发〔2007〕30号)明确提出要统筹规划地理信息产业优先发展领域，促进地理信息产业发展。2014年1月22日，《国务院办公厅关于促进地理信息产业发展的意见》(国办公〔2014〕2号)明确提出，地理信息产业是战略性新兴产业。

(2)地理信息产业是高渗透型产业。人类80%以上的信息都与地理空间位置有关，地理信息将是未来信息流通的主要载体，具有基础性、高渗透性特点。这种渗透性表现为地理信息产业融合于经济社会发展的各个部门和各个领域，不论是数字、智慧城市建设，还是现代物流、智慧旅游、智能交通等各个行业，都离不开地理信息技术和地理信息资源的支撑保障。

(3)地理信息产业是知识型、高新技术密集型产业。地理信息产业发展不仅以卫星导航定位、遥感与地理信息系统技术为支撑，并且日益与航空航天技术、空间数据库技术、软件工程技术、高速通信技术、虚拟现实技术、人工智能技术等多个专业学科技术相互融合。地理信息资源的开发利用主要依靠知识技术和思维，对高素质技术和管理人员的依赖性大，需要相关专业人员的共同联合与协作。

(4)地理信息产业是需要大量劳动和资金高投入型产业。地理空间的复杂性导致地理信息数据的采集与获取将是海量的数据，这要求在产业的所有环节中需要配备大量的人力、物力，同时还需要投入大量的资金购买相应的软硬件。

(5)地理信息产业是与国家安全高度关联的产业。地理信息产业的产出效益较高，产业关联度大，广泛服务于经济社会发展的各个领域，可以产生巨大的社会效益和经济效益。同时，由于地理信息涉及国家安全，大多数地理信息都属于国家秘密，因此，地理信息产业与国家安全紧密相关。

3.地理信息产业分类

2017 年 7 月，经国家统计局核准，国家测绘地理信息局出台了《地理信息产业统计分类(2017)》(以下简称《分类》)，并印发了《地理信息产业统计分类(2017)》的通知(国测发〔2017〕4 号)。《分类》首次实现了对《国民经济行业分类》中符合地理信息产业特征有关活动的再分类，基本覆盖了目前我国地理信息产业的全部活动，便于确定地理信息产业与《国民经济行业分类》相关行业的关联统计系数，为开展我国地理信息产业统计调查和增加值核算工作奠定了重要基础。

《分类》将地理信息产业划分为三层，分别用阿拉伯数字编码表示。第一层为地理信息产业的 3 个大类，用 2 位数字编码表示；第二层为地理信息产业的 11 个中类，用 3 位数字编码表示；第三层为地理信息产业的 20 个小类，用 4 位数字编码表示，该层对应《国民经济行业分类代码》，具体分类办法详见《地理信息产业统计分类表》。地理信息产业的 3 个大类内容如下：

(1)地理信息服务：遥感测绘服务、地图服务、导航定位服务、地理信息系统服务和其他地理信息服务。

(2)地理信息硬件制造与软件开发：测绘仪器制造、地图文化产品制造、导航定位芯片及终端设备制造、遥感仪器及装备制造、地理信息软件开发。

(3)地理信息相关服务：地理信息组织服务、地理信息科学研究与技术服务、地理信息人力资源开发、地理信息产品批发和零售。

6.8.2　促进地理信息产业发展的规定

1.《测绘法》关于地理信息产业的规定

(1)《测绘法》第六条规定，国家鼓励测绘科学技术的创新和进步，采取先进的技术和设备，提高测绘水平，推动军民融合，促进测绘成果的应用。国家加强测绘科学技术的国际交流与合作。对在测绘科学技术的创新和进步中做出重要贡献的单位和个人，按照国家有关规定给予奖励。

(2)《测绘法》第十二条规定，国务院测绘地理信息主管部门和省、自治区、直辖市人民政府测绘地理信息主管部门应当会同本级人民政府其他有关部门，按照统筹建设、资源共享的原则，建立统一的卫星导航定位基准服务系统，提供导航定位基准信息公共服务。

(3)《测绘法》第三十四条第一款规定，县级以上人民政府测绘地理信息主管部门应当积极推进公众版测绘成果的加工和编制工作，通过提供公众版测绘成果、保密技术处理等方式，促进测绘成果的社会化应用。

(4)《测绘法》第三十四条第四款规定，测绘成果的秘密范围和秘密等级，应当依照保密法律、行政法规的规定，按照保障国家秘密安全、促进地理信息共享和应用的原则确定并及时调整、公布。

(5)《测绘法》第四十条规定，国家鼓励发展地理信息产业，推动地理信息产业结构调整和优化升级，支持开发各类地理信息产品，提高产品质量，推广使用安全可信的地理信息技术和设备。县级以上人民政府应当建立健全政府部门间地理信息资源共建共享机制，引导和支持企业提供地理信息社会化服务，促进地理信息广泛应用。县级以上人民政府测绘地理信息主管部门应当及时获取、处理、更新基础地理信息数据，通过地理信息公共服务平台向社会提供地理信息公共服务，实现地理信息数据开放共享。

2.《地图管理条例》对促进地理信息产业的规定

(1)《地图管理条例》第六条规定，国家鼓励编制和出版符合标准和规定的各类地图产品，支持地理信息科学技术创新和产业发展，加快地理信息产业结构调整和优化升级，促进地理信息深层次应用。县级以上人民政府应当建立健全政府部门间地理信息资源共建共享机制。县级以上人民政府测绘地理信息行政主管部门应当采取有效措施，及时获取、处理、更新基础地理信息数据，通过地理信息公共服务平台向社会提供地理信息公共服务，实现地理信息数据开放共享。

(2)《地图管理条例》第十四条规定，县级以上人民政府测绘地理信息行政主管部门应当向社会公布公益性地图，供无偿使用。

(3)《地图管理条例》第三十二条规定，国家鼓励和支持互联网地图服务单位开展地理信息开发利用和增值服务。县级以上人民政府应当加强对互联网地图服务行业的政策扶持和监督管理。

6.8.3 发展地理信息产业的意义

1.发展地理信息产业的基本原则

《国务院办公厅关于促进地理信息产业发展的意见》(国办公〔2014〕2号)中明确提出了地理信息产业发展的基本原则：

(1)坚持市场主导与政府引导相结合。要充分发挥市场在资源配置中的决定性作用，突出企业主体地位，加强政府引导，强化产业政策扶持，营造环境，创造条件，推动产业又好又快发展。

(2)坚持自主创新与对外合作相结合。完善以企业为主体的科技创新体系，着力推进关键核心技术研发，加强国际交流与合作，提升自主创新能力，大力促进科技成果产品化、产业化和国际化。

(3)坚持规范监管与广泛应用相结合。加快形成规范有序的地理信息市场秩序，加强安全监管，在维护国家安全的前提下，积极推进地理信息公共服务平台建设，促进地理信息高效、广泛利用。

(4)坚持整体推进与重点发展相结合。做好统筹规划，加快地理信息产业结构调整和优化升级，促进产业集聚、整体推进和全面提升，加强分类指导，大力发展对产业具有支撑、牵引作用的重点领域，鼓励优势企业通过兼并重组等方式做大做强。

(5)坚持经济社会需求与国防需求相结合。充分发挥地理信息对维护国家安全的重要支撑作用，走军地统筹、军民融合的发展路子，在基础地理信息生产和技术创新等方面兼顾国防需求。

2.发展地理信息产业的重要意义

(1)发展地理信息产业是实现科学发展的重要支撑。地理信息是重要的基础性信息资源，是国家信息资源的重要组成部分。开发利用地理信息，有利于促进国土空间布局优化，有利于促进工业化、信息化、城镇化、农业现代化同步推进，有利于加快"五位一体"总体布局和"四个全面"战略布局的全面落实，加快推动经济社会科学发展。

(2)发展地理信息产业是维护国家安全的重要保证。地理信息是重要的战略性信息资源，关系到国家主权、安全和利益，在维护政治、经济、军事、科技和其他非传统领域国家安全中发挥着重要作用。加强重要地理信息资源的开发利用监管，不仅能够带来很好的经济效益和社会效益，对维护国家安全也具有十分重要的意义。

(3)发展地理信息产业是加快转变经济发展方式的重要手段。地理信息产业的不断发展，将促进大数据、物联网、数字城市、智慧城市以及关联服务业的快速发展。基于空间位置的地理时空数据，将激活海量的大数据，进一步完善"网格化"社会管理，支撑重大项目科学决策，带动创业就业，对转变经济发展方式起到"助推器"的作用。

(4)发展地理信息产业是保障和改善民生的重要内容。地理信息已成为人民群众日常生活中不可或缺的关键信息，在旅游出行、医疗卫生、扶老助残等方面应用广泛。加快地理信息产业发展，有利于人民群众更多更好地分享改革开放的成果。

第7章 不动产测绘管理

大纲要求

(1)根据《测绘法》中有关国界线测绘的规定,确认所进行的国界线测绘活动的合法性。根据《测绘法》中有关行政区域界线测绘的规定和行政区域界线管理条例中的有关规定,确认所进行的行政区域界线测绘活动的合法性。

(2)根据《测绘法》中有关不动产测绘的规定、《中华人民共和国物权法》(简称《物权法》)中有关不动产登记的规定、《土地管理法》中有关土地登记的规定,确认所进行的不动产测绘(含权属界线测绘)活动的合法性,并依法解决实际问题。

(3)根据《测绘法》中有关房产测绘的规定、《物权法》中有关不动产登记的规定、《城市房地产管理法》中有关房屋所有权登记的规定,以及《房产测绘管理办法》,确认所进行的房产测绘的合法性,并依法解决实际问题。

知识要点

不动产统一登记是党中央、国务院作出的重要战略部署,具有保障不动产权利人的合法权利、维护不动产交易秩序等重要功能,社会影响广泛而深远。作为不动产登记的重要基础工作,不动产测绘制度的完善,对于推进国家不动产统一登记制度改革,实行不动产登记"四统一",加快我国不动产登记制度的实施,具有十分重要的意义。

7.1 不动产测绘管理职责

7.1.1 不动产测绘的概念

1.不动产的概念

不动产是指依自然性质或法律规定不可移动的财产,如土地、房屋、探矿权、采矿权等土地定着物、与土地尚未脱离的土地生成物、因自然或者人力添附于土地并且不能分离的其他物。2014 年 11 月 24 日,国务院总理李克强签署第 656 号国务院令,公布《不动产登记暂行条例》,自 2015 年 3 月 1 日起施行。按照《不动产登记暂行条例》的界定,不动产是指土地、海域以及房屋、林木等定着物。

2.不动产测绘的概念

不动产测绘是指对土地、海域、房屋等不动产的形状、大小、空间位置及其属性等进行测定、采集、表述以及对获取的数据、信息、成果等地理信息进行处理和提供的活动。不动产测绘是测绘地理信息工作的重要组成部分。根据《测绘资质管理规定》和《测绘资质分级标准》,不动产测绘包括地籍测绘、房产测绘、行政区域界线测绘和不动产测绘监理。

3.不动产测绘的特点

(1)不动产测绘是政府行使不动产管理职能的具有法律意义的行政技术性行为;

(2)不动产测绘为不动产登记提供了精准、可靠的地理参考系统;

(3)不动产测绘在不动产权籍调查的基础上进行,具有勘验取证的法律特征;

(4)不动产测绘的技术标准必须符合国家不动产管理法律、行政法规的要求;

(5)不动产测绘技术和方法是对现代测绘地理信息技术和方法的应用集成;

(6)从事不动产测绘活动的技术人员应当具有与不动产登记工作相适应的专业知识和业务能力。

7.1.2　不动产测绘内容及依据

1.不动产测绘的主要内容

关于不动产测绘的具体内容,不同部门有不同的理解和解释。根据国土资源部《不动产权籍调查技术方案(试行)》,不动产测绘的主要内容包括控制测量、界址测量、宗地(海)图和分户房产图的测绘、面积计算、不动产测量报告的撰写等。

按照国家测绘地理信息局《测绘资质分级标准》,不动产测绘包括了地籍测绘、房产测绘、行政区域界线测绘和不动产测绘监理。本质上,不论是地籍测绘、房产测绘,都涉及控制测量、界址测量、宗地(海)图和分户房产图的测绘、面积计算、不动产测量报告的撰写等内容。

2.主要技术依据

(1)《地籍调查规程》(TD/T 1001)。

(2)《房产测量规范》(GB/T 17986.1)。

(3)《中华人民共和国行政区划代码》(GB/T 2260)。

(4)《信息分类和编码的基本原则和方法》(GB/T 7027)。

(5)《标准编写规则第 3 部分信息分类编码》(GB/T 20001.3)。

(6)《房屋代码编码规则》(JGJ/T 246)。

(7)《森林资源规划设计调查技术规程》(GB/T 26424)。

(8)《农村土地承包经营权调查规程》(NY/T 2537)。

(9)《海籍调查规范》(HY/T 124)。

(10)不动产权籍调查技术方案(试行)。

7.1.3　不动产测绘管理职责

不动产测绘是测绘地理信息工作的重要内容,依法纳入测绘地理信息统一监督管理的范畴。《测绘法》第二十二条规定,县级以上人民政府测绘地理信息主管部门应当会同本级人民政府不动产登记主管部门,加强对不动产测绘的管理,从而明确了不动产测绘的监督管理职责。

1.不动产测绘市场准入管理

从事不动产测绘活动,必须依法取得省级以上人民政府测绘地理信息主管部门颁发的载有不动产测绘业务的测绘资质证书,并按照测绘资质证书规定的资质等级、业务范围从事不动产测绘活动。从事不动产测绘活动的专业技术人员,应当具备相应的测绘执业资格条件。从事不动产测绘活动时,应当持有测绘作业证件。

2.不动产测绘项目招投标管理

不动产测绘项目的招投标活动,必须严格按照测绘法、招标投标法的规定依法实施。测绘地理信息主管部门应当依法加强不动产测绘项目招投标的监督管理。

3.监督管理不动产测绘成果质量

《测绘法》第三十九条规定，县级以上人民政府测绘地理信息主管部门应当加强对测绘成果质量的监督管理。各级测绘地理信息主管部门要依法履行测绘地理信息成果质量监督管理职能，加强对包括地(海)籍测绘、房产测绘、权属界线测绘等不动产测绘成果质量的监督检查，保障不动产测绘成果质量合格。

4.监督管理不动产测绘标准

《测绘法》第五条规定，从事测绘活动，应当使用国家规定的测绘基准和测绘系统，执行国家规定的测绘技术规范和标准。

《测绘法》第二十三条规定，城乡建设领域的工程测量活动，与房屋产权、产籍相关的房屋面积的测量，应当执行国务院住房城乡建设主管部门、国务院测绘地理信息主管部门组织编制的测量技术规范。水利、能源、交通、通信、资源开发和其他领域的工程测量活动，应当执行国家有关的工程测量技术规范。

各级测绘地理信息主管部门要会同国土资源、住房城乡建设、水利等有关部门，加快不动产测绘标准化建设，加强对不动产测绘标准的管理，确保国家有关不动产测绘的各项标准、规范得到全面正确地实施。

5.不动产测绘成果管理

不动产测绘成果既是不动产登记的重要依据，也是国家测绘成果的重要组成部分。不动产测绘成果的汇交、保管、提供、利用、安全保密管理等各个环节，都必须依据测绘法和测绘成果管理条例等有关法律、行政法规的规定依法管理。

7.2 不动产权籍调查

7.2.1 不动产权籍调查内容

1.不动产权籍调查内容

不动产权籍调查是以宗地、宗海为单位，查清宗地、宗海及其房屋、林木等定着物组成的不动产单元状况，包括宗地信息、宗海信息、房屋(建、构筑物)信息、森林和林木信息等。

(1)宗地信息。查清宗地的权利人、权利类型、权利性质、土地用途、四至、面积等土地状况。针对土地承包经营权宗地和农用地的其他使用权宗地，还应查清承包地块的发包方、地类等级、是否划定为基本农田、水域滩涂类型、养殖业方式、适宜载畜量、草原质量等内容。

(2)宗海信息。查清宗海的权利人、项目名称、项目性质、等级、用海类型、用海方式、使用金总额、使用金标准依据、使用金缴纳情况、使用期限、共有情况、面积、构(建)筑物基本信息等内容。

(3)房屋等构(建)筑物信息。查清房屋权利人、坐落、项目名称、房屋性质、构(建)筑物类型、共有情况、用途、规划用途、幢号、户号、总套数、总层数、所在层次、建筑结构、建成年份、建筑面积、专有建筑面积、分摊建筑面积等内容。针对宗地内的构(建)筑物区分所有权的共有部分，还应查清其权利人、构(建)筑物名称、构(建)筑物数量或者面积、分摊土地面积等。

(4)森林和林木信息。查清森林和林木的权利人、坐落、造林年度、小地名、林班、小班、面积、起源、主要树种、株数、林种、共有情况等内容。

2.不动产权籍调查主要依据

(1)《土地利用现状分类》(GB/T 21010)。

(2)《地籍调查规程》(TD/T 1001)。

(3)《房产测量规范》(GB/T 17986.1)。

(4)《森林资源规划设计调查技术规程》(GB/T 26424)。

(5)《农村土地承包经营权调查规程》(NY/T 2537)。

(6)《海籍调查规范》(HY/T 124)。

(7)不动产登记暂行条例(国务院第656号令)。

(8)不动产权籍调查技术方案(试行)。

(9)国土资源部关于启用不动产登记簿证样式(试行)的通知(国土资发〔2015〕25号)。

3.不动产权籍调查成果

根据《不动产权籍调查技术方案(试行)》,不动产权籍调查成果主要为文字成果、表格成果、图件成果,包括不动产权籍调查授权委托书、权源资料、不动产权籍调查表、界址点坐标成果表、不动产测量报告、宗地图、宗海图、房产分户图等。

7.2.2　不动产权籍调查方法

1.不动产单元的设定与编码

不动产单元是指权属界线封闭且具有独立使用价值的空间。根据2016年1月国土资源部发布的《不动产登记暂行条例实施细则》和《不动产权籍调查技术方案(试行)》附录A的要求,设定不动产单元,编制不动产单元代码(即不动产单元号)。

(1)没有房屋等建筑物、构筑物以及森林、林木定着物的,以土地、海域权属界线封闭的空间为不动产登记单元。

(2)有房屋等建筑物、构筑物以及森林、林木定着物的,以该房屋等建筑物、构筑物以及森林、林木定着物与土地、海域权属界线封闭的空间为不动产登记单元。

2.不动产权籍调查

采用内外业核实和实地调查相结合的方法开展不动产权籍调查,查清不动产单元的权属状况、界址、用途、四至等内容,确保不动产单元权属清晰、界址清楚、空间相对位置关系明确。

(1)对权属来源资料完整的不动产权属,主要采用内外业核实的调查方法。

(2)对权属来源资料缺失、不完整的不动产权属,主要采用外业调查、核实的方法。

(3)对无权属来源资料的不动产权属,主要采用外业调查的方法。

3.不动产测量要求

统筹考虑基础条件、工作需求、经济可行性和技术可能性,在确保不动产权益安全的前提下,依据不动产的类型、位置和不动产单元的构成方式,因地制宜,审慎科学地选择符合本地区实际的不动产测量方法,确保不动产单元的界址清楚、面积准确。

(1)对城镇、村庄、独立工矿等区域的建设用地,宜采用解析法测量界址点并计算土地面积,实地丈量房屋边长并采用几何要素法计算房屋面积。

(2)对于分散、独立的建设用地,可采用解析法测量界址点坐标并计算土地面积;也可采用图解法测量界址点坐标,此时,宜实地丈量界址边长和房屋边长并采用几何要素法土地面积和房屋面积。

(3)对于海域和耕地、林地、园地、草地、水域、滩涂等用地,既可选择解析法也可选择图解法获取界址点坐标,并计算土地(海域)的面积,如果上面存在房屋等定着物,则宜采用实地丈量其边长并采用几何要素法计算房屋面积。

7.2.3 不动产测量

根据《不动产权籍调查技术方案(试行)》,不动产测量的主要内容包括:控制测量、界址测量、宗地(海)图和分户房产图的测绘、面积计算、不动产测量报告的撰写等。

1.控制测量

对土地及房屋等定着物,控制测量的技术、方法及精度等按照《地籍调查规程》(TD/T 1001)执行。对海域及其房屋等定着物,控制测量技术、方法及其精度等按照《海籍调查规范》(HY/T 124)执行。

过渡期间,在同一县级行政区域内,宜采用地籍图的坐标系统和投影方法,并适时建立与2000国家大地坐标系和1985国家高程基准的转换关系,最终测量成果须转换到2000国家大地坐标系和1985国家高程基准。

2.界址测量

(1)应基于不动产类型、保障不动产权利人切身利益、不动产管理的需要等条件选择界址点测量的精度。对同一权籍要素,如果技术标准之间的要求不一致,宜以精度要求高的标准为准。

(2)依不同的界址点精度要求选择不同的界址点测量方法。具体的测量方法和程序按照各行业现行技术标准执行。

3.宗地图、宗海图和房产分户图的测制

不动产权籍图包括地籍图、海籍图及不动产单元图等,其中不动产单元图主要包括宗地图、宗海图和房产分户图、房产平面图等。

(1)宗地图的测制。以已有各种地籍图为工作底图测绘宗地内部及其周围变化的不动产权籍空间要素和地物地貌要素,并编制宗地图。测绘方法按照《地籍调查规程》(TD/T 1001)执行,宗地图的内容按照《不动产权籍调查技术方案(试行)》中的有关规定执行。

(2)宗海图的测制。以已有海籍图为工作底图测绘宗海内部及其周围变化的不动产权籍空间要素和地物地貌要素,并编制宗海图。测绘方法和内容按照《海籍调查规范》(HY/T 124)执行。

(3)房产分户图的编制。以地籍图、宗地图、分宗房产图等为工作底图绘制房产分户图。房产分户图的编制要求和内容参照《房产测量规范》(GB/T 17986)执行。

4.面积计算

(1)宗地或宗海面积计算。根据实际情况可采用解析法或图解法计算宗地或宗海面积。应基于不动产类型、保障不动产权利人切身利益、不动产管理的需要等条件做出合适的选择。宗地面积变更按照《地籍调查规程》(TD/T 1001)执行,宗海面积变更按照《海籍调查规范》(HY/T 124)执行。

(2)房屋面积测算。房屋面积测算方法按照《房产测量规范》(GB/T 17986)执行。

5.不动产测量报告的撰写

不动产测量报告主要反映技术标准执行、技术方法、程序、测量成果、成果质量和主要问题的处理等情况,是需要长期保存的重要技术档案。不动产测量报告格式及编写要求按照《不动产权籍调查技术方案(试行)》附录中的有关要去执行。

根据《不动产权籍调查技术方案(试行)》,不动产权籍调查工作按照准备工作、权属调查、不动产测量、成果审查入库、成果整理归档的次序开展工作,最后还要建立不动产权籍调查数据库和管理系统建设等内容。详细内容可参见《不动产权籍调查技术方案(试行)》。

土地、房产是不动产之中的核心要素，地籍测绘、房产测绘也是不动产测绘的核心内容。因此，有关地籍测绘和房产测绘的内容，将在下一节中进行专门介绍，这里不再赘述。

7.3　地籍测绘与房产测绘

7.3.1　地籍测绘的主要内容

1.地籍测绘的概念

地籍测绘是获取和表达地籍信息所进行的测绘工作，是指对地块权属界线的界址点坐标进行测定，并把地块及其附着物的位置、面积、权属关系和利用状况等要素准确地绘制在图纸上和记录在专门的表册中的测绘工作，是不动产测绘的重要内容。地籍测绘的目的是获取和表述不动产的权属、位置、形状、数量等有关信息，为不动产产权管理、税收、规划、环境保护、统计等多种用途提供基础资料。

2.地籍测绘的内容

地籍测绘的主要内容，包括平面控制测量、界址测量、其他地籍要素调查与测量、地籍图测绘以及面积量算等。地籍测绘的主要成果包括数据集(控制点、界址点坐标等)、地籍图和地籍簿册。地籍测绘是不动产管理的重要内容，是国家测绘地理信息工作的重要组成部分。具体内容如下：

(1)地籍控制测量，测量地籍基本控制点和地籍图根控制点；

(2)界线测量，测定行政区域界线和土地权属界线的界址点坐标；

(3)地籍图测绘，测绘分幅地籍图、土地利用现状图、房产图和宗地图等；

(4)面积测算，测算地块和宗地面积，进行面积的平差和统计；

(5)土地信息的动态监测，地籍变更测量，包括地籍图的修测、重测和地籍簿册的修编，以保证地籍成果资料的现势性和正确性。

7.3.2　房产测绘的主要内容

1.房产测绘的概念

房产测绘是指利用测绘地理信息技术手段测定和表述房屋及其自然状况、权属状况、位置、数量、质量，以及利用状况及其属性并对获取的数据、信息、成果进行处理和提供的活动。为加强对房产测绘的管理，建设部和国家测绘局于 2000 年 10 月 8 日联合发布了《房产测绘管理办法》，对房产测绘行为和房产测绘管理作出了具体规定。

2.房产测绘的内容

房产测绘的主要内容包括房产平面控制测量、房产面积预测算、房产面积测算、房产要素调查与测量、房产变更调查与测量、房产图测绘和建立房产信息系统。随着房地产市场的快速发展和现代测绘地理信息技术的广泛应用，房产测绘的技术手段和方法也越来越多，房产测绘的内容也越来越丰富。

3.房产测绘委托

(1)委托房产测绘的三种情形：①申请产权初始登记的房屋；②自然状况发生变化的房屋；③房屋权利人或者其他利害关系人要求测绘的房屋。

(2)委托房产测绘的申请人：①房屋权利申请人；②房屋权利人；③其他利害关系；④房产行政主管部门。

房产管理中需要的房产测绘，由房地产行政主管部门委托房产测绘单位进行。

(3)房产测绘委托的规定:①委托房产测绘的,委托人与房产测绘单位应当签订书面房产测绘合同;②房产测绘单位应当是独立的经济实体,与委托人不得有利害关系,并依法取得房产测绘资质;③房产测绘所需费用由委托人支付,房产测绘收费标准按照国家有关规定执行。

4.房产测绘管理

(1)房产测绘单位应当严格遵守国家有关法律、法规,执行国家房产测量规范和有关技术标准、规定,对其完成的房产测绘成果质量负责。

(2)当事人对房产测绘成果有异议的,可以委托国家认定的房产测绘成果鉴定机构鉴定。用于房屋权属登记等房产管理的房产测绘成果,房地产行政主管部门应当对施测单位的资格、测绘成果的适用性、界址点准确性、面积测算依据与方法等内容进行审核。审核后的房产测绘成果纳入房产档案统一管理。

(3)向国(境)外团体和个人提供、赠送、出售未公开的房产测绘成果资料,委托国(境)外机构印制房产测绘图件,应当按照测绘法和测绘成果管理条例以及国家安全、保密等有关规定办理。

(4)未取得载明房产测绘业务的《测绘资格证书》从事房产测绘业务以及承担房产测绘任务超出《测绘资格证书》所规定的房产测绘业务范围、作业限额的,依照《测绘法》和《测绘资质管理规定》的规定处罚。

(5)违法进行房产测绘的其他情形:①在房产面积测算中不执行国家标准、规范和规定的;②在房产面积测算中弄虚作假、欺骗房屋权利人的;③房产面积测算失误,造成重大损失的。

根据《房产测绘管理办法》,有上述情形之一的,由县级以上人民政府房地产行政主管部门给予警告并责令限期改正,并可处以 1 万元以上 3 万元以下的罚款;情节严重的,由发证机关予以降级或者取消其房产测绘资格。

7.4 界线测绘管理

7.4.1 国界线测绘管理

1.国界线测绘的概念

国界线是指相邻国家领土的分界线,是划分国家领土范围的界线,也是国家行使领土主权的界线。国界可以分为陆地国界、水域国界和空中国界,我们通常所说的国界主要是指陆地国界。

国界线测绘是指划定国家间的共同边界线而进行的测绘活动,是与邻国明确划定边界线、签定边界条约和议定书以及日后定期进行联合检查的基础工作。国界线测绘的主要成果是边界线位置和走向的文字说明、界桩点坐标及边界线地形图。

2.国界线的绘制

《地图管理条例》第十条规定,在地图上绘制中华人民共和国国界、中国历史疆界、世界各国间边界、世界各国间历史疆界,应当遵守下列规定:

(1)中华人民共和国国界,按照中国国界线画法标准样图绘制;

(2)中国历史疆界,依据有关历史资料,按照实际历史疆界绘制;

(3)世界各国间边界,按照世界各国国界线画法参考样图绘制;

(4)世界各国间历史疆界,依据有关历史资料,按照实际历史疆界绘制。

中国国界线画法标准样图、世界各国国界线画法参考样图,由外交部和国务院测绘地理信息行政主管部门拟订,报国务院批准后公布。有关国界线绘制的具体技术规定与要求,将在地图管理章节中详细介绍。

3.国界线测绘的管理

国家对国界线测绘活动的管理历来都十分严格。《测绘法》第二十条规定,中华人民共和国国界线的测绘,按照中华人民共和国与相邻国家缔结的边界条约或者协定进行,由外交部组织实施。中华人民共和国地图的国界线标准样图,由外交部和国务院测绘地理信息主管部门拟订,报国务院批准后公布。

(1)按照中华人民共和国与相邻国家缔结的边界条约或者协定进行测绘。国界线测绘具有严格的法定性、政治性和严肃性。因此,国界线测绘必须严格按照中华人民共和国与相邻国家缔结的边界条约或者协定进行,并由外交部负责组织实施,测绘部门只负责相应的测绘工作,包括参加实地勘界、树立界桩、施测边界地形图、界桩点坐标和制作边界地图等工作。

(2)国务院批准公布中华人民共和国地图的国界线标准样图。国界线测绘的成果体现着国家的主权和利益,国界线测绘成果的应用,具体体现在中华人民共和国地图的国界线标准样图上。因此《测绘法》规定,由外交部和国务院测绘地理信息主管部门负责拟订中华人民共和国地图的国界线标准样图,经国务院批准后公布。

7.4.2　行政区域界线测绘管理

1.行政区域界线测绘的概念

行政区域界线是指国务院或者省、自治区、直辖市人民政府批准的行政区域毗邻的各有关人民政府行使行政区域管辖权的分界线。行政区域界线涉及行政区域界线周边地区的稳定与发展和行政争议。为了加强对行政区域界线的管理,巩固行政区域界线勘定成果,维护行政区域界线周边地区稳定,2002 年 5 月 13 日,国务院颁布了《行政区域界线管理条例》(国务院令第 353 号),并自 2002 年 7 月 1 日起施行。

2.行政区域界线测绘的内容

行政区域界线测绘是利用测绘技术手段和原理,为划定行政区域界线的走向、分布以及周边地理要素而进行的测绘工作。行政区域界线测绘的内容包括界桩的埋设与测定、边界线的调绘、边界线走向的文字说明、边界线地形图的标绘、界线详图的编撰与制印等工作。

3.行政区域界线管理条例的有关规定

(1)行政区域界线勘定后,应当以通告和行政区域界线详图予以公布。省、自治区、直辖市之间的行政区域界线由国务院民政部门公布,由毗邻的省、自治区、直辖市人民政府共同管理。省、自治区、直辖市范围内的行政区域界线由省、自治区、直辖市人民政府公布,由毗邻的自治州、县(自治县)、市、市辖区人民政府共同管理。

(2)行政区域界线的实地位置,以界桩及作为行政区域界线标志的河流、沟渠、道路等线状地物和行政区域界线协议书中明确规定作为指示行政区域界线走向的其他标志物标定。

(3)行政区域界线毗邻的任何一方不得擅自改变作为行政区域界线标志的河流、沟渠、道路等线状地物;因自然原因或者其他原因改变的,应当保持行政区域界线协议书划定的界线位置不变,行政区域界线协议书中另有约定的除外。行政区域界线协议书中明确规定作为指示行政区域界线走向的其他标志物,应当维持原貌。因自然原因或者其他原因使标志物发生变化的,有关县级以上人民政府民政部门应当组织修测,确定新的标志物,并报该行政区域界线的批准机关备案。

(4)依照《国务院关于行政区划管理的规定》(国发〔1985〕8 号),经批准变更行政区域界线的,毗邻的各有关人民政府应当按照勘界测绘技术规范进行测绘,埋设界桩,签订协议书,并将协议书报批准变更该行政区域界线的机关备案。生产、建设用地需要横跨行政区域界线的，应当事先征得毗邻的各有关人民政府同意，分别办理审批手续，并报该行政区域界线的批准机关备案。

(5)行政区域界线毗邻的县级以上地方各级人民政府应当建立行政区域界线联合检查制度，每五年联合检查一次。遇有影响行政区域界线实地走向的自然灾害、河流改道、道路变化等特殊情况，由行政区域界线毗邻的各有关人民政府共同对行政区域界线的特定地段随时安排联合检查。联合检查的结果，由参加检查的各地方人民政府共同报送该行政区域界线的批准机关备案。

(6)行政区域界线详图是反映县级以上行政区域界线标准画法的国家专题地图。任何涉及行政区域界线的地图，其行政区域界线画法一律以行政区域界线详图为准绘制。国务院民政部门负责编制省、自治区、直辖市行政区域界线详图；省、自治区、直辖市人民政府民政部门负责编制本行政区域内的行政区域界线详图。

4.行政区域界线测绘的有关规定

(1)《测绘法》第二十一条规定，行政区域界线的测绘，按照国务院有关规定执行。省、自治区、直辖市和自治州、县、自治县、市行政区域界线的标准画法图，由国务院民政部门和国务院测绘地理信息主管部门拟订，报国务院批准后公布。其中，国务院的有关规定，既包括国务院有关行政区域界线测绘的行政法规，也包括国务院有关县级以上行政区域界线测绘的勘界规范，以及对具体行政区域界线画法的调处意见等。

(2)《省级行政区域界线勘界测绘技术规定》(国勘办发〔1996〕6 号)第四条规定，勘界测绘采用全国统一的大地坐标系统、平面坐标系统和高程系统，执行本规定和国家现行有关的测绘技术规范。

(3)边界协议书附图一般利用经补测或修测后的国家最新版的基本比例尺地形图标绘。边界协议书附图标绘 1 份，复印 4 份，由两省、自治区、直辖市政府负责人在 5 份上签字。

7.4.3 权属界线测绘管理

1.权属界线测绘的概念

权属界线测绘是指测定权属界线的走向和界址点的坐标及对其数据进行处理和绘制图形的活动。权属界线测绘是确定权属的重要手段，只有通过权属界线测绘才能准确地将权属界线用数据和图形的形式表示出来。

2.权属界线测绘的规定

《测绘法》第二十二条规定，测量土地、建筑物、构筑物和地面其他附着物的权属界址线，应当按照县级以上人民政府确定的权属界线的界址点、界址线或者提供的有关登记资料和附图进行。权属界址线发生变化时，有关当事人应当及时进行变更测绘。权属界线测绘明确了土地、建筑、构筑物以及地面上其他附着物等不动产的所有权和使用权，对于维护社会的正常经济秩序，保护当事人的合法权益，具有十分重要的意义和作用。

根据《物权法》，国家对不动产物权实行统一登记制度。当事人申请不动产物权登记，应当根据不同登记事项提供权属证明和不动产界址、面积等必要材料。而申请人要提供权属证明、不动产界址、面积等材料，就必须要事先进行权属界线测绘。从事权属界线测绘，必须掌握以下几点：

(1)从事权属界线测绘时，必须要明确土地、房屋等确权工作，是由地方县级以上人民政府登记造册、核发证书，确认所有权或者使用权，权属界址线的测绘也必须以县级以上地方人民政府的确权为依据进行。

(2)不动产的设立、变更、转让、消灭，经依法登记，发生效力。申请人在不动产变更时，必然会涉及重新登记问题，也就自然而然地涉及权属界线测绘问题。因此，测绘法规定，权属界址线发生变化时，有关当事人应当及时进行变更测绘。

(3)权属界线测绘属于十分重要的测绘活动，必须按照测绘法及相关测绘法规、规章的规定，依法取得相应的测绘资质，执行国家规定的测绘技术规范和标准，并依法履行法定义务。

7.5　海洋测绘管理

7.5.1　海洋测绘的概念和特点

1.海洋测绘的概念

海洋测绘是以海洋水体和海底为对象所进行的测量和海图编制工作。其任务是对海洋及其邻近陆地和江河湖泊进行测量和调查，获取海洋基础地理信息，编制各种海图和航海资料，为航海、国防建设、海洋开发和海洋研究服务。海洋测绘的方法主要包括海洋地震测量、海洋重力测量、海洋磁力测量、海洋热流测量、海洋电法测量和海洋放射性测量等。

根据《测绘资质分级标准》，海洋测绘的主要内容有海域权属测绘、海岸地形测量、水深测量、水文观测、海洋工程测量、扫海测量、深度基准测量、海图编制和海洋测绘监理9项。

2.海洋测绘的特点

海洋测绘的对象是海洋以及海洋中的各种自然现象和人文现象，海洋测绘有其特殊性：

(1)海洋测绘中的垂直坐标是和船体的平面位置同步测定的，而陆地上所测定点的三维坐标是分别采用不同的方法、不同的仪器设备分别测定的；

(2)海洋测绘工作是在不断运动着的海面上进行的，而陆上的测站点与在海上的测站点相比，可以说是固定不动的；

(3)海洋测绘一般采用声波信号，在陆地测量中一般必须使用电磁波信号；

(4)在海上测定海底某点的深度是指其低于大地水准面或水深基准面多少，而陆地上测定的是高程，即某点高出大地水准面多少；

(5)陆地地形测量及工程制图大多采用高斯-克吕格投影，而海洋制图还有墨卡托、横轴等角割圆柱(UTM)投影等，尤其是海图投影基本采用墨卡托投影。

7.5.2　海洋测绘管理

海洋测绘是测绘地理信息工作的重要组成部分，是测绘地理信息主管部门统一监督管理的重要内容，从事海洋测绘必须依法取得海洋测绘资质，遵守测绘法、测绘成果管理条例等有关法律法规和规章的规定，接受各级测绘地理信息主管部门的监督检查。但是，海洋测绘管理有其特殊性，《测绘法》第四条规定，军队测绘部门负责管理军事部门的测绘工作，并按照国务院、中央军事委员会规定的职责分工负责管理海洋基础测绘工作。根据《测绘法》规定，在现有的管理体制和法律架构下，海洋基础测绘工作由军队测绘部门按照国务院、中央军事委员会规定的职责分工进行管理。

第 8 章　地图管理

大纲要求

(1)根据《测绘法》中有关地图监督管理的规定和《地图管理条例》，以及《地图审核管理规定》(国土资源部令第 77 号)、《公开地图内容表示若干规定》(国测法字〔2003〕1 号)、《公开地图内容表示补充规定(试行)》(国测图字〔2009〕2 号)和《基础地理信息公开表示内容的规定(试行)》(国测成发〔2010〕8 号)，确认地图的编制、出版、展示、登载及更新内容的合法性和编制、出版、展示、登载单位义务的履行情况，并分析界定有关法律责任。

(2)根据《测绘法》中有关互联网地图管理的规定和《地图管理条例》，以及《关于规范互联网服务单位使用地图的通知》(国测图发〔2016〕2 号)和《关于加强互联网地图管理工作的通知》(国测图发〔2009〕6 号)，确认互联网地图的合法性和互联网地图服务单位法定义务履行情况，并分析界定有关法律责任。

(3)根据《测绘法》中有关国家版图意识宣传教育的规定和《地图管理条例》，确认国家版图的表示内容和表示方法的合法性，确认各级政府及有关部门的法定职责，并分析界定有关法律责任。

(4)根据《测绘法》中有关建立地理信息系统的规定，确认所进行的建立地理信息系统活动的合法性，并分析界定有关法律责任。

知识要点

8.1　地图基础知识

8.1.1　地图的概念与特征

1.地图的概念

地图是依据一定的数学法则，采用地图语言，经过制图综合来表示地球表面的图形。这个定义概括了地图的三个特性：有一定的数学法则，运用地图语言来描述，经过了制图综合。地图具有的这三个特性是其他影像、图面、文字都不可能同时具备的基本特性。

2.地图的特征

(1)地图必须遵循一定的数学法则。地图是绘制在平面上的，必须经过投影处理并准确地反映它与客观实体在位置、属性等要素之间的关系。

(2)地图必须运用地图语言描述。地图表现的客体主要是地球。地球上具有数量极其庞大的，包括自然与社会经济现象的地理信息。只有透过完整的符号系统，科学地运用地图语言，才能准确的表达和描述这种现象。

(3)地图必须经过制图综合。地图通过一定的比例尺，表示了地表自然地理和人文地理各种要素，缩小了的地图不可能容纳地面所有的现象，必须经过制图综合。

(4)地图是地理信息的载体。地图容纳和储存了数量巨大的地理信息和其他经济社会信息，而作为信息的载体，可以是传统概念上的纸质地图、实体模型，可以是各种可视化屏幕影像、声像地图，也可以是触觉地图。

8.1.2　地图投影与分类

1.地图投影

地图投影是建立地球表面上的点与投影平面上点之间的一一对应关系的方法，即把地球表面的任意一点，利用一定的数学法则，转换到地图平面上的理论和方法。它将作为一个不可展平的曲面即地球表面投影到一个平面的基本方法，保证了空间信息在区域上的联系与完整。这个投影过程将产生投影变形，而且不同的投影方法具有不同性质和大小的投影变形。实际上，地图投影就是将地球椭球体面上的地理坐标按照一定的数学法则转化为平面直角坐标。

2.地图分类

随着地图制图理论与技术和制图载体的快速发展，地图的种类越来越多，近年来我国每年出版地图约 2000 多种，印数达 2 亿册(幅)。国家测绘地理信息局在《测绘资质分级标准》中将地图编制的专业划分为：地形图、教学地图、世界政区地图、全国及地方政区地图、电子地图、真三维地图、其他专用地图共 7 类；同时，在《测绘资质分级标准》中对互联网地图服务和导航电子地图制作进行了规定。

8.1.3　国家基本比例尺地图

地图是依照一定的比例关系和制图规则，科学表达自然地理要素或者地表人工设施的形状、大小、空间位置及其属性信息的重要载体。目前，世界上多数国家都根据经济社会发展需要，由国家确定一些比例尺地图作为国家基本比例尺地图，从而为各项工程建设和经济社会发展提供基础保障，并纳入公益性范围。

我国目前确定的国家基本比例尺地图包括 1∶500、1∶1000、1∶2000、1∶5000、1∶1 万、1∶2.5 万、1∶5 万、1∶10 万、1∶25 万、1∶50 万、1∶100 万共 11 种。国家基本比例尺地图系列是国家各项经济建设、国防建设、社会发展和生态保护的基础图，具有使用频率高、内容表示详细、分类齐全、精度高等特点，是我国最具权威性的基础地图。《测绘法》对国家基本比例尺地图作出了具体规定。

1.国家确定国家基本比例尺地图的系列和基本精度

国家基本比例尺地图系列和基本精度是指按照国家规定的测图技术标准、编图技术规范、图式和比例尺系统测量和编制的若干特定规格的地图系列。《测绘法》第十条规定，国家建立全国统一的大地坐标系统、平面坐标系统、高程系统、地心坐标系统和重力测量系统，确定国家大地测量等级和精度以及国家基本比例尺地图的系列和基本精度。

2.国家制定国家基本比例尺地图系列和基本精度的具体规范和要求

《测绘法》第十条同时规定，具体规范和要求由国务院测绘地理信息主管部门会同国务院其他有关部门、军队测绘部门制定。国务院测绘地理信息主管部门在组织制定国家基本比例尺地图系列和基本精度的具体规范和要求时，应当与国务院其他有关部门、军队测绘部门进行会商。

3.测绘国家基本比例尺地图时，应当执行国家制定的技术规范和标准

根据《测绘法》，测绘国家基本比例尺地图属于国家基础测绘的重要内容。《基础测绘条

例》规定，从事基础测绘活动，应当使用全国统一的大地基准、高程基准、深度基准、重力基准，以及全国统一的大地坐标系统、平面坐标系统、高程系统、地心坐标系统、重力测量系统，执行国家规定的测绘技术规范和标准。

8.2 地图编制管理

《测绘法》第三十八条规定，地图的编制、出版、展示、登载及更新应当遵守国家有关地图编制标准、地图内容表示、地图审核的规定。地图编制管理就是依据测绘法及地图管理条例等法律、法规的规定，对地图编制内容表示、地图内容审核、解密处理等方面的内容及活动进行管理。

8.2.1 地图编制的概念与原则

1.地图编制的概念

地图编制是指编制地图的作业过程，包括编辑准备、原图编绘和出版准备三个阶段。由于绘有国界线、行政区域界线的地图具有严密的科学性、严肃的政治性和严格的法定性，因此，国家对地图编制工作十分重视。1995 年 7 月 10 日，国务院颁布了《中华人民共和国地图编制出版管理条例》，对地图编制的基本原则和要求进行了相应规定。2015 年 11 月 11 日，根据地图事业发展的新情况、新特点和新要求，国务院审议通过了修订后的《地图管理条例》，并以中华人民共和国国务院第 664 号令予以公布，自 2016 年 1 月 1 日起施行。修订后的地图管理条例对地图编制、出版的管理体制、基本原则和内容表示以及互联网地图、监督管理等进行了严格规定。2017 年新修订的测绘法也对地图的编制、出版、展示、登载及更新等进行了规定，为地图编制管理提供了直接的法律依据。

2.地图编制的原则

根据《地图管理条例规定》地图编制要遵循以下基本原则：

(1)编制地图应当执行国家有关地图编制标准，遵守国家有关地图内容表示的规定；

(2)编制地图应当遵守有关保密法律、法规的规定；

(3)编制地图应当选用最新的地图资料并及时补充或者更新，正确反映各要素的地理位置、形态、名称及相互关系，且内容符合地图使用目的；

(4)编制涉及中华人民共和国国界的世界地图、全国地图，应当完整表示中华人民共和国疆域。

8.2.2 地图编制内容规定

1.地图内容表示的禁止性规定

《地图管理条例》第八条规定，编制地图，应当执行国家有关地图编制标准，遵守国家有关地图内容表示的规定。地图上不得表示下列内容：

(1)危害国家统一、主权和领土完整的；

(2)危害国家安全、损害国家荣誉和利益的；

(3)属于国家秘密的；

(4)影响民族团结、侵害民族风俗习惯的；

(5)法律、法规规定不得表示的其他内容。

《地图管理条例》的上述规定，不仅包括了公开地图，同时也包含了内部地图。

公开地图是指公开出版、销售、传播、登载和展示的地图和涉及地图图形的产品。《地图管理条例》和国家测绘地理信息局发布的《公开地图内容表示若干规定》及《公开地图内容表示补充规定(试行)》,都对公开地图的编制内容进行了规定。

2.地图编制内容表示规定

(1)公开地图不得表示任何国家秘密和内部事项;

(2)选用最新地图资料作为编制基础,并及时补充或者更改现势变化的内容;

(3)正确反映各要素的地理位置、形态、名称及相互关系;

(4)具备符合地图使用目的的有关数据和专业内容;

(5)地图的比例尺和开本符合国家规定;

(6)在地图上绘制国界、中国历史疆界、世界各国国界以及各省、自治区、直辖市行政区域界线的,应当严格按照地图管理条例规定进行。

3.公开地图禁止表示的内容

(1)指挥机关、地面和地下的指挥工程、作战工程,军用机场、港口、码头、营区、训练场、试验场、军用洞库、仓库,军用通信、侦察、导航、观测台站和测量、导航、助航标志,军用道路、铁路专用线,军用通信、输电线路、军用输油、输水管道等直接服务于军事目的的各种军事设施;

(2)军事禁区、军事管理区及其内部的所有单位与设施;

(3)武器弹药、爆炸物品、剧毒物品、危险化学品、铀矿床和放射性物品的集中存放地等与公共安全相关的设施;

(4)专用铁路及站内火车线路、铁路编组站,专用公路;

(5)未公开的机场;

(6)国家法律法规、部门规章禁止公开的其他内容。

4.公开地图禁止表示的具体形状及属性

(1)大型水利设施、电力设施、通信设施、石油和燃气设施、重要战略物资储备库、气象台站、降雨雷达站和水文观测站(网)等涉及国家经济命脉,对人民生产、生活有重大影响的民用设施;

(2)监狱、劳动教养所、看守所、拘留所、强制隔离戒毒所、救助管理站和安康医院等与公共安全相关的单位;

(3)公开机场的内部结构及运输能力属性;

(4)渡口的内部结构及属性。

上述内容中,用于公共服务的设施可以标注名称,确需表示位置时其位置精度不得高于100米。

5.公开地图不得表示的属性

(1)重要桥梁的限高、限宽、净空、载重量和坡度属性;

(2)江河的通航能力、水深、流速、底质和岸质属性;水库的库容属性,拦水坝的构筑材料和高度属性,水源的性质属性,沼泽的水深和泥深属性;

(3)高压电线、通信线、管道的属性。

6.地图上界线表示

《地图管理条例》第十条规定,在地图上绘制中华人民共和国国界、中国历史疆界、世界各国间边界、世界各国间历史疆界,应当遵守下列规定:

(1)中华人民共和国国界,按照中国国界线画法标准样图绘制;

(2)中国历史疆界,依据有关历史资料,按照实际历史疆界绘制;

(3)世界各国间边界,按照世界各国国界线画法参考样图绘制;

(4)世界各国间历史疆界,依据有关历史资料,按照实际历史疆界绘制。

中国国界线画法标准样图、世界各国国界线画法参考样图,由外交部和国务院测绘地理信息主管部门拟订,报国务院批准后公布。

在地图上绘制我国县级以上行政区域界线或者范围,应当符合行政区域界线标准画法图、国务院批准公布的特别行政区行政区域图和国家其他有关规定。

行政区域界线标准画法图由国务院民政部门和国务院测绘地理信息主管部门拟订,报国务院批准后公布。

7.中国示意性地图

(1)用实线表示中国疆域范围,陆地界线与海岸线粗细有区别,用相应的简化符号绘出南海诸岛范围线,并表示南海诸岛以及钓鱼岛、赤尾屿等重要岛屿岛礁;

(2)用轮廓线或色块表示中国疆域范围,南海诸岛范围线可不表示,但必须表示南海诸岛以及钓鱼岛、赤尾屿等重要岛屿岛礁;

(3)比例尺等于或小于 1∶1 亿的,可不表示南海诸岛范围线以及钓鱼岛、赤尾屿等重要岛屿岛礁。

8.地图比例尺、开本及经纬线

(1)中国地图比例尺等于或小于 1∶100 万;

(2)省、自治区地图,比例尺等于或小于 1∶50 万;直辖市地图及辖区面积小于 10 万平方千米的省、自治区地图,比例尺等于或小于 1∶25 万;

(3)市、县地图,开幅为一个全张,最大不超过两个全张;

(4)省、自治区、直辖市普通地图(内容以政区为主),开本一般不超过 32 开本;

(5)香港特别行政区、澳门特别行政区、台湾省地图,比例尺、开本大小不限;

(6)教学图、时事宣传图、旅游图、交通图、书刊插图和互联网上登载使用的各类示意性地图,其位置精度不能高于 1∶50 万国家基本比例尺地图的精度。

(7)比例尺等于或大于 1∶50 万的各类公开地图均不得绘出经纬线和直角坐标网。

9.基本规定

根据《公开地图内容表示补充规定(试行)》,编制公开地图,还必须遵守下列基本规定:

(1)公开地图位置精度不得高于 50 米,等高距不得小于 50 米,数字高程模型格网不得小于 100 米。开本不受限制。

(2)地图内容涉及重要地理信息数据的,重要地理信息数据的表示应当以国家依法公布的数据为准,包括高度、位置、面积、长度、深度等重要地理信息数据,如山峰的高度、河流的宽度、长度、省区的行政区域面积等。

8.2.3 地图编制管理

1.地图编制资质管理

根据《测绘法》和《地图管理条例》从事地图编制活动的单位应当依法取得相应的测绘资质证书,并在资质等级许可的范围内开展地图编制工作。根据《测绘资质管理规定》和《测绘资质分级标准》,对于编制地形图、教学地图、世界政区地图、全国及地方政区地图、电子地图、真三维地图和其他专用地图及导航电子地图制作和互联网地图服务的,必须依法取得地图编制资质和互联网地图服务资质及导航电子地图制作专业资质。申请互联网地图服务资质的,还必须具有规定数量的经省级以上测绘地理信息主管部门考核合格的地图安全审校人员。地图编制资质的申请、办理及监督管理，在测绘资质资格管理章节中已有专门的阐述。

2.地图审核管理

地图编制单位编制的地图在出版、展示或登载前，必须按照国家地图编制管理的有关规定，依法送有审核权的测绘地理信息主管部门进行审核。地图审核将在8.6节中专门说明。

3.地图解密处理

利用涉及国家秘密的测绘成果编制地图的，应当依法使用经国务院测绘地理信息主管部门或者省、自治区、直辖市人民政府测绘地理信息主管部门进行保密技术处理的测绘成果。

依照《地图管理条例》的规定，使用涉及国家秘密的测绘成果进行地图编制时，应当事先由国务院测绘地理信息主管部门或者省、自治区、直辖市人民政府测绘地理信息主管部门对涉密测绘成果进行解密处理，然后方可进行地图编制。

8.3　地图出版、展示与登载

8.3.1　地图出版

1.地图出版的概念

地图出版是指将编制的地图作品编辑加工，经过复制后由具有法定地图出版资质的专业出版机构向公众发行的活动。

根据《地图管理条例》规定，出版单位从事地图出版活动的，应当具有国务院出版行政主管部门审核批准的地图出版业务范围，并依照《出版管理条例》的有关规定办理审批手续。

2.地图出版管理

《地图管理条例》地图出版作出明确的规定：

(1)出版单位根据需要，可以在出版物中插附经审核批准的地图。

(2)任何出版单位不得出版未经审定的中小学教学地图。

(3)出版单位出版地图，应当按照国家有关规定向国家图书馆、中国版本图书馆和国务院出版行政主管部门免费送交样本。

(4)地图著作权的保护，依照有关著作权法律、法规的规定执行。

8.3.2　地图展示与登载

1.地图展示

地图展示是指将不同类型的地图利用一定的载体在公开场合进行展出或使用。如附有地图图形的影视广告、标牌、橱窗、宣传背景，以及文化用品、工艺品、纪念品、玩具等。《地图管理条例》和《公开地图内容表示若干规定》都对地图展示作出了具体规定。

2.地图登载

地图登载是指利用数字地图，经可视化处理，通过网络传输的屏幕地图。如互联网地图、车载导航地图、掌上电脑、手机地图等。

地图登载管理的目的是确保登载的地图不出现质量问题，不出现危害国家主权、安全和利益的政治性问题。具体内容在有关互联网地图管理的内容中详细介绍，这里不再赘述。

3.地图展示与登载规定

(1)《测绘法》第三十八条规定，地图的编制、出版、展示、登载及更新应当遵守国家有关地图编制标准、地图内容表示、地图审核的规定。县级以上人民政府和测绘地理信息主管部门、网信部门等有关部门应当加强对地图编制、出版、展示、登载和互联网地图服务的监督管理，保证地图质量，维护国家主权、安全和利益。

(2)《地图管理条例》第十六条规定，展示或者登载不属于出版物的地图的，由展示者或者登载者送有审核权的测绘地理信息行政主管部门审核。

(3)任何单位和个人不得出版、展示、登载、销售、进口、出口不符合国家有关标准和规定的地图，不得携带、寄递不符合国家有关标准和规定的地图进出境。

(4)向社会公开的地图，应当报送有审核权的测绘地理信息主管部门审核。但是，景区图、街区图、地铁线路图等内容简单的地图除外。

(5)各级测绘地理信息主管部门在地图市场日常监督检查过程中，发现存在政治性问题的各种展示地图，应当责令其进行改正，并要求及时移送测绘地理信息主管部门进行审核。对于拒不改正的，要依据地图管理的有关法律、行政法规的规定，依法进行查处。

8.4 互联网地图管理

随着互联网技术的飞速发展，互联网地图的应用越来越广泛，互联网地图服务提供的导航定位、信息搜索服务、上传标注等在给广大人民群众的工作和生活带来极大便利的同时，也存在日益突出的安全隐患，直接关系到国家主权、安全和利益。互联网地图承载的地理信息是国家重要的基础性、战略性信息资源，具有严肃的政治性、严密的科学性和严格的法定性。

互联网服务网站具有受众面广、交互性强、传播速度快、影响范围大等特点，登载的地图一旦出现错误表示国家版图或登载涉密或敏感内容等问题的，将严重损害国家主权、安全和海洋权益，造成恶劣的社会影响。当前，互联网地图市场存在的主要问题：一是一些组织和个人的国家版图意识不强，有意或无意地发布、使用错误的国家版图，造成问题地图不断出现，如把我国大片领土标到国外，漏绘南海诸岛、钓鱼岛、赤尾屿等重要岛屿，错绘我国行政区域界线；二是涉及国家安全和一些敏感、不宜公开的地理坐标数据被上传、标注在互联网地图上。互联网地图出现问题，不仅损害消费者利益，严重的甚至损害国家安全利益和民族尊严，甚至会带来恶劣的政治影响。为此，测绘法、地图管理条例等法律、法规都将规范互联网地图监管、维护国家地理信息安全作为一项重要内容予以规定。本节着重介绍互联网地图的具体概念、特点以及有关互联网地图服务的相关法律规定和互联网地图服务提供者的法律义务与法律责任。

8.4.1 互联网地图的概念与特征

1.互联网地图的概念

互联网地图是指登载在互联网上或者通过互联网发送的基于服务器地理信息数据库形成的具有实时生成、交互控制、数据搜索、属性标注等特性的电子地图。通过无线互联网络调用的手机地图等纳入互联网地图管理范畴。

2.互联网地图的特征

(1)互联网地图以地理信息数据库为基础；

(2)可以快速存取显示；

(3)可以实现对地图要素的分层显示；

(4)利用虚拟现实技术可以将地图立体化、动态化；

(5)利用数据传输技术可以将地图数据传输到其他地方；

(6)可以实现地图上的长度、角度、面积等要素的自动化测量。

3.互联网地图服务的主要内容

根据 2014 年国家测绘地理信息局修订后的《互联网地图服务专业标准》，互联网地图服务的主要内容有：

(1)地理位置定位。是指由专用的服务器，提供由起点到终点的图形方式或文字方式的规划路线的服务。

(2)地理信息上传标注服务。是指在电子地图的指定位置上，填写其附属信息的服务模式。附属信息包括但不限于名称、地址、电话、分类、图片、评论等。

(3)地图数据库开发。是指互联网地图服务单位开发互联网地图数据库和有关服务功能，供使用者调用、开发。从功能上包括但不限于地图显示、地图标绘、地图搜索、公交换乘、行车路线、地理编码、逆地理编码等地图服务，从形式上包括但不限于 API、Web Service、SDK 等各种类型的地图接口调用服务。

8.4.2　互联网地图服务规定

1.《测绘法》对互联网地图的规定

(1)地图的编制、出版、展示、登载及更新应当遵守国家有关地图编制标准、地图内容表示、地图审核的规定。

(2)互联网地图服务提供者应当使用经依法审核批准的地图，建立地图数据安全管理制度，采取安全保障措施，加强对互联网地图新增内容的核校，提高服务质量。

(3)县级以上人民政府和测绘地理信息主管部门、网信部门等有关部门应当加强对地图编制、出版、展示、登载和互联网地图服务的监督管理，保证地图质量，维护国家主权、安全和利益。

(4)地理信息生产、利用单位和互联网地图服务提供者收集、使用用户个人信息的，应当遵守法律、行政法规关于个人信息保护的规定。

2.《地图管理条例》对互联网地图的规定

(1)互联网地图服务单位向公众提供地理位置定位、地理信息上传标注和地图数据库开发等服务的，应当依法取得相应的测绘资质证书。

(2)互联网地图服务单位从事互联网地图出版活动的，应当经国务院出版行政主管部门依法审核批准。

(3)互联网地图服务单位应当将存放地图数据的服务器设在中华人民共和国境内，并制定互联网地图数据安全管理制度和保障措施。

(4)互联网地图服务单位收集、使用用户个人信息的，应当明示收集、使用信息的目的、方式和范围，并经用户同意。互联网地图服务单位需要收集、使用用户个人信息的，应当公开收集、使用规则，不得泄露、篡改、出售或者非法向他人提供用户的个人信息。互联网地图服务单位应当采取技术措施和其他必要措施，防止用户的个人信息泄露、丢失。

(5)互联网地图服务单位用于提供服务的地图数据库及其他数据库不得存储、记录含有按照国家有关规定在地图上不得表示的内容。互联网地图服务单位发现其网站传输的地图信息含有不得表示的内容的，应当立即停止传输，保存有关记录，并向县级以上人民政府测绘地理信息主管部门、出版行政主管部门、网络安全和信息化主管部门等有关部门报告。

(6)任何单位和个人不得通过互联网上传标注含有按照国家有关规定在地图上不得表示的内容。

(7)互联网地图服务单位应当使用经依法审核批准的地图，加强对互联网地图新增内容的核查校对，并按照国家有关规定向国务院测绘地理信息主管部门或者省、自治区、直辖市测绘地理信息主管部门备案。

(8)互联网地图服务单位对在工作中获取的涉及国家秘密、商业秘密的信息，应当保密。

(9)互联网地图服务单位应当加强行业自律，推进行业信用体系建设，提高服务水平。

3.《关于加强互联网地图管理工作的通知》的规定

除了《测绘法》《地图管理条例》等法律，以及行政法规对互联网地图服务作出专门的法律规定外，2009 年 12 月，国家测绘局制定印发《关于加强互联网地图管理工作的通知》(国测图发〔2009〕6 号)，对互联网地图管理也作出了相应的规定。其中，文件中的一些相关规定已经上升为法律制度，同时，还有一些基本规定需要理解和掌握。

(1)互联网地图的编制(包括编辑加工、格式转换、质量测评)、更新等活动，必须由取得相应电子地图编制或者导航电子地图制作专业范围测绘资质的单位承担。编制、更新互联网地图，必须遵守公开地图内容表示等有关地图管理规定。

(2)互联网地图必须由相应互联网地图编制单位按照地图审核有关管理规定送审。未经依法审核批准的互联网地图，一律不得公开登载、传输。互联网地图审图号有效期为两年。在审图号有效期内地图表示内容发生变化或审图号到期前，应重新送审，取得新的审图号。

(3)互联网地图服务单位的地图安全审校人员应认真对用户上传标注的兴趣点和其他新增兴趣点进行审查，确保所有信息符合国家公开地图内容表示等有关规定。不得公开的兴趣点，任何单位或个人不得以任何形式进行存储、记录、传播。互联网地图服务单位每六个月应将新增兴趣点送交审核批准互联网地图的测绘地理信息主管部门备案。

(4)互联网地图服务单位应采取措施规范用户上传标注行为，及时发布相关警示信息。互联网地图服务中出现的泄密等安全问题，互联网地图服务单位应当承担相应的法律责任。

(5)在互联网上登载、复制、发送、转发、引用、嵌入互联网地图，必须在相应页面显著位置标明地图审图号和著作权信息，并应经互联网地图著作权人的同意。任何单位或个人不得复制、链接、发送、转发、引用、嵌入未经依法审核批准的互联网地图。

(6)各级测绘地理信息主管部门要按照属地(互联网信息服务许可证号或备案号)管理原则，强化对互联网地图及其运行系统的日常监管和跟踪检查，建立网络跟踪监管系统，加强对互联网地图服务从业人员培训，依法查处各种违法违规行为。

8.4.3 互联网地图审核

1.送审互联网地图应提交的材料

(1)地图审核申请表；

(2)地图数据来源、生产方式、数据范围、数据尺度、数据格式、服务方式等情况的书面说明材料；

(3)导航电子地图制作或电子地图编制的测绘资质证书复印件；

(4)互联网地图服务单位的互联网地图服务资质证书复印件；

(5)互联网地图数据及浏览软件；

(6)常用格式的兴趣点电子文档和待确认的涉密兴趣点，兴趣点电子文档应当包括位置信息、名称、类别、说明注记等内容；

(7)在线审查的内部网址和登录账号；

(8)利用涉及国家秘密的测绘成果编制的互联网地图，应提交国家测绘地理信息局批准进行保密技术处理的文件、指定机构进行保密技术处理的证明文件复印件。

2.送审互联网地图的规定

按照《地图审核管理规定》和国家测绘地理信息局《关于规范互联网服务单位使用地图的通知》(国测图发〔2016〕2 号)要求,送审互联网地图,应当遵守下列规定:

(1)互联网地图服务审图号有效期为两年。审图号到期,应当重新送审。审核通过的互联网地图服务,申请人应当每六个月将新增标注内容及核查校对情况向作出审核批准的测绘地理信息主管部门备案。

(2)网站中引用地图时,要使用从合法渠道获得的正确地图,不能引用未经审核特别是来源于国外网站登载的地图,引用地图时要注明地图来源和审图号。

(3)地图在登载前应依法送审(景区图、街区图、地铁线路图等内容简单的地图除外),不得在地图上标注涉密信息或者违反我国民族政策及政治主张的内容。经审核批准的地图在登载使用时,应在地图上或者适当显著位置标明地图审图号。

(4)发挥互联网地图安全审校人员作用,对网站中登载的地图和地理信息加强审校管理,认真做好新增标注信息备案。具备搜索引擎的单位要向网民推荐正确的地图、标明审图号的地图。

8.4.4　互联网地图服务管理

《地图管理条例》第三十三条规定,互联网地图服务单位向公众提供地理位置定位、地理信息上传标注和地图数据库开发等服务的,应当依法取得相应的测绘资质证书。2014 年 7 月,国家测绘地理信息局对《互联网地图服务专业标准》重新进行了修订并发布实施。根据《互联网地图服务专业标准》,互联网地图服务涉及地理位置定位、地理信息上传标注、地图数据库开发。从事互联网地图上述业务活动,必须依据《测绘资质管理规定》依法取得互联网地图服务资质。

按照《互联网地图服务专业标准》的规定,目前,我国互联网地图服务资质只设甲、乙级两个资质等级。申请互联网地图服务资质,除了应当满足标准规定的主体资格、专业技术人员、仪器设备外,还应当满足下列特殊要求。

1.质量管理要求

(1)成立质量管理机构并配备经过培训的质检人员。

(2)建立质量管理规定和互联网地图服务质量责任制。

2.安全保密要求

(1)将存放地图数据的服务器设在中华人民共和国境内。

(2)建立地图数据安全管理制度,采取安全保障措施。

(3)用于提供服务的地图数据库及其他数据库不得存储、记录含有按照国家有关规定在地图上不得表示的内容。

(4)互联网地图服务单位发现其网站传输的地图信息含有不得表示的内容的,应当立即停止传输,保存有关记录,并向县级以上人民政府有关部门报告。

(5)不得通过互联网上传标注含有按照国家有关规定在地图上不得表示的内容。

(6)对在工作中获取的涉及国家秘密、商业秘密的信息,应当保密。

(7)地图安全审校人员应认真对用户上传标注的兴趣点和其他新增兴趣点进行审查,确保所有信息符合国家公开地图内容表示等有关规定。

(8)采取措施规范用户上传标注行为,及时发布相关警示信息。

(9)收集、使用用户个人信息的,应当明示收集、使用信息的目的、方式和范围,并经用户同意。互联网地图服务单位应当采取技术措施和其他必要措施,防止用户的个人信息泄露、丢失。

3.地图使用及备案要求

(1)应当使用经依法审核批准的地图。

(2)加强对互联网地图新增内容的核校,提高服务质量。

(3)审核通过的互联网地图服务,申请人应当每六个月将新增标注内容及核查校对情况向作出审核批准的测绘地理信息主管部门备案。

(4)编制、更新互联网地图,必须遵守公开地图内容表示等有关地图管理规定。

(5)互联网地图审图号有效期内地图表示内容发生变化或审图号到期前,应重新送审。

(6)在互联网上登载、复制、发送、转发、引用、嵌入互联网地图,必须在相应页面显著位置标明地图审图号和著作权信息,并应经互联网地图著作权人的同意。

(7)加强行业自律,推进行业信用体系建设,提高服务水平。

8.5 国家版图意识宣传教育

8.5.1 国家版图的基本概念

1.国家版图

国家版图指一个国家行使主权的疆域,是国家主权和领土完整的象征。在我国古代,“版”指登记户口和土地的簿册,“图”指地图,“版图”即代表了户籍和地图,并逐渐演变成国家疆域的代名词。

国家的疆域可以用地图、文字等多种形式来表达。其中,地图是表示国家版图最常用、最主要的形式。在地图上可以形象直观地表示出国家的疆域范围和边界、各级行政区域、行政中心、主要城市等。地图是国家版图的主要表现形式,体现着一个国家在主权方面的意志和在国际社会中的政治、外交立场,具有严肃的政治性、严密的科学性和严格的法定性。

2.国家版图意识

国家版图意识主要指公民对国家疆域的认知、认同和自觉维护的意识。树立国家版图意识是加强爱国主义教育的需要,也是维护国家版图尊严和完整的需要。正确的国家版图是国家主权和领土完整的象征,是国家主权的体现形式,在国际社会交往中,反映了一个国家的政治和外交立场。公民的国家版图意识也体现了公民的基本素质。国家版图同国旗、国歌、国徽一样代表了国家,是国家的象征。大力进行国家版图意识宣传教育,是爱国主义的重要组成部分。

3.“问题地图”的表现形式

由于表示了国家版图的地图象征了国家主权和领土完整,体现了国家的主权意志和政治外交立场,因此,世界各国都十分重视本国版图在地图上的正确表示。我国政府高度重视维护国家版图的尊严,采取了多种有效措施来增强全民的国家版图意识,规范地图管理,杜绝错误表示中国版图的“问题地图”的出现。“问题地图”的主要表示形式包括下列内容:

(1)在地图表示上将我国领土标到国外;

(2)漏绘我国台湾岛、海南岛、南海诸岛、钓鱼岛、赤尾屿等重要岛屿;

(3)将我国台湾省、西藏自治区、东北三省、新疆维吾尔自治区错误地按独立国家表示;

(4)错绘我国行政区域界线,擅自发布重要地理信息数据;

(5)把一些敏感的、不宜公开的,甚至是涉及国家秘密的相关信息标注在地图上;

(6)其他有损国家主权、安全和利益的地图。

8.5.2　国家版图意识宣传教育的法律规定

1.《测绘法》规定

《测绘法》第七条规定,各级人民政府和有关部门应当加强对国家版图意识的宣传教育,增强公民的国家版图意识。新闻媒体应当开展国家版图意识的宣传。教育行政部门、学校应当将国家版图意识教育纳入中小学教学内容,加强爱国主义教育。

2.《地图管理条例》规定

(1)各级人民政府及其有关部门、新闻媒体应当加强国家版图宣传教育,增强公民的国家版图意识。国家版图意识教育应当纳入中小学教学内容。公民、法人和其他组织应当使用正确表示国家版图的地图。

(2)地图工作应当遵循维护国家主权、保障地理信息安全、方便群众生活的原则。地图的编制、审核、出版和互联网地图服务应当遵守有关保密法律、法规的规定。

(3)中国国界线画法标准样图、世界各国国界线画法参考样图,由外交部和国务院测绘地理信息行政主管部门拟订,报国务院批准后公布。

(4)在地图上表示重要地理信息数据,应当使用依法公布的重要地理信息数据。

(5)编制地图,应当执行国家有关地图编制标准,遵守国家有关地图内容表示的规定。

地图上不得表示下列内容:①危害国家统一、主权和领土完整的;②危害国家安全、损害国家荣誉和利益的;③属于国家秘密的;④影响民族团结、侵害民族风俗习惯的;⑤法律、法规规定不得表示的其他内容。

(6)编制涉及中华人民共和国国界的世界地图、全国地图,应当完整表示中华人民共和国疆域。

(7)在地图上绘制中华人民共和国国界、中国历史疆界、世界各国间边界、世界各国间历史疆界,应当按照《地图管理条例》的规定绘制。

8.6　地图审核管理

国家实行地图审核制度。《地图管理条例》明确规定向社会公开的地图,应当报送有审核权的测绘地理信息主管部门审核。但是,景区图、街区图、地铁线路图等内容简单的地图除外。

地图审核是指测绘地理信息主管部门根据地图送审单位和个人的申请,依据国家有关地图编制的技术规范和标准,对地图的内容及其表现形式进行核准的一种行政许可行为。为加强地图审核管理,《地图管理条例》第三章对地图审核进行了规定。同时,国土资源部2006年6月发布了《地图审核管理规定》,2017年11月20日国土资源部第3次部务会议审议通过了修订的《地图审核管理规定》,自2018年1月1日起施行,为加强地图审核管理提供了直接的法律依据。

8.6.1　地图审核职责

1.地图审核权限

国务院测绘地理信息主管部门负责审核的地图如下:

(1)全国地图;

(2)主要表现地为两个以上省、自治区、直辖市行政区域的地图;

(3)香港特别行政区地图、澳门特别行政区地图以及台湾地区地图；

(4)世界地图以及主要表现地为国外的地图；

(5)历史地图。

省、自治区、直辖市人民政府测绘地理信息主管部门负责审核主要表现地在本行政区域范围内的地图。其中，主要表现地在设区的市行政区域范围内不涉及国界线的地图，由设区的市级人民政府测绘地理信息主管部门负责审核。根据《地图管理条例》我国目前具有地图审核权限的测绘地理信息主管部门分三级：一是国务院测绘地理信息主管部门；二是省级测绘地理信息主管部门；三是设区市测绘地理信息主管部门。

2.地图审核的主要内容

《地图管理条例》第二十一条规定，送审地图符合下列规定的，由有审核权的测绘地理信息主管部门核发地图审核批准文件，并注明审图号：

(1)符合国家有关地图编制标准，完整表示中华人民共和国疆域；

(2)国界、边界、历史疆界、行政区域界线或者范围、重要地理信息数据、地名等符合国家有关地图内容表示的规定；

(3)不含有地图上不得表示的内容。

根据《地图审核管理规定》，测绘地理信息主管部门受理地图审核申请后，应当对下列内容进行审查：

(1)地图表示内容中是否含有《地图管理条例》第八条规定的不得表示的内容；

(2)中华人民共和国国界、行政区域界线或者范围以及世界各国间边界、历史疆界在地图上的表示是否符合国家有关规定；

(3)重要地理信息数据、地名等在地图上的表示是否符合国家有关规定；

(4)主要表现地包含中华人民共和国疆域的地图，中华人民共和国疆域是否完整表示；

(5)地图内容表示是否符合地图使用目的和国家地图编制有关标准；

(6)法律、法规规定需要审查的其他内容。

3.地图审核人员的条件

(1)具有中级以上地图编制专业技术职称或者从事地图内容审查工作三年以上；

(2)持有国务院测绘地理信息主管部门颁发的地图审查上岗证书；

(3)从事互联网地图安全审校的人员，要持有省级以上测绘地理信息主管部门颁发的地图安全审校上岗证书。

4.地图审核申请

《地图审核管理规定》第五条规定，有下列情形之一的，申请人应当依照规定向有审核权的测绘地理信息主管部门提出地图审核申请：

(1)出版、展示、登载、生产、进口、出口地图或者附着地图图形的产品的；

(2)已审核批准的地图或者附着地图图形的产品，再次出版、展示、登载、生产、进口、出口且地图内容发生变化的；

(3)拟在境外出版、展示、登载的地图或者附着地图图形的产品的。

5.不需要审核的地图

根据《地图审核管理规定》，下列地图不需要审核：

(1)直接使用测绘地理信息主管部门提供的具有审图号的公益性地图；

(2)景区地图、街区地图、公共交通线路图等内容简单的地图；

(3)法律法规明确应予公开且不涉及国界、边界、历史疆界、行政区域界线或者范围的地图。

8.6.2　地图审核申请及规定

1.申请地图审核应当提交的材料

(1)地图审核申请表。

(2)需要审核的地图最终样图或者样品。用于互联网服务等方面的地图产品，还应当提供地图内容审核软硬件条件。

(3)地图编制单位的测绘资质证书。

有下列情形之一的，可以不提供前款第三项规定的测绘资质证书：

(1)进口不属于出版物的地图和附着地图图形的产品；

(2)直接引用古地图；

(3)使用示意性世界地图、中国地图和地方地图；

(4)利用测绘地理信息主管部门具有审图号的公益性地图且未对国界、行政区域界线或者范围、重要地理信息数据等进行编辑调整。

利用涉及国家秘密的测绘成果编制的地图，应当提供省级以上测绘地理信息主管部门进行保密技术处理的证明文件。地图上表达的其他专业内容、信息、数据等，国家对其公开另有规定的，从其规定，并提供有关主管部门可以公开的相关文件。

2.地图审核的有关规定

(1)测绘地理信息主管部门应当自受理地图审核申请之日起 20 个工作日内作出审核决定。时事宣传地图、发行频率高于一个月的图书和报刊等插附地图的，应当自受理地图审核申请之日起 7 个工作日内作出审核决定。应急保障等特殊情况需要使用地图的，应当即送即审。涉及专业内容且没有明确审核依据的地图，向有关部门征求意见时，征求意见时间不计算在地图审核的期限内。

(2)中华人民共和国国界、中国历史疆界、世界各国间边界、世界各国间历史疆界依照《地图管理条例》第十条有关规定进行审查。县级以上行政区域界线或者范围，按照由国务院民政部门和国务院测绘地理信息主管部门拟订并经国务院批准公布的行政区域界线标准画法图进行审查。特别行政区界线或者范围，按照国务院批准公布的特别行政区行政区域图和国家其他有关规定进行审查。

(3)重要地理信息数据、地名以及有关专业内容在地图上的表示，按照测绘地理信息主管部门制定的有关规定进行审查。下级测绘地理信息主管部门制定的具体审查内容和标准，应当报上一级测绘地理信息主管部门备案并依法及时公开。

(4)测绘地理信息主管部门应当在其门户网站等媒体上及时公布获得审核批准的地图名称、审图号等信息。审图号由审图机构代号、通过审核的年份、地图类型简称、序号等组成。审图号编制的具体内容，由国务院测绘地理信息主管部门另行规定。

(5)经审核批准的地图，申请人应当在地图或者附着地图图形的产品的适当位置显著标注审图号，并向作出审核批准的测绘地理信息主管部门免费送交样本一式两份。属于出版物的，应当在版权页标注审图号；没有版权页的，应当在适当位置标注审图号。属于互联网地图服务的，应当在地图页面左下角标注审图号。

3.地图审核结果

地图审核是一项测绘地理信息行政许可事项，申请地图审核的条件、程序和标准等，都必须按照《行政许可法》《地图管理条例》《地图审核管理规定》进行。国务院测绘地理信息主管部门，省、自治区、直辖市测绘地理信息主管部门，设区市测绘地理信息主管部门对申请地图审核的，在法定期限内应当作出批准或者不予批准的决定。作出批准决定的，应当编发地图审图号，发出地图审核批准通知书，批准结果应当向社会公布。不予批准的，应当书面说明理由，并将申请材料退回申请人。经国务院测绘地理信息主管部门或者省、自治区、直辖市测绘地理信息主管部门，或设区市测绘地理信息主管部门审核过的地图，应当按照审核意见进行修改，经修改后的地图可以公开出版、展示或者登载使用。

4.地图审核申请人的义务

(1)按照国务院测绘地理信息主管部门或者省级测绘地理信息主管部门、设区的市级测绘地理信息主管部门出具的地图内容审查意见书和试制样图上的批注意见对地图进行修改。

(2)经审核批准的地图，应当在地图或者附着地图图形的产品的适当位置显著标注审图号。其中，属于出版物的，应当在版权页标注审图号。

(3)进口、出口地图的，应当向海关提交地图审核批准文件和审图号。

(4)经审核批准的地图，送审者应当按照有关规定向有审核权的测绘地理信息主管部门免费送交样本。

8.6.3 地图审核的法律责任

1.违反《测绘法》的行为

《测绘法》第六十二条规定，违反本法规定，编制、出版、展示、登载、更新的地图或者互联网地图服务不符合国家有关地图管理规定的，依法给予行政处罚、处分；构成犯罪的，依法追究刑事责任。

2.违反《地图管理条例》的行为

(1)地图应当送审而未送审的，责令改正，给予警告，没收违法地图或者附着地图图形的产品，可以处10万元以下的罚款；有违法所得的，没收违法所得；构成犯罪的，依法追究刑事责任。

(2)不需要送审的地图不符合国家有关标准和规定的，责令改正，给予警告，没收违法地图或者附着地图图形的产品，可以处10万元以下的罚款；有违法所得的，没收违法所得；情节严重的，可以向社会通报；构成犯罪的，依法追究刑事责任。

(3)经审核不符合国家有关标准和规定的地图未按照审核要求修改即向社会公开的，责令改正，给予警告，没收违法地图或者附着地图图形的产品，可以处10万元以下的罚款；有违法所得的，没收违法所得；情节严重的，责令停业整顿，降低资质等级或者吊销测绘资质证书，可以向社会通报；构成犯罪的，依法追究刑事责任。

(4)弄虚作假、伪造申请材料骗取地图审核批准文件，或者伪造、冒用地图审核批准文件和审图号的，责令停止违法行为，给予警告，没收违法地图和附着地图图形的产品，并处10万元以上20万元以下的罚款；有违法所得的，没收违法所得；情节严重的，责令停业整顿，降低资质等级或者吊销测绘资质证书；构成犯罪的，依法追究刑事责任。

(5)未在地图的适当位置显著标注审图号，或者未按照有关规定送交样本的，责令改正，给予警告；情节严重的，责令停业整顿，降低资质等级或者吊销测绘资质证书。

(6)互联网地图服务单位使用未经依法审核批准的地图提供服务，或者未对互联网地图新增内容进行核查校对的，责令改正，给予警告，可以处20万元以下的罚款；有违法所得的，没收违法所得；情节严重的，责令停业整顿，降低资质等级或者吊销测绘资质证书；构成犯罪的，依法追究刑事责任。

(7)通过互联网上传标注了含有按照国家有关规定在地图上不得表示的内容的，责令改正，给予警告，可以处10万元以下的罚款；构成犯罪的，依法追究刑事责任。

3.违反《地图审核管理规定》的行为

最终向社会公开的地图与审核通过的地图内容及表现形式不一致，或者互联网地图服务审图号有效期届满未重新送审的，测绘地理信息主管部门应当责令改正、给予警告，可以处3万元以下的罚款。

8.7　地图监督管理

8.7.1　地图监督管理职责

测绘法、地图管理条例赋予了各级人民政府及其有关部门、测绘地理信息主管部门的地图监督管理职责。

1.县级以上人民政府及其有关部门

(1)县级以上人民政府和测绘地理信息主管部门、网信部门等有关部门应当加强对地图编制、出版、展示、登载和互联网地图服务的监督管理，保证地图质量，维护国家主权、安全和利益。

(2)各级人民政府和有关部门应当加强对国家版图意识的宣传教育，增强公民的国家版图意识。

(3)县级以上人民政府应当建立健全政府部门间地理信息资源共建共享机制。

(4)县级以上人民政府应当加强对互联网地图服务行业的政策扶持和监督管理。

(5)县级以上人民政府出版行政主管部门应当加强对地图出版活动的监督管理，依法对地图出版违法行为进行查处。

2.县级以上测绘地理信息主管部门

(1)县级以上地方人民政府测绘地理信息主管部门负责本行政区域地图工作的统一监督管理。

(2)县级以上人民政府测绘地理信息主管部门应当采取有效措施，及时获取、处理、更新基础地理信息数据，通过地理信息公共服务平台向社会提供地理信息公共服务，实现地理信息数据开放共享。

(3)县级以上人民政府测绘地理信息主管部门应当向社会公布公益性地图，供无偿使用。

(4)县级以上人民政府测绘地理信息主管部门应当及时组织收集与地图内容相关的行政区划、地名、交通、水系、植被、公共设施、居民点等的变更情况，用于定期更新公益性地图。有关部门和单位应当及时提供相关更新资料。

(5)县级以上测绘地理信息主管部门应当依法审核地图。

(6)县级以上人民政府测绘地理信息主管部门应当会同有关部门加强对互联网地图数据安全的监督管理。

(7)县级以上人民政府测绘地理信息主管部门应当根据国家有关标准和技术规范，加强地图质量监督管理。

(8)县级以上人民政府测绘地理信息主管部门应当对测绘单位实行信用管理，并依法将其信用信息予以公示。

(9)县级以上人民政府测绘地理信息主管部门应当建立健全随机抽查机制,依法履行监督检查职责,发现涉嫌违反本法规定行为的,可以依法采取下列措施:①查阅、复制有关合同、票据、账簿、登记台账以及其他有关文件、资料;②查封、扣押与涉嫌违法测绘行为直接相关的设备、工具、原材料、测绘成果资料等。

8.7.2 地图监督检查措施

1.监督检查措施

《地图管理条例》第四十三条规定,县级以上人民政府测绘地理信息主管部门、出版行政主管部门和其他有关部门依法进行监督检查时,有权采取下列措施:

(1)进入涉嫌地图违法行为的场所实施现场检查;

(2)查阅、复制有关合同、票据、账簿等资料;

(3)查封、扣押涉嫌违法的地图、附着地图图形的产品以及用于实施地图违法行为的设备、工具、原材料等。

其中,查封、扣押涉嫌违法的地图、附着地图图形的产品以及用于实施地图违法行为的设备、工具、原材料等,属于行政强制措施,应当严格按照行政强制法的规定执行。

2.行政处罚措施

《地图管理条例》及《地图审核管理规定》对违法编制、出版、展示、登载地图的行为作出了严格的法律规定,这里不再赘述。《地图管理条例》第四十六条也明确规定,任何单位和个人对地图违法行为有权进行举报。接到举报的人民政府或者有关部门应当及时依法调查处理,并为举报人保密。

地图监督管理是各级测绘地理信息主管部门的一项重要职责,涉及地图编制资质的审核发放、地图审核标准的制修订、地图审核内容的规定以及地图市场的监督管理等。各级测绘地理信息主管部门应当认真履行职责,建立与相关部门协同配合的地图市场联合监管工作机制,加强对地图市场各类违法行为的查处,切实维护国家地理信息安全。

8.8 地理信息系统工程

8.8.1 地理信息系统的基本概念

1.地理信息系统的概念

地理信息系统(GIS)是一种特定的空间信息系统,是在计算机硬件、软件系统支撑下,对整个或部分地球表层(包括大气层)空间中的有关地理分布数据进行采集、储存、管理、运算、分析、显示和描述的技术系统。地理信息系统处理、管理的对象是多种地理空间实体数据及其相互之间关系,包括空间定位数据、图形数据、遥感影像数据、属性数据等,用于分析和处理在一定地理区域内分布的各种现象和过程,以解决复杂的管理、规划决策问题。《测绘资质分级标准》中将地理信息系统工程划分为地理信息数据采集、地理信息数据处理、地理信息系统及数据库建设、地面移动测量、地理信息软件开发、地理信息系统工程监理。

2.地理信息系统的功能

(1)数据采集与编辑功能。包括图形数据采集与编辑和属性数据编辑与分析。

(2)地理数据库管理系统的基本功能。包括数据库定义、数据库的建立与维护、数据库操作、通信功能等。

(3)制图功能。根据地理信息系统的数据结构及绘图仪的类型,用户可获得矢量地图或栅格地图。地理信息系统不仅可以为用户输出全要素地图,而且可以根据用户需要分层输出各种专题地图,如行政区划图、土壤利用图、道路交通图等,还可以通过空间分析得到一些特殊的地学分析用图,如坡度图、坡向图、剖面图等。

(4)空间查询与空间分析功能。包括拓扑空间查询、缓冲区分析、叠置分析、空间集合分析、地学分析。

(5)地形分析功能。包括数字高程模型的建立、地形分析等。

3.基础地理信息数据

基础地理信息数据是作为统一的空间定位框架和空间分析基础的地理信息数据,该数据反映和描述了地球表面测量控制点、水系、居民地及设施、交通、管线、境界与政区、地貌、植被与土质、地籍、地名等有关自然和社会要素的位置、形态和属性等信息。

《测绘法》第二十四条规定,建立地理信息系统,应当采用符合国家标准的基础地理信息数据。《测绘成果管理条例》也明确规定,建立以地理信息数据为基础的信息系统,应当利用符合国家标准的基础地理信息数据。由此可知,判定地理信息系统所采用的基础地理信息数据是否符合国家标准,是各级测绘地理信息主管部门实施地理信息系统工程监管的重要任务。

8.8.2　基础地理信息标准数据的认定

根据《基础地理信息标准数据基本规定》(GB 21139—2007),认定地理信息数据是否属于标准的基础地理信息数据,主要包括基础地理信息数据所采用的数学基础、数据内容、生产过程及数据认定四个方面。

1.数学基础

(1)基础地理信息标准数据的平面坐标系,应采用国家规定的统一坐标系;确有必要时,可采用经依法批准的相对独立的坐标系统。高程系统应采用1985国家高程基准或1956年黄海高程系;确有必要时,可采用与国家高程基准建立联系的独立高程系。深度基准应采用理论最低潮面。

(2)基础地理信息标准数据的比例尺系列,应为1∶500、1∶1000、1∶2000、1∶5000、1∶1万、1∶2.5万、1∶5万、1∶10万、1∶25万、1∶50万、1∶100万。

(3)基础地理信息标准数据的地图投影方式,应为1∶100万采用正轴等角割圆锥投影;1∶2.5万～1∶50万采用高斯-克吕格投影,按6度分带;1∶500～1∶1万采用高斯-克吕格投影,按3度分带,确有必要时,按1.5度分带。

(4)基础地理信息标准数据若以图幅为单元,1∶500～1∶2000分幅与编号按GB/T 7929执行;1∶5000～1∶100万分幅与编号按GB/T 13989执行。

2.数据内容

基础地理信息标准数据应当是《基础地理信息要素分类与代码》(GB/T 13923)中5.2～5.13中的一条或多条的组合,并应采用国家标准或测绘地理信息行业标准建立元数据。

(1)测量控制点数据应包括平面控制点、高程控制点、天文点、重力点、GPS点和其他国家基础测量控制点的位置、属性、点之记等。

(2)水系数据,应包括河流、沟渠、湖泊、水库、海洋要素、其他水系要素和水利及附属设施的位置及属性。

(3)居民地及设施数据,应包括居民地、工矿及其设施、农业及其设施、公共服务及其设施、名胜古迹、宗教设施、科学观测站和其他建筑物及其设施的位置及属性。

(4)交通数据,应包括铁路、城际公路、城市道路、乡村道路、道路构造物及附属设施、水运设施、航道、空运设施和其他交通设施的位置及属性。

(5)管线数据,应包括输电线、通信线、油(气、水)输送主管道和城市管线的位置及属性。其中,1∶2000以下小比例尺可以不含城市管线数据,1∶10万以下小比例尺可以不含输电线数据。

(6)境界与政区数据,应包括国界、未定国界、国内各级行政区域界线(省级行政区、地市级行政区、县级行政区和乡级行政区)和其他区域界线(村界和自然保护区界)的位置及属性。

(7)地貌数据,应包括等高线、高程点注记、数字高程模型、水域等值线、水下注记点、自然地貌和人工地貌的位置及属性。

(8)植被与土质数据,应包括天然和人工植被的位置及属性。土质数据应包括沙地、戈壁、盐碱地、裸土地、荒漠和苔原的位置与属性。

(9)地名数据,应包括自然和人文的地理实体的名称、位置及属性。

(10)数字正射影像数据,是经过辐射校正和几何校正,并进行投影差改正处理的影像;影像可以是全色的或彩色的,也可以是多光谱的,有时附之以主要居民地、地名、境界等矢量数据。

(11)地籍测量数据,应包括地籍(子)区、界址线、界址点和其他重要界标设施的位置以及含有坐落、土地使用者或所有者和土地等级信息等的属性。1∶2000以下小比例尺可以不含地籍测量数据。

(12)其他数据,应包括依法公布的重要地理信息数据和国务院测绘地理信息主管部门依法组织施测的其他基础地理信息数据。

3.生产过程

(1)设计书内容。设计书应依据充分、格式规范,并经项目主管部门审批认可。设计书内容应包括项目来源、目标、工作内容、资料收集与分析利用、技术路线及工艺流程、采用的标准、提交的成果及主要技术指标、质量保障措施和组织实施方案等。

(2)数据源。利用的资料和数据源应符合设计书的要求,有国家标准、行业标准或地方标准的,应符合相应的标准。

(3)技术方法。生产过程中采用的技术方法应符合设计书的要求。其中,采用的基础标准和产品标准应符合现行的相关国家标准。部分有明确要求的作业方法,应遵循相关规定。

(4)生产质量控制。生产质量控制应严格执行过程检查、最终检查和验收制度,以及设计书规定的其他质量控制要求。

(5)质检与验收单位。质量检查由生产单位完成,项目验收由项目主管部门组织或委托有关单位实施。

(6)仪器设备。使用的仪器设备应按照国家有关规定进行检定或校准。

4.数据认定

数据认定是指省级以上测绘地理信息主管部门委托的认定机构证明基础地理信息数据符合相关技术标准的强制性要求的评定活动。

(1)数据认定应上交的材料:数据生产单位相应的测绘资质证明文件、数据生产设计书、数据经注册测绘师签字认可的证明文件、经有关主管部门检查验收的文档资料。

(2)职责分工。大地原点、一、二等平面控制点数据、水准原点,一、二等水准点数据,天文点数据，重力点数据，AA 级、A 级、B 级卫星定位点数据，1∶2.5 万～1∶100 万基础地理信息数据(不含测量控制点数据)，重要地理信息数据和国务院测绘地理信息主管部门依法组织施测的其他基础地理信息数据，由国务院测绘地理信息主管部门委托的机构认定，或依法律法规规定的程序审核批准。

上述以外的其他等级测量控制点数据，1∶500～1∶1 万基础地理信息数据(不含测量控制点数据)，由数据表现地的省级测绘地理信息主管部门委托的机构认定。认定的过程与方法应遵照相应的国家标准执行。

基础地理信息数据是地理信息系统的核心和应用开发的基础。基础地理信息标准数据认定是各级测绘地理信息主管部门一项开创性的、长期性的工作。随着各级测绘地理信息主管部门对地理信息系统工程监管的进一步强化，基础地理信息数据的认定任务会越来越繁重，其意义也会越来越深远。

第9章　地理信息安全管理

大纲要求

(1)根据《测绘法》中有关卫星导航定位基准站建设管理的规定，以及《卫星导航定位基准站建设备案办法(试行)》(国测法发〔2016〕4号)和《关于规范卫星导航定位基准站数据密级划分和管理的通知》(国测成发〔2016〕1号)，确认卫星导航定位基准站建设和运行维护单位法定责任的履行情况，并分析界定有关法律责任。

(2)根据《测绘法》和《外国的组织或者个人来华测绘管理暂行办法》(国土资源部令第52号)，确认外国人来华从事测绘活动的合法性，确认与外国人合作测绘的合法性和履行义务的情况，正确处理涉外测绘活动的有关问题，并分析界定有关法律责任。

(3)根据《测绘法》中有关地理信息安全监督管理的规定，确认地理信息安全管理制度和技术防控体系的主要内容，确认地理信息生产、保管、利用单位对属于国家秘密的地理信息的获取、持有、提供、利用情况进行登记并长期保存的情况，并分析界定有关法律责任。

(4)根据《测绘法》和《中华人民共和国网络安全法》(简称《网络安全法》)中有关个人信息保护的规定，确认个人信息保护的有关法定义务与责任，并分析界定有关法律责任。

知识要点

地理信息是国家重要的基础性、战略性信息资源，关系国家主权、安全和利益。卫星导航定位、遥感和信息技术的快速发展，使得地理信息日益呈现出高精度、易采集、易传输等特点，地理信息不论从获取的技术手段、成果表现形式和服务对象等都发生了深刻变化，地理信息从传统的纸介质逐步转变到通过各种介质和互联网、移动互联网在线传播，受众更加广泛，也使得地理信息安全面临着严峻的挑战。

近年来，随着我国地理信息产业的快速发展，地理信息安全问题日益突出，一些企事业单位和个人保密观念淡薄，导致测绘成果资料失泄密事件不断发生，地理信息非法采集加工中损害国家利益的事件屡禁不止；部分互联网地理信息服务提供单位未经批准擅自上传、标注、登载大量涉密和危害国家安全的地理信息数据，对国家安全构成严重威胁；一些外国组织或者人员以旅游、文化传播、科学考察的名义，擅自采集我国地理信息数据，给国家安全带来巨大的隐患。针对地理信息安全面临着的一系列新挑战、新形势和新任务，2017年7月1日施行的新测绘法，把维护国家地理信息安全作为根本的立法宗旨，对卫星导航定位基准站建设与运行维护、互联网地图服务、涉密地理信息管理、个人信息保护等多个涉及国家地理信息安全的领域，进行了严格规定，并要求县级以上测绘地理信息主管部门应当会同本级人民政府其他有关部门建立地理信息安全管理制度和技术防控体系，并加强对地理信息安全的监督管理。

9.1　外国的组织或个人来华测绘管理

9.1.1　来华测绘的原则

外国的组织或者个人来华测绘管理(简称“来华测绘管理”)是指对外国的组织或者个人来华从事非商业性测绘活动,或者采取合作的方式来华从事商业性测绘活动,以及一次性测绘活动的监督管理。为维护国家主权、安全和利益,保障国家地理信息安全,《测绘法》规定:外国的组织或者个人在中华人民共和国领域和中华人民共和国管辖的其他海域从事测绘活动,应当经国务院测绘地理信息主管部门会同军队测绘部门批准,并遵守中华人民共和国有关法律、行政法规的规定。外国的组织或者个人在中华人民共和国领域从事测绘活动,应当与中华人民共和国有关部门或者单位合作进行,并不得涉及国家秘密和危害国家安全。

2006 年 11 月 20 日,国土资源部第 5 次部务会议通过《外国的组织或者个人来华测绘管理暂行办法》(中华人民共和国国土资源部令第 52 号),自 2007 年 3 月 1 日起施行。2010 年 11 月 29 日,国土资源部第 6 次部务会议审议通过了《国土资源部关于修改〈外国的组织或者个人来华测绘管理暂行办法〉的决定》,对该办法进行了修订。

1.来华测绘应当遵循的原则

《测绘法》和《外国的组织或者个人来华测绘管理暂行办法》规定了来华测绘应当遵循的基本原则。

(1)必须遵守中华人民共和国的法律、法规和国家有关规定;

(2)不得涉及中华人民共和国的国家秘密;

(3)不得危害中华人民共和国的国家安全。

2.中外合作测绘禁止的领域

《外国的组织或者个人来华测绘管理暂行办法》第七条规定,中外合作测绘不得从事下列活动:

(1)大地测量;

(2)测绘航空摄影;

(3)行政区域界线测绘;

(4)海洋测绘;

(5)地形图、世界政区地图、全国政区地图、省级及以下政区地图、全国性教学地图、地方性教学地图和真三维地图的编制;

(6)导航电子地图编制;

(7)国务院测绘地理信息主管部门规定的其他测绘活动。

9.1.2　来华测绘审批

《外国的组织或者个人来华测绘管理暂行办法》规定由国务院测绘地理信息主管部门会同军队测绘部门负责来华测绘的审批。

1.来华测绘需要提交的资料

(1)外国组织或者个人来华测绘申请表;

(2)项目立项批准文件;

(3)按照法律法规规定应当提交的有关专业部门的批准文件;

(4)外国组织或者个人的身份证明和有关资信证明;

(5)测绘活动的范围、路线、测绘精度及测绘成果的形式；

(6)测绘活动使用的测绘仪器、软件和设备；

(7)我国现有测绘成果不能满足项目需要的情况说明。

需要提交上述资料的，主要是针对从事非商业性测绘活动的外国组织或者个人而言。对于外国的组织或者个人采取合作的方式来华从事商业性测绘活动，必须按照国土资源部颁布的《外国的组织或者个人来华测绘管理暂行办法》和国家测绘地理信息局《测绘资质管理规定》的有关要求执行。

2.中外合作企业测绘资质申请

中外合作企业申请测绘资质，应当分别向国务院测绘地理信息主管部门和其所在地的省、自治区、直辖市人民政府测绘地理信息主管部门提交申请材料。

3.中外合作企业测绘资质审批程序

(1)国务院测绘地理信息主管部门在收到申请材料后依法作出是否受理的决定。决定受理的，通知省、自治区、直辖市测绘地理信息主管部门进行初审。

(2)省、自治区、直辖市测绘地理信息主管部门应当在接到初审通知后在规定的时间内提出初审意见，并报国务院测绘地理信息主管部门。

(3)国务院测绘地理信息主管部门接到初审意见后送军队测绘部门会同审查，在接到会同审查意见后作出审查决定。

(4)审查合格的，由国务院测绘地理信息主管部门颁发相应等级的测绘资质证书。

4.申请中外合作企业测绘资质的条件

(1)符合《测绘法》以及外商投资的法律法规的有关规定；

(2)符合《测绘资质管理规定》的有关要求；

(3)中外合作企业须中方控股；

(4)已经依法进行企业登记，并取得中华人民共和国法人资格。

5.申请中外合作企业测绘资质应当提交的资料

(1)《测绘资质管理规定》中要求提供的申请材料；

(2)中方控股的证明文件；

(3)企业法人营业执照；

(4)国务院测绘地理信息主管部门规定应当提供的其他材料。

9.1.3 一次性测绘管理

1.一次性测绘的概念

一次性测绘是指外国的组织或者个人在不设立中外合作企业的前提下，经国务院及其有关部门或者省、自治区、直辖市人民政府批准，来华开展科技、文化、体育、旅游等活动时，需要进行的一次性测绘活动。

2.申请一次性测绘需要提交的材料

(1)一次性测绘申请表；

(2)国务院及其有关部门或者省、自治区、直辖市人民政府的批准文件；

(3)按照法律法规规定应当提交的有关部门的批准文件；

(4)外国组织或者个人的身份证明和有关资信证明；

(5)测绘活动的范围、路线、测绘精度及测绘成果形式的说明；

(6)从事测绘活动时使用的测绘仪器、软件和设备的清单及情况说明；

(7)我国现有测绘成果不能满足项目需要的说明。

9.1.4 来华测绘监督管理

1.来华测绘监督管理职责

《外国的组织或者个人来华测绘管理暂行办法》规定，国务院测绘地理信息主管部门会同军队测绘部门负责来华测绘的审批。县级以上各级人民政府测绘地理信息主管部门依照法律、行政法规和规章的规定，对来华测绘履行监督管理职责。

2.来华测绘监督管理的主要内容

根据《外国的组织或者个人来华测绘管理暂行办法》，县级以上测绘地理信息主管部门应当加强对本行政区域内来华测绘的监督管理，定期对下列内容进行检查：

(1)是否涉及国家安全和秘密；

(2)是否在测绘资质证书载明的业务范围内进行；

(3)是否按照国务院测绘地理信息主管部门批准的内容进行；

(4)是否按照《测绘成果管理条例》的有关规定汇交测绘成果副本或者目录；

(5)是否保证了中方测绘人员全程参与具体测绘活动。

9.1.5 来华测绘成果管理

1.成果归属与汇交

根据《测绘成果管理条例》第八条规定，外国的组织或者个人依法与中华人民共和国有关部门或者单位合作，经批准在中华人民共和国领域内从事测绘活动的，测绘成果归中方部门或者单位所有，并由中方部门或者单位向国务院测绘地理信息主管部门汇交测绘成果副本。外国的组织或者个人依法在中华人民共和国管辖的其他海域从事测绘活动的，由其按照国务院测绘地理信息主管部门的规定汇交测绘成果副本或者目录。

2.成果保管与使用

《外国的组织或者个人来华测绘管理暂行办法》第十五条规定，来华测绘成果的管理依照有关测绘成果管理法律法规的规定执行。来华测绘成果归中方部门或者单位所有的，未经依法批准，不得以任何形式将测绘成果携带或者传输出境。

9.2 军事测绘管理

9.2.1 军事测绘的概念与特征

1.军事测绘概念

军事测绘是指具有军事内容或者为军队作战、训练、军事工程、战场准备等实施的测绘工作，是为军事需要获取和提供地理、地形资料和信息的专业勤务，是国防建设和军队指挥的保障之一。军事测绘的基本任务是：测制与搜集军用大地测量成果和军用地图，调查整理军事地理资料；组织实施作战和训练的测绘工作。军事测绘的主要目的是：保障指挥员了解战区地理形势，掌握战场地形情况；保障部队在作战中正确利用地形；保障技术兵器准确定位，充分发挥射击效能。

军事测绘包括生产测绘成果和实施测绘保障两方面的任务：一是生产测绘成果，主要是测制符合规范要求的测绘产品，由军队专业部门进行；二是实施测绘保障，主要是提供测绘成果和为部队作战、训练准备地形资料而采取的综合措施，由测绘勤务部门、分队进行。生产和保障两者紧密联系，构成一个整体，生产是保障的物质条件，保障是生产的主要目的，测绘成果作用的大小，取决于保障作战发挥的效益。军事测绘产品的种类繁多，需要经过复杂的技术工作才能完成，这些技术工作主要包括大地测量、摄影测量、地图制图、海洋测绘和工程测量等。

2.军事测绘的特征

(1)保密性。军事测绘是为军队作战、训练、军事工程、战场准备而实施的测绘工作，军事测绘成果承载了大量军事设施、军事工程和军队作战、训练等重要信息，这些信息与国家安全和利益紧密相关，属于军事秘密。军事测绘的基本比例尺地图为 1∶5 万地形图，属于国家机密。因此，军事测绘的一个重要特征就是保密性。

(2)精确性。地理信息为数字化战场和信息化战争构建了基础框架，是建设现代化军队、打赢信息化战争、建立国家安全保障体系重要的信息支撑。现代战争的精确制导和精确打击都离不开精确的地理信息数据。有了精确、及时、可靠的军事测绘保障，才能正确地感知战场，拥有空间信息优势，才能更及时、有效地运用作战力量，发挥作战效能。

(3)实时性。现代军事战争是信息化战争，地理信息为赢得现代战争提供了保障。《军事测绘条例》明确规定，军事测绘的根本要求是及时、准确、真实。军事测绘成果必须注重实时性，实时地把握战场地形条件和地貌特征，为赢得战争提供保障条件。

(4)测绘保障范围广。军事测绘是各级司令部的一项勤务工作，如各军种、兵种的测绘保障，合成军队测绘保障，国防科技测绘保障等。主要内容包括：进行战区、海区的军事地理研究和战场地形分析；储备、供应军事测绘成果和其他地形资料；组织实施野战快速测绘；指导部队地形训练等。随着科学技术发展，军事测绘的范围已逐步从陆地、海洋扩展到外层空间。

9.2.2 军事测绘管理

1.军事测绘部门管理职责

《测绘法》第四条第三款规定，军事测绘部门负责管理军事部门的测绘工作，并按照国务院和中央军事委员会的规定的职责分工负责管理海洋基础测绘工作。

2.军事测绘管理

(1)国家制定《军事测绘管理办法》。《测绘法》第六十七条规定，《军事测绘管理办法》由中央军事委员会根据本法制定，明确了国家要专门制定军事测绘管理的具体办法，并由中央军事委员会根据测绘法制定。现行《中国人民解放军测绘条例》是由中央军委 1996 年 1 月 10 日颁布的，1 月 18 日由时任中央军委主席江泽民签发命令。《中国人民解放军测绘条例》是我军第一部规范军事测绘活动的基本法规。

(2)编制军事测绘规划和海洋基础测绘规划。《测绘法》第十七条规定，军队测绘部门负责编制军事测绘规划，按照国务院、中央军事委员会规定的职责分工负责编制海洋基础测绘规划，并组织实施。测绘法的规定，一是明确了国家要编制军事测绘规划和海洋基础测绘规划；二是确定了军事测绘规划和海洋基础测绘规划由军队测绘部门负责编制并组织实施。

(3)军事测绘部门负责军事测绘单位的测绘资质审查。《测绘法》第二十八条第二款规定，军事测绘部门负责军事测绘单位的测绘资质审查，确定了军事测绘资质审查制度。军事测绘单位主要是承担军事测绘项目，其人员、装备情况及其实施的具体测绘项目都涉及军事秘密，不宜由地方测绘单位承担。因此，国家确立了军事测绘资质审查制度，并明确由军事测绘部门负责。

(4)管理海洋基础测绘工作。海洋测绘是以海洋为对象的测绘活动的总称。海洋测绘是一项广泛应用于国家经济建设、国防建设和社会发展的测绘工作，是全国测绘地理信息工作的重要组成部分。海洋基础测绘工作属于全国基础测绘工作的重要内容，但海洋基础测绘工作具有特殊性，为此，测绘法对海洋基础测绘工作作出了特别规定，明确海洋基础测绘工作由军队测绘主管部门按照国务院、中央军事委员会规定的职责分工负责管理。

(5)管理军事部门的测量标志。《测量标志保护条例》第五条第三款规定，军队测绘主管部门负责管理军事部门测量标志保护工作，并按照国务院、中央军事委员会规定的职责分工负责管理海洋基础测量标志保护工作。

(6)协助测绘地理信息主管部门开展相应工作，积极推进军民融合。新修订实施的测绘法中，赋予了各级测绘地理信息主管部门明确的管理职责，并且明确要与军队测绘部门进行会商。其中涉及外国的组织或者个人来华测绘、测绘基准和测绘系统管理、卫星导航定位基准站建设备案情况通报、国家重要地理信息数据审核等多方面，体现了推进军民融合的发展理念。

9.3　卫星导航定位基准站管理

9.3.1　卫星导航定位基准站的概念

卫星导航定位连续运行基准站(简称"卫星导航定位基准站")，是指对卫星导航信号进行长期连续观测，并通过通信设施将观测数据实时或者定时传送至数据中心的地面固定观测站。卫星导航定位基准服务系统是由卫星导航定位基准站、数据传输网络和数据中心等构成的系统，是现代化测绘基准体系的重要组成部分，是支撑我国地理信息产业和卫星导航产业发展的重要基础设施。卫星导航定位基准服务系统可向社会提供高精度定位服务，已成为位置服务和卫星导航产业最主要和最依赖的技术手段。

卫星导航定位基准站具有三大特征：在固定地点设立且长期存在；连续观测卫星导航信号，提供精准点位坐标和相关服务；观测数据通过通信网络传输。

9.3.2　卫星导航定位基准站建设

1.卫星导航定位基准站建设原则

卫星导航定位基准站作为国家重要的空间基础设施，对于促进导航定位市场发展具有重要作用。但是长期以来，由于缺乏统筹规划和规范监管，使得各部门、各单位无序建设，信息没有实现有效共享，存在基准站建设无序、混乱和安全隐患突出的现象，不仅给国家安全带来隐患，也使得重复建设、违规建设现象比较普遍。为此，《测绘法》第十二条明确规定了卫星导航定位基准站建设的基本原则，要求国务院测绘地理信息主管部门和省、自治区、直辖市人民政府测绘地理信息主管部门应当会同本级人民政府其他有关部门，按照统筹建设、资源共享的原则，建立统一的卫星导航定位基准服务系统，提供导航定位基准信息公共服务。因此，测绘地理信息主管部门应当与国土、气象、地震、规划建设、交通等部门加强协作，共享卫星导航定位基准站的资源。

2.卫星导航定位基准站建设与运行维护要求

(1)履行备案手续。近年来，我国卫星导航定位基准站建设较快，但也存在统筹规划不够、法规标准不完善、有效监管缺乏和安全隐患突出等问题，党中央、国务院高度重视，明确要求由测绘地理信息主管部门对卫星导航定位基准站建设实施备案管理，实现卫星导航定位基准站的有序建设和规范使用。2016 年 4 月，为规范卫星导航定位基准站建设，保障国家地理信息安全，促进卫星导航定位事业健康有序发展，国家测绘地理信息局制定印发了《卫星导航定位基准站建设备案办法(试行)》,对卫星导航定位基准站建设备案的原则、范围、主体、程序、监管等作出了相关规定。有关卫星导航定位基准站备案的具体要求和内容,将在本节其他内容中详细介绍,这里不再赘述。

(2)符合国家标准和要求,不得危害国家安全。随着卫星导航定位基准站的应用越来越广泛,各行业、各部门为了各自需要在我国境内建设了大量的基准站,据不完全统计,目前全国已建立了超过1万个卫星导航定位基准站。这些基准站的建设涉及多个行业和部门,必须统一技术标准和规范,维护地理信息安全和促进基准站数据的共享利用。2012年,国家标准委出台了《全球导航卫星系统连续运行基准站网技术规范》,对基准站网建设提出了初步规范。2016年,国家标准委明确国家测绘地理信息局负责组织制定多项卫星导航定位基准站国家标准,包括强制性国家标准"卫星导航定位基准站网与安全管理要求"、推荐性国家标准"卫星导航定位基准站术语""卫星导航定位基准站网基本产品规范"等。2017年,国家质检总局、国家标准委公布了《卫星导航定位基准站网基本产品规范》(GB/T 35767—2017)、《卫星导航定位基准站网服务规范》(GB/T 35769—2017)、《卫星导航定位基准站网服务管理系统规范》(GB/T 35768—2017)。为保障卫星导航定位基准站建设和运行维护符合国家标准和要求,《测绘法》第十四条规定,卫星导航定位基准站的建设和运行维护应当符合国家标准和要求,不得危害国家安全。

(3)建立数据安全保障制度,并遵守保密法律、行政法规的规定。卫星导航定位基准站获取的大量信息都属于涉密地理信息,应当严格管理,规范使用。《测绘法》第三十四条规定,测绘成果应当按照保障国家秘密安全、促进地理信息共享和利用的原则定密并及时调整、公布。2016年,国家测绘地理信息局制定了《关于规范卫星导航定位基准站数据密级划分和管理的通知》(国测成发〔2016〕1号),进一步明确了基准站数据的密级划分,提出采用专网或商用密码手段加密保护等传输要求。《测绘法》第十四条第二款规定,卫星导航定位基准站的建设和运行维护单位应当建立数据安全保障制度,并遵守保密法律、行政法规的规定。因此,卫星导航定位基准站建设和运行维护单位应当建立健全卫星导航定位基准站数据安全保障制度,并严格遵守国家保密法律、行政法规的规定,切实维护国家地理信息安全。

3.卫星导航定位基准站建设管理

(1)卫星导航定位基准站建设备案。卫星导航定位基准站在为用户提供实时、高精度、高可靠性定位服务的同时,也获取了大量的空间数据和高精度位置信息。如果不加强管理,存在潜在风险和安全隐患。若基准站覆盖范围内有重要的国防目标,需要评估可能的安全风险,进而采取措施予以规避。因此,《测绘法》第十三条规定,建设卫星导航定位基准站的,建设单位应当按照国家有关规定报国务院测绘地理信息主管部门或者省、自治区、直辖市人民政府测绘地理信息主管部门备案。国务院测绘地理信息主管部门应当汇总全国卫星导航定位基准站建设备案情况,并定期向军队测绘部门通报。

(2)加强对卫星导航定位基准站建设和运行维护的规范和指导。为加强对卫星导航定位基准站建设和运行维护的管理,科学规划和严格管理卫星导航定位基准站,维护国家地理信息安全,《测绘法》第十四条第三款规定,县级以上人民政府测绘地理信息主管部门应当会同本级人民政府其他有关部门,加强对卫星导航定位基准站建设和运行维护的规范和指导。

测绘地理信息主管部门对卫星导航定位基准站建设和运行维护的规范和指导,主要涉及四个方面的内容:一是要求基准站建设单位及时履行备案手续,以便测绘地理信息主管部门及时了解情况，加强对基准站建设和运行维护的监督检查；二是及时推广应用国家和省级卫星导航定位基准站服务系统，告诉基准站建设单位在满足要求的情况下应当充分利用已有基准站网，不要进行重复建设；三是要求基准站建设单位要严格按照国家相关技术标准和规范进行建设，完善地理信息数据安全保障制度，确保国家地理信息安全；四是对违法违规建设的卫星导航定位基准站依法及时进行查处。

9.3.3　卫星导航定位基准站建设备案

卫星导航定位基准站建设备案制度是加强卫星导航定位基准站监督管理的重要措施。根据《测绘法》和国家测绘地理信息局《卫星导航定位基准站建设备案办法（试行）》规定，卫星导航定位基准站建设备案制度，主要包括以下内容。

1.备案部门管理职责

根据《卫星导航定位基准站建设备案办法（试行）》规定，国家测绘地理信息局和省级测绘地理信息主管部门负责卫星导航定位基准站建设的备案工作。

其中，国务院相关部门、中央单位建设卫星导航定位基准站以及跨省、自治区、直辖市范围建设卫星导航定位基准站的，应当向国家测绘地理信息局备案。

其他建设卫星导航定位基准站的，应当向卫星导航定位基准站所在地的省级测绘地理信息主管部门备案。国家测绘地理信息局及省级测绘地理信息主管部门应当将卫星导航定位基准站建设备案的程序以及备案表格、填写范例等材料在其办公场所或者网站公示。

2.备案程序和要求

(1)卫星导航定位基准站建设实行全国联网备案，备案信息涉密的除外。国家测绘地理信息局设立卫星导航定位基准站建设备案管理信息系统，方便备案人及时提交备案信息。按照规定，卫星导航定位基准站的建设单位是卫星导航定位基准站建设备案的义务人。

(2)卫星导航定位基准站的建设单位（简称“备案人”）应当在开工建设30日前，通过卫星导航定位基准站建设备案管理信息系统向测绘地理信息主管部门进行备案。

(3)备案人应当认真填写卫星导航定位基准站建设备案表，提交卫星导航定位基准站建设单位、运营维护单位的主要情况，以及卫星导航定位基准站的建设数量、布点位置、主要用途、覆盖范围、数据传输方式、数据安全保护措施、软硬件设备性能指标、是否经审批向境外开放等内容。

(4)备案人应当按照《卫星导航定位基准站建设备案办法（试行）》规定，提交规范完整的备案表，并对备案内容的真实性负责。提交备案后，备案内容有变化的，备案人应当自变化之日起7日内向备案机关重新提交备案，相关卫星导航定位基准站的开工建设时间顺延。

(5)备案人提交的备案信息不齐全的，备案机关应当一次性告知备案人补齐相关信息。备案人应当在备案机关告知之日起7日内提交补充备案信息。备案人提交的备案信息齐全的，备案机关应当提供备案号，并出具加盖印章的备案文件。

(6)备案人应当严格按照备案信息进行建设，确保地理信息安全，并积极配合测绘地理信息主管部门开展相关的监督检查工作。

(7)省级测绘地理信息主管部门应当在每季度前10日内，将本地区上一季度卫星导航定位基准站建设备案情况通过信息系统上报国家测绘地理信息局，国家测绘地理信息局汇总后通报军队测绘导航主管部门。

(8)国家财政投资建设的卫星导航定位基准站，国家测绘地理信息局及省级测绘地理信息主管部门应当及时将相关建设备案情况向社会公布，避免重复建设，促进充分利用。国家规定需要保密的情形除外。

(9)测绘地理信息主管部门开展卫星导航定位基准站建设备案工作，不得收取任何费用，不得加重或者变相加重备案人的负担。

3.监督管理

(1)国家测绘地理信息局及省级测绘地理信息主管部门应当在卫星导航定位基准站建设期间，及时对建设备案信息进行核查。

(2)国家测绘地理信息局及省级测绘地理信息主管部门应当根据国家有关法律法规、发展规划、标准规范及保密规定，对备案人做好说明和指导工作。

(3)测绘地理信息主管部门应当加强对卫星导航定位基准站建设情况的监督检查，重点检查是否履行备案手续、是否按照备案信息进行建设、是否落实相关安全保密措施等内容，并可以委托专业测绘地理信息技术服务机构采取书面审查、随机抽查、实地核查等方式提供技术支持。

(4)省级以上测绘地理信息主管部门应当会同军队有关部门对卫星导航定位基准站建设进行安全风险评估，并及时反馈备案人。

(5)卫星导航定位基准站建设前未按照规定备案的，测绘地理信息主管部门应当责成有关单位停止建设活动，并要求备案人按照规定进行备案。未按备案信息进行卫星导航定位基准站建设的，测绘地理信息主管部门应当责成有关单位停止建设活动，限期整改。

(6)任何单位或者个人对卫星导航定位基准站建设和备案工作中发生的违法违规行为，有权向测绘地理信息主管部门举报，测绘地理信息主管部门应当及时核实处理，依法予以处罚。

9.4 涉密地理信息可追溯管理

“可追溯”是一种还原产品生产全过程和应用历史轨迹以及发生场所、销售渠道的能力，一直被用于各种产品质量管理。为保障地理信息安全，维护国家主权、安全和利益，新修订的测绘法在涉密地理信息管理的规定中引进了可追溯的概念，并明确规定地理信息生产、保管、利用单位应当对属于国家秘密的地理信息的获取、持有、提供、利用情况进行登记并长期保存，实行可追溯管理。

9.4.1 涉密地理信息可追溯的主要内容

1.国家秘密地理信息的获取

追溯涉及国家秘密的地理信息的获取情况，主要是了解相关单位通过何种技术手段和途径取得涉密地理信息。目前，获取地理信息的途径主要包括三类：一是通过实地测绘，这是最重要、最客观的地理信息来源；二是借助空间科学、计算机科学和遥感技术，快速获取地理空间的卫星影像和航空影像，并适时地识别、转换、存储、传输、显示并应用这些信息；三是通过各种媒介间接地获取人文经济要素信息，如各行业部门的综合信息、地图、图表、统计年鉴等。对涉密地理信息的获取实行可追溯管理，就是要真实地纪录这些涉密地理信息的获取方式及要素特性。

2.国家秘密地理信息的持有

追溯涉及国家秘密的地理信息的持有情况，主要包括涉密地理信息数据持有的具体时间、具体来源以及保管情况。具体来说，就是要真实地记录涉密地理信息从什么时间开始持有、通过什么渠道取得的、从什么单位购买或获取的、如何进行保管的等，包括建立相应的成果保密制度等。

3.国家秘密地理信息的提供、利用

追溯涉及国家秘密的地理信息的提供、利用情况，主要是指本部门、本单位拥有的涉密地理信息提供给哪些单位、部门和具体的提供、利用审批手续和登记簿册，以及应用这些涉密地理信息从事过哪些开发应用，包括具体的应用项目等。

9.4.2 涉密地理信息可追溯管理

《测绘法》第四十七条规定，地理信息生产、保管、利用单位应当对属于国家秘密的地理信息的获取、持有、提供、利用情况进行登记并长期保存，实行可追溯管理。从事测绘活动涉及获取、持有、提供、利用属于国家秘密的地理信息，应当遵守保密法律、行政法规和国家有关规定。根据《测绘法》的规定，对涉及国家秘密的地理信息实行可追溯管理，主要包含以下内容。

1.对涉密地理信息的获取、持有、提供、利用情况进行登记

对涉密地理信息的获取、持有、提供、利用情况进行登记，是加强对涉密地理信息事中事后监督管理的重要措施，有利于实施对涉密地理信息从获取、持有、提供、利用的全过程无死角监管。要求涉密地理信息获取、持有、提供、利用单位依法建立详细的登记簿册，对涉及国家秘密的地理信息从获取、持有、提供、利用的每一个环节都要进行详细的登记记录，做到有根可循、有据可查。

2.对涉密地理信息的登记情况长期保存

按照《测绘法》的规定，对涉密地理信息的获取、持有、提供、利用情况要进行登记，并且要进行长期保存。这项法律规定主要包含两层意思：一是要进行保存，作为事中、事后监管的重要凭证和依据；二是保存的期间是长期。

3.遵守保密法律、行政法规和国家有关规定

测绘法对涉密地理信息实行可追溯管理，可以实现对涉密地理信息从获取、持有、提供、利用的全覆盖、全过程监管。为保障测绘法对涉密地理信息的保密要求与保密法律法规的有效衔接，《测绘法》同时规定，从事测绘活动涉及获取、持有、提供、利用属于国家秘密的地理信息，应当遵守保密法律、行政法规和国家有关规定。

这里的“保密法律、行政法规和国家有关规定”包括《保密法》《保密法实施条例》以及《测绘成果管理条例》《地图管理条例》等法律、行政法规的规定，也包括《测绘管理工作国家秘密范围的规定》等有关规定。具体来说就是从事测绘活动涉及获取、持有、提供、利用属于国家秘密的地理信息，不仅受到测绘法的调整，同时也要受到保密法及相关行政法规的调整。

4.依法追究法律责任

《测绘法》第六十五条对涉及国家秘密的地理信息登记情况、长期保存情况的法律责任进行了规定：

(1)违反本法规定，地理信息生产、保管、利用单位未对属于国家秘密的地理信息的获取、持有、提供、利用情况进行登记、长期保存的，给予警告，责令改正，可以并处二十万元以下的罚款；泄露国家秘密的，责令停业整顿，并处降低测绘资质等级或者吊销测绘资质证书；构成犯罪的，依法追究刑事责任。

(2)违反本法规定，获取、持有、提供、利用属于国家秘密的地理信息的，给予警告，责令停止违法行为，没收违法所得，可以并处违法所得二倍以下的罚款；对直接负责的主管人员和其他直接责任人员，依法给予处分；造成损失的，依法承担赔偿责任；构成犯罪的，依法追究刑事责任。

9.5 个人信息保护

当前，随着互联网的普及和移动互联网的广泛使用，利用手机、平板电脑、车载导航系统等终端设备采集、记录、传输用户的地理位置等个人信息越来越便捷，一些真三维地图、街景地图、虚拟现实地图等地理信息产品，在生产制作过程中也收集、使用了大量的个人信息。如果对这些收集、使用个人信息的行为不加以管控，必然会对公民个人的隐私和安全带来威胁或损害。因此，加强移动互联网时代的地理位置信息监管，防止对个人信息的滥用，对于保护个人信息安全具有十分重要的意义。为此，《测绘法》第四十七条第三款规定，地理信息生产、利用单位和互联网地图服务提供者收集、使用用户个人信息的，应当遵守法律、行政法规关于个人信息保护的规定。

9.5.1 个人信息的基本含义

1.个人信息的定义

个人信息既包括个人的专属性信息，也包括涉及公民隐私的信息。中国人民银行发布实施的《个人信用信息基础数据库管理暂行办法》第四条规定，本办法所称个人信用信息包括个人基本信息、个人信贷交易信息以及反映个人信用状况的其他信息。所称个人基本信息是指自然人身份识别信息、职业和居住地址等信息。最高人民法院、最高人民检察院、公安部《关于依法惩处侵害公民个人信息犯罪活动的通知》(公通字〔2013〕12 号)明确规定，公民个人信息包括公民的姓名、年龄、有效证件号码、婚姻状况、工作单位、学历、履历、家庭住址、电话号码等能够识别公民个人身份或者涉及公民个人隐私的信息、数据资料。

刑法中的公民个人信息指以任何形式存在的、与公民个人存在关联并可以识别特定个人的信息对象。一般来说，一个人的种族、肤色、肖像、性别、年龄、婚姻状况、家庭情况、宗教信仰、思想观点、爱好、受教育情况、财产状况、血型、指纹、病历、职业经历、住址、电话、电子邮件等都属于他的个人信息。《网络安全法》对个人信息的定义是指以电子或者其他方式记录的能够单独或者与其他信息结合识别自然人个人身份的各种信息，包括但不限于自然人的姓名、出生日期、身份证件号码、个人生物识别信息、住址、电话号码等。

2.个人信息的主要内容

结合测绘法对个人信息保护的规定和要求，根据网络安全法、刑法及相关法律法规的规定，这里所说的个人信息主要包括以下内容：

(1)个人身份信息；

(2)个人地理位置信息；

(3)其他能够单独或者与其他信息结合识别自然人个人身份的各种信息。

3.测绘法关于收集个人信息的主体界定

(1)地理信息生产单位；

(2)地理信息利用单位；

(3)互联网地图服务提供者。

9.5.2 有关个人信息保护的规定

(1)全国人大常委会《关于加强网络信息保护的决定》第一条第一款规定，国家保护能够识别公民个人身份和涉及公民个人隐私的电子信息，任何组织和个人不得窃取或者以其他非法方式获取公民个人电子信息，不得出售或者非法向他人提供公民个人电子信息。

(2)《网络安全法》第四十四条规定，任何个人和组织不得窃取或者以其他非法方式获取个人信息，不得非法出售或者非法向他人提供个人信息。

(3)《网络安全法》第四十七条规定，网络运营者应当加强对其用户发布的信息的管理，发现法律、行政法规禁止发布或者传输的信息的，应当立即停止传输该信息，采取消除等处置措施，防止信息扩散，保存有关记录，并向有关主管部门报告。

(4)《民法总则》第一百一十条规定，自然人的个人信息受法律保护。任何组织和个人不得非法收集、使用、加工、传输个人信息，不得非法买卖、提供或者公开个人信息。

(5)《刑法》第二百五十三条规定，违反国家有关规定，向他人出售或者提供公民个人信息，情节严重的，处三年以下有期徒刑或者拘役，并处或者单处罚金；情节特别严重的，处三年以上七年以下有期徒刑，并处罚金。违反国家有关规定，将在履行职责或者提供服务过程中获得的公民个人信息，出售或者提供给他人的，依照前款的规定从重处罚。

(6)《地图管理条例》第三十五条规定，互联网地图服务单位收集、使用用户个人信息的，应当明示收集、使用信息的目的、方式和范围，并经用户同意。互联网地图服务单位需要收集、使用用户个人信息的，应当公开收集、使用规则，不得泄露、篡改、出售或者非法向他人提供用户的个人信息。互联网地图服务单位应当采取技术措施和其他必要措施，防止用户的个人信息泄露、丢失。

9.6　地理信息安全监督管理

当前，地理信息技术和成果的应用日益广泛，地理信息已经渗透到经济建设、国防建设、社会发展和生态保护以及人民群众生产生活的各个领域。可以说，地理信息安全问题无处不在，需要各级测绘地理信息主管部门会同国家网信、国家安全、工业和信息化、保密等有关部门切实加强监督管理。为此，《测绘法》第四十六条规定，县级以上人民政府测绘地理信息主管部门应当会同本级人民政府其他有关部门建立地理信息安全管理制度和技术防控体系，并加强对地理信息安全的监督管理。

9.6.1　地理信息安全管理制度和技术防控体系

地理信息安全管理制度涉及地理信息定密、获取、持有、提供、利用等全过程的一整套制度体系，了解和掌握地理信息安全管理制度，对于加强地理信息安全监督管理，具有十分重要的意义。

1.地理信息安全管理制度的主要内容

(1)地理信息定密制度。按照国家有关地理信息保密管理的法律、行政法规的规定，需要依法、合理确定地理信息的秘密等级和范围，明确单位的定密责任人、指定定密责任人的具体工作职责和相关要求。

(2)涉密地理信息成果使用审批制度。对依法获取、持有的涉密地理信息成果，要通过制度性规定，明确成果提供使用审批的责任人、职能部门和具体职责以及相关要求。

(3)涉密地理信息安全保密监管制度。落实涉密地理信息安全保密监管责任人、职能部门和相关人员的监管责任以及地理信息安全保密监管的具体措施。

(4)地理信息公开使用制度。按照国家有关涉及国家秘密的成果提供使用管理规定，对涉及国家秘密的地理信息公开使用的，按照确定的秘密等级和范围以及具体使用审批制度，依法公开使用。

(5)地理信息成果资料档案管理制度。要按照《测绘法》《档案法》《测绘成果管理条例》等有关法律法规的规定，建立完善地理信息成果资料档案归档、保管等规定，明确档案管理部门保密工作职责和借阅、销毁等一系列管理措施。

(6)涉及国家秘密的地理信息的获取、持有、提供、利用登记保存制度。通过建立涉及国家秘密的地理信息的获取、持有、提供、利用登记保存制度，实现对涉及国家秘密地理信息的可追溯管理。具体内容已在9.4节进行了说明，这里不再赘述。

2.地理信息技术防控体系的主要内容

(1)开展测绘成果安全保密技术标准攻关；

(2)积极推进身份认证、数字水印、非线性处理等保密技术应用；

(3)引进和创新各种安全技术，完善涉密地理信息采集、处理、提供、使用、登载的安全监管政策和支撑手段；

(4)制定涉密地理信息生产管理规范和地理信息成果安全等级规范；

(5)开发覆盖涉密地理信息生产、更新、管理与分发服务全过程的一体化、网络化安全监控系统；

(6)建立覆盖全国、多级互动、快速响应的地理信息安全监管平台；

(7)定期开展地理信息相关管理、技术人员安全和技术培训；

(8)建立测绘地理信息、国家安全、保密等部门联合监管工作机制。

地理信息安全技术设备是技术防控、确保地理信息数据安全的基本应对措施，包括硬件设备、软件系统、网络安全和数据安全。其中，硬件设备要符合国家计算机机房建设标准，经权威部门检测，安全可靠，谨防窃密；软件系统的配置要使用经国家认定的正版应用软件，及时修补系统漏洞和后门，防止病毒感染和黑客攻击；网络安全要防止冒充合法用户非法接入网络并访问非授权资源；数据要避免存储故障导致丢失，病毒破坏造成数据不再可用，被恶意修改而无法追踪记录，被非法复制和拷贝造成泄密等。

9.6.2 地理信息安全管理

涉密地理信息事关国家安全和利益。近年来，按照中央领导的批示精神，国家测绘地理信息局、国家保密局等多个部门多次部署开展全国涉密测绘成果保密检查和卫星导航定位基准站建设排查工作，在检查中发现大量违法违规建设卫星导航定位基准站、违法违规保管和使用涉密测绘成果的问题，有的甚至已经构成失泄密案件，给国家地理信息安全带来严重隐患。因此，必须切实加强国家地理信息安全管理。

1.充分认识加强地理信息安全管理的重要性和紧迫性

地理信息是国家重要的基础性、战略性资源，广泛应用于经济建设、国防建设、社会发展和生态保护，尤其是卫星导航定位基准站建设和涉密地理信息的获取、持有、提供、利用等，直接关系国家主权、安全和利益，一旦在某个环节发生泄露，其危害重大而深远。党中央、国务院高度重视新形势下的地理信息安全工作，中央领导同志多次作出重要批示，要求加强管理、督促检查，堵塞漏洞、消除隐患，防止失泄密案件发生。近年来，随着信息技术的快速发展和地理信息的广泛应用，涉密地理信息安全管理面临严峻形势。部分涉密地理信息生产和使用单位保密意识淡薄，非法建设卫星导航定位基准站，在非涉密计算机上违规存储涉密信息，甚至在互联网上发送、传递涉密信息；非法获取、提供和买卖涉密地理信息的案件时有发生；多地发生境外组织和个人窃取我国重要地理信息数据的案件等。当前，地理信息载体种类和成果表现形式不断丰富，数字化成果广泛应用，传播途径更为多样，给涉密地理信息的安全管理带来严峻挑战。各级测绘地理信息主管部门和各级各类地理信息生产、保管、使用单位，必须高度重视、加强领导，充分认识新形势下地理信息安全的极端重要性，增强责任意识和紧迫感，切实加强涉密地理信息安全管理。

2.狠抓涉密地理信息安全管理基础工作

(1)认真落实安全保密工作责任制。各级各类涉密地理信息生产、保管、使用单位（简称“涉密单位”）应当依照国家有关规定，认真贯彻执行安全保密工作责任制，明确单位领导干部、涉密测绘成果资料保管人员、涉密地理信息系统管理和维护人员的岗位职责，签署保密责任书。尤其要重点落实安全保密工作领导责任制，明确本单位党政主要负责人、分管安全保密工作的负责人，以及分管有关方面工作的负责人的安全保密工作职责，确保安全管理工作落到实处。

(2)着力健全地理信息安全管理制度。涉密单位应当依据有关测绘法律法规和安全保密法律法规的规定，结合本单位生产、保管、使用涉密地理信息的具体情况，制定和完善本单位地理信息安全制度，主要包括：涉密地理信息及其衍生产品定密标密制度、涉密地理信息及其载体安全保密管理制度、涉密地理信息公开使用制度、涉密地理信息使用审批制度、涉密地理信息登记保存制度、涉密地理信息系统和设施设备安全管理制度、保密要害部门和部位保密管理制度，以及领导干部、涉密人员安全保密教育、管理和考核制度等。

(3)大力开展安全保密宣传教育。涉密单位应当定期对本单位工作人员特别是领导干部和主要涉密人员进行地理信息安全保密形势、测绘与安全保密法律法规知识、技术防范防护知识与技能等方面的教育培训，并纳入单位年度教育培训计划。通过专题讲座、专门培训、观看警示教育片、发放有关知识读本等多种形式，在本单位内部普及地理信息安全保密知识，切实增强单位职工安全保密意识和防护技能。

(4)切实加强安全保密检查。涉密单位应当切实加强对本单位遵守国家相关法律法规、健全内部管理制度、落实工作责任制、采取安全防护措施、开展宣传教育等工作进行检查，并形成机制；定期对本单位涉密地理信息使用情况、存储和处理涉密地理信息设备管理情况以及涉密地理信息安全保密管理情况进行排查，在检查中及时发现问题，纠正错误、堵塞漏洞、消除隐患、整改提高，保障本单位各项事业健康发展。

3.明确地理信息安全管理的重点和要求

当前，卫星导航定位基准站建设、互联网地图服务以及涉密地理信息的保管和使用是安全管理的重点环节，存在的主要问题是卫星导航定位基准站建设不符合国家标准和要求，存储和使用涉密地理信息的计算机、信息系统、移动存储介质管理混乱，互联网地图服务不规范，构成突出的失泄密隐患。在做好各项基础工作的同时，各有关单位要重点加强以下环节的安全保密管理：

(1)卫星导航定位基准站建设与运行维护。建设卫星导航定位基准站必须依法履行备案手续，并符合国家技术标准和要求，不得危害国家安全。卫星导航定位基准站建设和运行维护单位必须建立数据安全保障制度，并遵守保密法律、行政法规的规定。

(2)互联网地图服务的要求。互联网地图服务提供者必须使用经依法审核批准的地图，建立地图数据安全管理制度，采取安全保障措施，加强对互联网地图新增内容的核校，提高服务质量。

(3)涉密地理信息获取、持有、提供、利用要求。地理信息生产、保管、利用单位应当对属于国家秘密的地理信息的获取、持有、提供、利用情况进行长期登记保存，实行可追溯管理。从事测绘活动涉及获取、持有、提供、利用属于国家秘密的地理信息，应当遵守保密法律、行政法规和国家有关规定。

（4）个人信息保护的要求。地理信息生产、利用单位和互联网地图服务提供者收集、使用用户个人信息的，应当遵守法律、行政法规关于个人信息保护的规定。

（5）涉密计算机和涉密信息系统管理要求。涉密地理信息必须在涉密计算机或涉密信息系统中存储和处理，涉密计算机应当登记备案并进行标识；涉密信息系统应当符合分级保护要求。涉密计算机和涉密信息系统严禁接入互联网及其他公共信息网络。

（6）介质使用和保管要求。存储涉密地理信息的涉密移动存储介质不得在非涉密计算机上或非涉密信息系统中使用；非涉密移动存储介质以及手机、音视频播放器等具有存储功能的电子产品不得在涉密计算机或涉密信息系统中使用；严禁非法复制、记录、存储涉密地理信息；不得非法获取、持有涉密地理信息载体。涉密单位承担横向合作项目所持有的涉密载体必须纳入本单位统一管理范围。

（7）涉密计算机外接设备管理要求。存储、处理涉密地理信息的涉密计算机，必须拆除机内无线网卡等无线互联设备，切断无线联网渠道，不得连接无线鼠标、无线键盘等无线外围设备。

（8）涉密信息系统配置管理要求。涉密单位应当按照分级保护要求，建立涉密地理信息系统设施、设备安全配置和审计制度，严格账户、口令管理，安装病毒防护软件并定期升级。

（9）涉密载体销毁管理要求。存储和处理涉密地理信息的涉密计算机、涉密移动存储介质的淘汰、销毁，需履行清点登记审批手续，送保密行政管理部门授权的销毁机构或指定的承销单位销毁。

4.强化地理信息安全监管措施

（1）加强卫星导航定位基准站建设和运行维护的规范和指导。各级测绘地理信息主管部门应当会同本级政府其他有关部门，加强对卫星导航定位基准站建设和运行维护的规范和指导。要求建设单位依法履行备案手续，严格按照国家相关技术标准和要求进行建设，完善地理信息数据安全保障制度，确保国家地理信息安全。

（2）对涉密地理信息的获取、持有、提供、利用情况实行可追溯管理，建立健全涉密地理信息的获取、持有、提供、利用登记保存制度。

（3）严格涉密测绘成果提供使用审批管理。各级测绘地理信息主管部门要依法严格执行涉密测绘成果提供使用审批制度，对涉密测绘成果使用单位提出的使用目的、申请范围及其保密制度建设、保密责任落实、涉密测绘成果保管使用环境设施条件、核心涉密人员持证上岗等情况进行严格审核。

（4）加强涉密测绘成果跟踪监管。各级测绘地理信息主管部门要将批准提供的涉密测绘成果清单及时抄告使用单位所在地的测绘地理信息主管部门及其行业主管部门，以便开展日常监督管理。严格督促使用单位在使用目的或项目完成后的六个月内销毁申请使用的涉密测绘成果。对在涉密测绘成果跟踪检查中发现有违法使用和违规管理涉密测绘成果情况的使用单位要列入黑名单，并向全系统通报，在整改措施落实到位前，暂停向其提供涉密测绘成果；属于测绘资质单位的，还要纳入测绘地理信息市场不良信用信息管理范围。

（5）建立地理信息安全管理制度。各级测绘地理信息主管部门要依据测绘法和测绘成果管理条例等法律、行政法规的规定，建立涉密地理信息定密解密、使用审批及公开、使用和长期登记保存制度，落实测绘成果核心涉密人员持证上岗制度，不断完善地理信息安全管理制度体系。

(6)建立健全监管机制。各级测绘地理信息主管部门要切实加强组织领导，明确涉密地理信息安全监管工作的具体承担机构，责任落实到人。建立健全长效监管机制，联合网信及保密行政管理部门，定期组织开展互联网地图服务及涉密地理信息安全保密检查，尤其加强对重点单位、重点环节的安全检查。切实加强与网信、保密、国家安全、公安等有关部门的配合，及时组织查处涉密测绘地理信息违法案件，严厉打击窃取、刺探、买卖和非法提供涉密地理信息的行为。

(7)建立地理信息安全技术防控体系。针对信息化条件下的地理信息安全监管要求，开展地理信息安全保密技术攻关，积极推广身份认证、数字水印、非线性处理等保密技术应用，引进和创新各种安全技术，完善涉密地理信息采集、处理、提供、使用、登载的安全监管技术支撑手段和分级标准及规范，着力建立健全地理信息安全技术防控体系。

(8)营造监管良好环境。加强地理信息安全保密法律法规的宣传，重点加强对卫星导航定位基准站建设管理、互联网地图服务及涉密地理信息生产、保管与提供，利用单位的宣传教育，增强其安全保密观念。加强对涉密地理信息违法案件的宣传，通过“以案说法”发挥查办案件的警示教育作用，提升全社会自觉维护地理信息安全的共识，为地理信息安全管理营造良好的社会环境。

第二篇

测绘项目管理

第10章　测绘质量管理体系

大纲要求

(1)依据行业标准《测绘作业人员安全规范》(CH 1016—2008),根据测绘地理信息项目的作业现场环境,进行人员和仪器设备的安全风险评估。

(2)根据测绘地理信息项目的类型和性质,进行测绘地理信息成果的安全风险评估,确定必要的数据备份、异地存放等措施。

(3)对于涉密的测绘地理信息成果,按照有关规定实施相应的保密管理。

(4)制定安全生产实施方案和应急预案,确定必要的防护措施。

知识要点

10.1　ISO 9000族基础知识

10.1.1　ISO 9000族标准的由来

ISO 9000族标准是由ISO/TC 176(国际标准化组织质量管理和质量保证技术委员会)制定的一系列关于质量管理的正式国际标准、技术规范、技术报告、手册和网络文件的统称。该标准族可帮助组织实施并有效运行质量管理体系,是质量管理体系通用的要求或指南。它不受具体行业或经济部门的限制,可广泛适用于各种类型和规模的组织。

国际标准化组织(ISO)先后颁布了1992版、1994版、2000版、2008版和2015版五个版本。

现行ISO 9000族质量管理体系标准分为三类:管理体系要求标准、管理体系指导标准、管理体系相关标准。

10.1.2　ISO 9000族标准的核心标准

(1)《质量管理体系　基础和术语》(ISO 9000)。

(2)《质量管理体系　要求》(ISO 9001)。

(3)《追求组织的持续成功　质量管理方法》(ISO 9004)。

(4)《管理体系审核指南》(ISO 90011)。

10.2　我国贯彻ISO 9000族标准的状况

10.2.1　我国采标情况

我国作为ISO的成员国,积极参加标准的建立工作。自1987年ISO 9000族标准发布后,即开始对其进行研究和转换。1988年12月,我国发布等效采用的GB/T 10300系列标准。1992年10月,我国发布等同采用的GB/T 19000系列标准。ISO 9000族标准1994年、2000年和

2008年换版工作，我国均以最快的速度组织完成。2015年9月23日，国际标准化组织颁布了2015年版ISO 9001。2016年12月30日，我国发布了《质量管理体系要求》(GB/T 19001—2016)，等同采用ISO 9001：2015，由全国质量管理和质量认证标准化技术委员会(SAC/TC 151)提出并归口，于2017年7月1日实施。

10.2.2 2016版GB/T 19001的特点

与GB/T 19001—2008相比，GB/T 19001—2016除编辑性修改外，主要技术变化包括：

(1)采用了《ISO/IEC导则第1部分ISO补充规定》的附件SL中给出的高层结构。

(2)采用基于风险的思维。要求组织理解其组织环境，并以确定风险作为策划的基础，将风险的思维应用于策划和实施质量管理体系过程，有助于确定成文信息的范围和程度。

(3)更少的规定性要求。未要求在组织质量管理体系的成文信息中应用本标准的结构和术语；标准的结构旨在对相关要求进行连贯性表述，而不是作为组织的方针、目标和过程的文件结构规例；无须在规定质量管理体系要求时以本标准中使用的术语代替组织使用的术语，组织可以选择使用适合其运行的术语。

(4)对成文信息的要求更加灵活。取消了质量手册等大量强制性文件的要求，合并了文件和记录。组织自行确定需要保留的成文信息及其存储时间和载体。

(5)提高了服务行业的适用性。组织可根据其规模和复杂程度、所采用的管理模式、活动领域以及所面临的风险和机遇的性质，对相关要求的适用性进行评审。

(6)更强调组织环境。组织应确定与其宗旨和战略方向相关并影响其实现质量管理体系预期结果的各种外部和内部因素，与质量管理体系有关的相关方及其要求。

(7)增强对领导作用的要求。强调了最高管理者的领导作用和承诺。取消了“管理者代表”的强制性要求，其内容合并到最高管理者的职责当中。

(8)更加注重实现预期的过程结果以增强顾客满意。倡导在建立、实施质量管理体系以及提高其有效性时采用过程方法，通过满足顾客要求增强顾客满意。顾客沟通中新增了顾客财产和应急措施的要求。

10.3 质量管理原则

在实践经验和理论分析的基础上，GB/T 19001—2016明确了质量管理的七项原则：

(1)以顾客为关注焦点原则。组织依存于顾客，应理解顾客当前和未来的需求，满足顾客要求并争取超越顾客期望。

(2)领导作用原则。领导者应确保组织的目的与方向一致，创造并保持良好的内部环境，使员工能够充分参与实现组织目标的活动。

(3)全员参与原则。各级人员都是组织之本，只有他们充分参与，才能使他们为组织的利益发挥才干。

(4)过程方法原则。将活动和相关的资源作为过程进行管理，可以更高效地得到期望的结果。

(5)持续改进原则。成功组织以持续改进为关注焦点，以保持当前绩效水平，同时对其内部和外部条件的改变作出反应以及创新。

(6)征询决策原则。在数据和信息的分析和评估的基础上，制定的决策更加客观和可信。

(7)关系管理原则。要获得持续的成功，组织与其供应商和合作伙伴网络的关系管理通常都是特别重要的。

10.4　质量管理体系基本知识

10.4.1　质量管理体系成文信息

质量管理体系应表现为成文信息。对于不同的组织，质量管理体系成文信息的多少与详略程度可以不同，这取决于组织的规模以及活动、过程、产品和服务的类型；取决于过程及其相互作用的复杂程度；取决于组织人员的能力。

质量管理体系成文信息包括质量方针、质量目标以及各种其他成文信息。

1.质量方针

质量方针是组织在质量上的追求、宗旨和方向，由最高管理者批准颁布。

2.质量目标

质量目标是组织在质量上所追求的目标。质量目标是质量方针阶段性的要求，应与质量方针保持一致。在策划如何实现质量目标时，应确定"要做什么""需要什么资源""由谁负责""何时完成""如何评价结果"等。

3.其他成文信息

其他成文信息是组织确定保持的除质量方针、质量目标外的其他各种质量管理体系成文信息，其使用的术语、文件结构等都可以自行确定，如质量手册、程序文件、管理制度及其支持性文件、作业指导书、质量管理的各项记录表格等。

组织应确定需要保留的成文信息及其存储时间和所用载体。

10.4.2　质量管理体系编写原则

编写质量管理体系成文信息，一般应遵循以下原则：

(1)系统协调原则。质量管理体系成文信息应表述、规定和证实质量管理体系的全部结构和质量活动，并具有系统性和协调性。

(2)整体优化原则。质量管理体系成文信息编写过程也是对质量管理体系的优化过程。

(3)采用过程方法原则。系统地识别和管理组织所应用的过程，包括管理活动、资源提供、产品和服务实现和测量、分析和改进有关的过程，特别是这些过程之间的相互作用。

(4)操作实施和证实检查原则。质量管理体系成文信息具备实用性和可操作性，对质量管理体系的适用性和有效性提供证实。

10.4.3　质量管理体系编写步骤

质量管理体系成文信息的编写，一般采取以下步骤：

(1)领导支持和参与。编写质量管理体系成文信息工作量大，直接涉及职责权限的分配和协调，其过程是对质量管理体系的要求和过程进行策划和设计。在成文信息编写过程中，领导要直接参与、指导、监督，针对人力、物力、财力等相关资源给予充分支持。

(2)成立编写组。应成立专门的成文信息编写部门或编写组，集中培训学习 ISO 9000 标准，搜集相关文件资料，统一思想认识。

(3)拟订编写计划。依据质量管理体系总体规划，对照质量管理体系标准的要求，确定所需的过程以及在各个职能部门开展的质量活动。应列出管理人员在体系中的职责、权限和工作要求，识别质量管理体系过程，编写计划中列出拟制定质量管理体系成文信息清单、人员分工、写作阶段的划分。

(4)起草。依据成文信息编写计划和分工,收集现行有效的文件和资料,对其符合标准要求的应充分肯定和延用,对不能满足要求的应进行更改、补充或重新制定。质量管理体系成文信息起草工作应建立在总结经验、教训,优化单位、部门及对应岗位的工作过程基础上。

(5)讨论和修改。目的在于使质量管理体系成文信息之间、章节之间以及内容上保持协调、符合要求;充分征求意见,使质量管理体系成文信息充分反映出有效经验和管理特点。

10.4.4 质量管理体系审核与批准

1.审核

优化和修改后的质量管理体系成文信息按规定程序组织审核。审核的类型有内部审核(第一方审核)和外部审核(第二方、第三方审核)两类。第一方审核(内审)是由组织自己或以组织的名义进行,用于体系评审等组织内部目的。第二方审核是由组织的相关方,如顾客或其他人员对组织进行的审核,也可以是组织对供方的审核。第三方审核是由外部独立的审核机构对组织进行的审核。

2.批准

质量方针、质量目标经最高管理者批准,其他质量管理体系成文信息根据组织的分工由相关负责人批准。

经批准的质量管理体系成文信息成为组织的法规性文件,发布后实施。

10.4.5 质量管理体系运行

质量管理体系的运行是指执行质量管理体系成文信息,实现组织的质量方针和质量目标。体系运行一般包括培训、试运行、整改、运行前准备、正式运行五个阶段。

(1)培训。培训对象包括各级管理者和员工。培训内容主要是宣传贯彻质量管理体系精神,提高员工质量意识。

(2)试运行。根据组织自身规模大小及技术复杂程度,选择一个或几个典型部门,或选择一个或几个典型的工程项目进行试运行,考验质量管理体系的有效性和适宜性。

(3)整改。对在试运行中发现的问题进行处理,修正成文信息中含糊不清的文字,以保证新的质量管理体系能够持续有效地运行。质量管理体系成文信息修改后应按规定审批,并适当调整培训计划。若要对组织结构进行调整,则应在最高管理者主持下进行调整,确保在其发布前完成组织结构调整工作。

(4)运行前准备。包括:体系成文信息的印刷、装订和受控号发放记录的编制;各种技术文件、计算机软件的审批与发布;独立行使职权人员的资格确认和备案;规定需要检验、试验和测量仪器的检验、校准与标识;组织学习质量管理体系成文信息,各级人员形成统一正确的认识和理解。

(5)正式运行。质量管理体系发布之后即进入运行阶段。要保证质量管理体系持续有效运行,必须做到:各种质量管理体系成文信息为员工所理解,树立正确质量意识;严格执行质量管理体系的要求,规范工作流程,采取措施保留质量管理体系要求保留的成文信息并确保其真实、准确、齐全;处理好执行质量管理体系与群众性技术革新的矛盾;运行初期,在规定的内审频次之外,增加审核验证工作,以验证质量管理体系的适宜性、有效性。

10.4.6 质量管理体系持续改进

利用质量方针、质量目标、审核结果、数据分析、纠正和预防措施以及管理评审,持续改进质量管理体系的适宜性、充分性和有效性。

(1)纠正措施包括:评审不合格;通过调查分析确定不合格的原因;评价确保不合格不再发生的措施的需求;确定并实施所需求的纠正措施;跟踪记录所采取的纠正措施的结果;评审所采取的纠正措施的有效性。

(2)预防措施包括:确定潜在的不合格并分析其原因;确定防止不合格发生的预防措施的需求;确定并实施所需的预防措施;跟踪并记录所采取的预防措施的结果;评价所采取的预防措施的有效性。

10.5 测绘单位贯标的组织与实施

10.5.1 贯标的必要性

根据 GB/T 19001 实施质量管理体系,能够稳定提供满足顾客要求以及适用的法律法规要求的产品和服务的能力,促成增强顾客满意的机会,应对与组织环境和目标相关的风险和机遇,证实符合规定的质量管理体系要求的能力。

测绘单位贯彻质量管理体系标准是一项战略性决策,有利于提高质量管理水平,增强自身的竞争能力,适应测绘地理信息市场变化需求,发展外向型经济,增强国际测绘地理信息市场竞争力。

10.5.2 领导作用

测绘单位的最高管理者应在以下方面发挥领导与核心的作用:

(1)对质量管理体系的有效性负责;

(2)确保制定质量管理体系的质量方针和质量目标,并与单位环境相适应,与战略方向相一致;

(3)确保质量管理体系要求融入单位的业务过程;

(4)促进使用过程方法和基于风险的思维;

(5)确保质量管理体系所需要的资源是可获得的;

(6)沟通有效的质量管理和符合质量管理体系要求的重要性;

(7)确保质量管理体系实现其预期结果;

(8)促使员工积极参与,指导和支持他们为质量管理体系的有效性作出贡献;

(9)推动质量管理体系改进;

(10)支持其他管理人员在其职责范围内发挥领导作用。

10.5.3 质量管理体系的形成需要考虑的因素

测绘单位应该明确质量管理体系的范围,即质量管理体系的边界和适用性,包括:单位的宗旨、战略方向,各种内、外部影响因素,业务相关方及其要求,单位的产品和服务内容。在形成质量管理体系时,要重点考虑以下要素:

(1)标准的各项要求;

(2)测绘地理信息产品和服务的特性及复杂程度;

(3)测绘地理信息产品和服务满足法律法规等要求;

(4)单位的管理水平与装备水平;

(5)各级人员的素质与能力;

(6)质量经济性与效率等。

10.5.4 咨询机构选择

测绘单位选择咨询机构帮助建立质量管理体系时，应考虑以下要素：

(1)具有法律地位的实体，能够独立地承担民事责任；

(2)经国家认证认可监督管理委员会(简称国家认监委)批准；

(3)机构实力强，尤其是要熟悉测绘地理信息行业，具有对测绘单位开展咨询的业绩；

(4)受测绘地理信息行政、质量和专业技术等部门单位所推荐。

10.5.5 实施步骤

1.组织策划和领导投入阶段

学习、宣贯 ISO 9000 族标准，统一思想、提高认识；领导层决策；成立领导机构和工作班子；分层次进行贯标培训；确定质量管理体系成文信息编写人员；组织培训骨干队伍，包括质量管理体系成文信息编写培训；制订工作计划及程序。时间一般需要 1 个月左右。

2.体系总体设计和资源配备阶段

制订质量方针和质量目标；对现有任务状况进行分析；对现有质量管理体系过程进行识别、分析；质量管理体系总体设计(体系结构、层次、过程及过程网络、接口等)；确定质量管理体系各个过程的要求和控制方法；明确各级人员的职责、权限与工作要求；配置质量管理体系建立、运行和改进所必需的资源。时间需要 1 个月左右。

3.质量管理体系编制阶段

依据体系总体设计方案，拟订管理体系成文信息的类型、层次、结构和纲目；制订体系成文信息编制计划；成文信息编制的调研、讨论、起草、协调，形成草案；质量管理体系成文信息审定、修改、确认、批准；质量管理体系成文信息印刷出版和正式颁布；质量管理体系成文信息的分发、学习和实施准备等。时间一般需要 3 个月左右。

4.质量管理体系运行和实施阶段

质量管理体系成文信息发放到位；各级人员进行学习；质量管理体系运行和改进等。时间一般应不少于 3 个月。

5.审核、评审和体系改进阶段

培训内部质量管理体系审核员；制订内部审核计划；在质量管理体系运行期间，开展覆盖体系的内部审核；开展管理评审；采取措施完善质量管理体系；质量管理体系在运行中不断巩固、提高和改进；质量管理体系运行满足要求，向认证机构提出认证申请。

10.6 质量管理体系的认证

10.6.1 认证原则

质量管理体系认证程序主要依据《质量体系审核指南》《质量体系认证机构认可基本要求》《质量体系认证机构认可基本要求的说明》等相关文件。其基本原则是独立性、公正性和科学性。获认证的测绘单位有义务履行认证机构颁发的有关认证制度，有权力使用认证证书和认证标志。

10.6.2 认证机构的选择

测绘单位在质量管理体系建立、实施之后，对认证机构的选择需要考虑的因素有：

(1)顾客是否提出了需获得某一特定认证机构认证的特殊要求。

(2)认证机构是否获得国家认监委批准，业绩与服务是否为你或你的顾客所熟悉。

(3)认证机构的认证业务范围是否包括测绘地理信息。

(4)认证机构是否具有公正地位。认证机构不能从事咨询工作,或与咨询机构形成利益关系,否则会影响认证机构的公正性,损害测绘单位的利益,违反国家或国际有关机构对认证机构管理的基本要求。

(5)认证机构的收费标准和收费情况能否被接受。

(6)了解认证机构实施质量管理体系审核、评定和注册的有关信息,对认可标志和认证证书的使用有何限制等。

10.6.3　认证程序

测绘单位要进行质量管理体系认证的,一般应经过以下认证程序:

(1)提交认证申请书。测绘单位确定认证机构后,提交认证申请书并签订正式认证合同;提交现行有效版本的质量管理体系成文信息,认证机构审核通过后提出审核意见;测绘单位对现场审核计划和审核组进行确认。

(2)审核组现场审核。审核组组长主持召开首次会议,确认审核计划,介绍审核方法。审核组按照审核计划和分工开展现场审核。审核组组长主持召开末次会议,确认不合格报告、审核报告和改进要求。

(3)审核组提交不合格报告。测绘单位应明确在规定的时间内制定纠正措施,并报审核组认可;对不合格项实施纠正措施,并验证合格;验证合格的证据提交审核机构,接受其书面或现场验证。

(4)明确是否推荐认证。审核组组长在末次会议上应明确表示是否推荐认证,认证机构应根据审核组提交的审核报告及有关信息作出是否批准认证注册的决定。获得通过的,认证机构向测绘单位颁发带有认可标志、认证标志的认证证书。

(5)提出年度监督审核和安排换证复评。认证机构在认证注册及证书有效期内(3 年)进行年度监督审核和安排换证复评。监督审核、复评时发现获证测绘单位未能有效地贯彻质量管理体系要求、出现重大产品质量事故或未按规定使用认可标志、认证标志和认证证书的,向获证测绘单位提出限期整改、暂停认证注册、撤销认证注册等处分。

第 11 章　测绘安全生产管理

大纲要求

(1)依据行业标准《测绘作业人员安全规范》(CH 1016—2008),根据测绘地理信息项目的作业现场环境,进行人员和仪器设备的安全风险评估。

(2)根据测绘地理信息项目的类型和性质,进行测绘地理信息成果的安全风险评估,确定必要的数据备份、异地存放等措施。

(3)对于涉密的测绘地理信息成果,按照有关规定实施相应的保密管理。

(4)制定安全生产实施方案和应急预案,确定必要的防护措施。

知识要点

11.1　测绘生产安全管理要求

11.1.1　测绘生产单位的职责

测绘生产单位应坚持安全第一、预防为主、综合治理的方针,遵守《中华人民共和国安全生产法》等有关安全生产的法律、法规,建立、健全安全生产管理机构、安全生产责任制度和安全保障及应急救援预案,配备相应的安全管理人员,完善安全生产条件,强化安全生产教育培训,加强安全生产管理,确保安全生产。应根据本部门、各工种和作业区域的实际特点,制定安全生产操作细则,指导和规范职工安全生产作业。

11.1.2　作业人员的职责

作业人员(组)应遵守本单位的安全生产管理制度和操作细则,爱护和正确使用仪器、设备、工具及安全防护装备,服从安全管理,了解其作业场所、工作岗位存在的危险因素及防范措施;外业人员还应掌握必要的野外生存、避险和相关应急技能。

11.2　外业生产

11.2.1　出测前的准备

(1)针对生产情况,对进入测区的所有作业人员进行安全意识教育和安全技能培训。

(2)了解测区有关危害因素,包括动物、植物、微生物、流行传染病、自然环境、人文地理、交通、社会治安等状况,拟订具体的安全生产措施。

(3)按规定配发劳动防护用品,根据测区具体情况添置必要的小组及个人的野外救生用品、药品、通信或特殊装备,并应检查有关防护用品及装备的安全可靠性。

(4)掌握人员身体健康情况,进行必要的身体健康检查,避免作业人员进入与其身体状况不适应的地区作业。

(5)组织赴疫区、污染区和有可能散发毒性气体地区作业的人员学习防疫、防污染、防毒知识，并注射相应的疫苗和配备防污染、防毒装具。对于发生高致病的疫区，应禁止作业人员进入。

(6)所有作业人员都应该熟练使用通信、导航定位等安全保障设备，以及掌握利用地图或地物、地貌等判定方位的方法。

11.2.2 行车与交通

1. 基本要求

(1)驾驶员应严格遵守《道路交通安全法》等有关法律、法规、安全操作规程和安全运行的各种要求，具备野外环境下驾驶车辆的技能，掌握所驾驶车辆的构造、技术性能、技术状况、保养和维修的基本知识或技能。

(2)驾驶员应了解所运送物品的性能，保证人员和物品的安全。运送易燃易爆危险品时，应防止碰撞、泄漏，严禁危险物品与人员混装运送。

(3)货运汽车车厢内载人，应按公安交通部门的有关规定执行。行车时人要坐在安全位置上，人身不能超过车厢以外。车厢以外的任何部位严禁坐人和站人。

2. 行车前的准备

(1)编制行车计划，明确负责人。单车行驶，应配有押车人员。

(2)外业生产车辆应配备必要的检修工具和通信设备。

(3)驾驶员应检查各部件是否灵敏，油、水是否足够，轮胎充气是否适度，应特别注意检查传动系统、制动系统、方向系统、灯光照明等主要部件是否完好，发现故障即行检修，禁止勉强出车。

(4)机动车载货不得超过行驶证上核定的重量。运送的物资器材须装牢捆紧，其重量要分布均匀。

(5)在戈壁、沙漠和高原等人员稀少、条件恶劣的地区应采用双车作业，作业车辆应加固，配备适宜的轮胎，每车应有双备胎。

3. 行车

(1)途中停车休息或就餐，应锁好车门，关闭玻璃窗。

(2)夜间行车要保持灯光完好，降低行驶速度，充分判断地形及行进方向。

(3)遇有暴风骤雨、冰雹、浓雾等恶劣天气时应停止行车。视线不清时不准继续行车。

(4)在雨、雪或泥泞、冰冻地带行车时应慢速，必要时应安装防滑链，避免紧急刹车。遇陡坡时，助手或乘车人员应下车持三角木随车跟进，以备车辆下滑时抵住后轮。

(5)高温炎热天气行车应注意检查油路、电路、水温、轮胎气压；频繁使用刹车的路段应防止刹车片温度过高，导致刹车失灵。

(6)高原山区行车特别注意油压表、气压表及温度表。气压低时应低挡行驶，少用制动，严禁滑行。遇到危险路段如落石、滑坡、塌陷等，要仔细观察，谨慎驾驶。

(7)沙土地带行车应停车观察，选择行驶路线，低挡匀速行驶，避免中途停车。若沙土松软，难以通过，应事先采取铺垫等措施。

(8)车辆穿越河流时，要慎重选择渡口，了解河床地质、水深、流速等情况，采取防范措施安全渡河。

(9)收测时应对车辆进行安全检查，制订行车计划，禁止夜间行车和疲劳驾驶。

4. 饮食

(1)禁止食用霉烂、变质和被污染过的食物,野菜、野果、野生菌菇等野生植物。禁止酗酒和暴饮暴食。不接触和不食用死、病畜肉。禁止饮用有异味、异色和被污染的地表水和井水。

(2)生熟食物应分别存放,并应防止野兽、鼠等动物侵害。

(3)使用煤气、天然气等灶具应保证连接件和管道完好,防止漏气和煤气中毒。禁止点燃灶具后离人。

5. 住宿

(1)应尽量借宿民房或招待所,并须做到:①住宿的房屋应进行安全性检查,了解住宿环境和安全通道位置。禁止入宿存在安全隐患的房屋。②应注意用电安全。便携式发电机应置于通风条件下使用,做到人、机分开,专人管理。应防止发电机漏电和超负荷运行对人员造成伤害。③使用煤油灯应安装防风罩。离开房间或休息时,应及时熄灭煤油灯或蜡烛。取暖使用柴灶或煤炉前应先进行检修,防止着火和煤气中毒。

(2)野外宿营要注意的事项:①备好防寒、防潮、照明、通信等生活保障物品。②搭设帐篷时应了解地形情况,选择干燥避风处,避开滑坡、雷击、崩陷、山洪、高辐射、觇标、枯树、大树、独立岩石、河边、干涸湖、输电设备及线路等危险地带。③帐篷周围应挖排水沟。在草原、森林地区,周围应开辟防火道。④治安情况复杂或野兽经常出没的地区,应设专人值勤。⑤禁止在草料旁堆放油料、易燃物品,禁止在仓库、木料场、木质建筑以及其他易燃物体附近用火。

11.2.3 外业作业环境

1. 一般要求

(1)应持有效证件和公函与有关部门进行联系。在进入军事要地、边境、少数民族地区、林区、自然保护区或其他特殊防护地区作业时,应事先征得有关部门同意,了解当地民情和社会治安等情况,遵守所在地的风俗习惯及有关的安全规定。

(2)进入单位、居民宅院进行测绘时,应先出示相关证件,说明情况再进行作业。

(3)遇雷电天气应立刻停止作业,选择安全地点躲避,禁止在山顶、开阔的斜坡上、大树下、河边等区域停留,避免遭受雷电袭击。

(4)在高压输电线路、电网等区域作业时,应采取安全防范措施,避免人员和标尺、测杆、棱镜支杆等测量设备靠近高压线路,防止触电。

(5)外业作业时,应携带所需的装具、水和药品等用品,必要时应设立供应点,保证作业人员的饮食供给;野外一旦发生水、粮和药品短缺,应及时联系补给或果断撤离,以免发生意外。

(6)外业作业时,所携带的燃油应使用密封、非易碎容器单独存放、保管,防止暴晒。洒过易燃油料的地方要及时处理。

(7)进入沙漠、戈壁、沼泽、高山、高寒人烟稀少地区或原始森林地区作业前须认真了解掌握该地区的水源、居民、道路、气象、方位等情况,并及时记入随身携带的工作手册。应配备必要的通信器材,以保持个人与小组、小组与中队的联系;应配备必要的判定方位的工具,如导航定位仪器、地形图等。必要时要请熟悉当地情况的向导带路。

(8)外业测绘必须遵守各地方、各部门相关的安全规定,如在铁路和公路区域应遵守交通管理部门的有关安全规定;进入草原、林区作业必须严格遵守《森林防火条例》(国务院第 541 号令)、《草原防火条例》(国务院令第 542 号)及当地的安全规定;下井作业前必须学习相关的安全规程,掌握井下工作的一般安全知识,了解工作地点的具体要求和安全保护规定。

(9)安全员必须随时检查现场的安全情况，发现安全隐患立即整改。

(10)外业测绘严禁单人夜间行动。在发生人员失踪时必须立即寻找，并应尽快报告上级，同时与当地公安部门取得联系。

2. 城镇地区

(1)在城镇地区人、车流量大的街道上作业时，必须穿着颜色醒目的安全警示反光马夹，应设置安全警示标志牌(墩)，必要时还应安排专人担任安全警戒员。

(2)迁站时要撤除安全警示标志牌(墩)，应将器材纵向肩扛行进，防止发生意外。

3. 铁路、公路区域

(1)沿铁路、公路作业时，应穿着色彩醒目的安全警示反光马夹。

(2)在电气化铁路附近作业时，禁止使用铝合金标尺、镜杆，防止触电。

(3)在桥梁和隧道附近以及公路弯道和视线不清的地点作业时，应事先设置安全警示标志牌(墩)，必要时安排专人担任安全指挥。

(4)工间休息应离开铁路、公路路基，选择安全地点休息。

4. 沙漠、戈壁地区

(1)作业小组应配备容水器、绳索、地图资料、导航定位仪器、风镜、药品、色彩醒目的工作服和睡袋等。

(2)在距水源较远的地区作业，应制定供水计划，必要时可分段设立供水站。

(3)应随时注意天气变化，防止沙漠寒潮和沙暴的侵袭。

5. 沼泽地区

(4)应配备必要的绳索、木板和长约1.5米的探测棒。

(5)过沼泽地时，应组成纵队行进，禁止单人涉险。遇有繁茂绿草地带应绕道而行。发生陷入沼泽的情况时要冷静，及时采取妥善的救援、自救措施。

(6)应注意保持身体干燥清洁，防止皮肤溃烂。

6. 人烟稀少或草原、林区

(1)在人烟稀少或草原、林区作业应携带手持导航定位仪器及地形图，着装要扎紧领口、袖口、衣摆和裤脚，防止蛇、虫等的叮咬。要特别注意配备防止蛇、虫叮咬的面罩及药品，并注射森林脑炎疫苗。

(2)行进路线及点位附近，均应留下能为本队人员所共同识别的明显标志。

(3)禁止夜间单人外出，特殊情况确需外出时，应两人以上。应详细报告自己的去向，并要携带电源充足的照明和通信器材，以保持随时联系；同时，宿营地应设置灯光引导标志。

7. 高原、高寒地区

(1)应佩戴防寒装备和保证充足的给养，配置氧气袋(罐)及高原反应防治专用药品，注意防止感冒、冻伤和紫外线灼伤。在高海拔区域一旦发生高原反应、感冒、冻伤等疾病时，应立即采取有效的救助措施，及时撤离高原地区送治。

(2)进入高海拔区域前要进行气候适应训练，掌握高原基本知识。

(3)在冰川、雪山作业时，应戴雪镜，穿色彩醒目的防寒服。

(4)应按选定路线行进，遇无路情况，则应选择缓坡迂回行进。遇悬崖、绝壁、滑坡、崩陷、积雪较深及容易发生雪崩等危险地带时应该绕行，无安全防护保障不得强行通过。

8. 涉水、渡河

(1)涉水、渡河前，应观察河道宽度，探明河水深度、流速、水温及河床沙石等情况，了解上游水库和电站放水情况。根据以上情况选择安全的涉水地点，并应做好涉水时的防护措施。

(2)水深在0.6 m以内、流速不超过3 m/s，或者流速虽然较大但水深在0.4 m以内时允许徒涉。水深过腰，流速超过4 m/s的急流，应采取保护措施涉水过河，禁止独自一人涉水过河。

(3)遇较深、流速较大的河流，应绕道寻找桥梁或渡口。通过轻便悬桥或独木桥时，要检查木质是否腐朽，若可使用，应逐人通过，必要时应架防护绳。

(4)骑牲畜涉水时一般只限于水深0.8 m以内，同时应逆流斜上，不应中途停留。要了解牲畜的水性，必要时对牲畜蹄采取防滑措施。

(5)乘小船或其他水运工具时，应检查其安全性能，并雇用有经验的水手操纵，严禁超载。

(6)暴雨过后要特别注意有无山洪的到来，严禁在无安全防护保障的条件下和河流暴涨时渡河。

9. 水上

(1)作业人员应穿救生衣，避免单人上船作业。

(2)应选择租用配有救生圈、绳索、竹竿等安全防护救生设备和必要的通信设备的船只，行船应听从船长指挥。

(3)租用的船只必须满足平稳性、安全性的要求，并具有营业许可证。雇用的船工必须熟悉当地水性并有载客的经验。

(4)风浪太大的时段不能强行作业。对水流湍急的地段要根据实地具体情况采取相应安全防护措施后方可作业。

(5)海岛、海边作业时，应注意涨落潮时间，避免事故发生。

10. 地下管线

(1)无向导协助，禁止进入地下管道作业。

(2)作业人员必须佩戴防护帽、安全灯，身穿安全警示工作服，应配备通信设备，并保持与地面人员的通信畅通。

(3)在城区或道路上进行地下管线探测作业时，应在管道口设置安全隔离标志牌(墩)，安排专人担任安全警戒员；打开窨井盖作实地调查时，井口要用栅栏圈围起来，必须有专人看管且不允许离开。夜间作业时，应设置安全警示灯。工作完毕必须清点人员，确保井下没有留人的情况下及时盖好窨井盖。

(4)对规模较大的管道，在下井调查或施放探头、电极导线时，严禁明火，并应进行有害、有毒及可燃气体的浓度测定，有害、有毒及可燃气体超标时应打开连续的三个井盖排气通风半小时以上，确认安全并采取保护措施后方可下井作业。

(5)禁止选择输送易燃易爆气体管道作为直接法或充电法作业的充电点。在有易燃易爆隐患环境下作业时，应使用具备防爆性能的测距仪、陀螺经纬仪和电池等设备。

(6)使用大功率电器设备时，作业人员应具备安全用电和触电急救的基础知识。工作电压超过36V时，供电作业人员应使用绝缘防护用品，接地电极附近应设置明显警告标志，并设专人看管。雷电天气禁止使用大功率仪器设备作业。井下作业的所有电气设备外壳都应接地。

(7)进入企业厂区进行地下管线探测的作业人员，必须熟悉该厂安全保护规定，遵守该企业工厂的厂规。

11. 高空

(1)患有心脏病、高血压、癫痫、眩晕、深度近视等高空禁忌症以及酒后人员禁止从事高空作业。

(2)现场作业人员应佩戴安全防护带和防护帽,不得赤脚。作业前,要认真检查攀登工具和安全防护带,保证完好。安全防护带要高挂低用,不能打结使用。

(3)应事先检查树、杆、梯、站台以及觇标等各部位结构是否牢固,有无损伤、腐朽和松脱,存在安全隐患的应经过修补后才能作业。到达工作位置后要选坚固的枝干、桩作为依托并扣好安全防护带后再开始作业;返回地面时严禁滑下或跳下。高楼作业时,应了解楼顶的设施和防护情况,避免在楼顶边缘作业。

(4)传递仪器和工具时,禁止抛投。使用的绳索要结实,滑轮转动要灵活,禁止使用断股或未经检查过的绳索,防止脱落伤人。

(5)造(维修)标、拆标工作时应由专人统一指挥,分工明确,密切配合。在行人通过的道路或居民地附近造(维修)标、拆标时,必须将现场围好,悬挂"危险"标志,禁止无关人员进入现场。作业场地半径不得小于 15 米。

11.3　内业生产

11.3.1　作业场所

(1)照明、噪声、辐射等环境条件应符合作业要求。

(2)计算机等生产仪器设备的放置,应有利于减少放射线对作业人员的危害。各种设备与建(构)筑物之间,应留有满足生产、检修需要的安全距离。

(3)作业场所中不应随意拉设电线,谨防电线、电源漏电。通风、取暖、空调、照明等用电设施要有专人管理、检修。

(4)面积大于 100 平方米的作业场所的安全出口应不少于两个,并严禁堵塞、占用疏散通道和安全出口。安全出口、通道、楼梯等,应设明显标志和应急照明设施。

(5)作业场所应按《中华人民共和国消防法》规定配备灭火器具,小于 40 平方米的重点防火区域,如资料、档案、设备库房等,也应配置灭火器具。应定期进行消防设施和安全装置的有效期和能否正常使用检查,保证安全有效。

(6)作业场所应配置必要的安全(警告)标志:如配电箱(柜)警告标志、资料重地严禁烟火标志、严禁吸烟标志、119 火警电话标志、120 急救电话标志、安全应急示意图、上下楼梯警告线以及生产区玻璃隔断墙安全警告线等警示标志,且保证标志完好清晰。

(7)要及时消除火灾隐患。禁止在生产作业场所吸烟和在作业区域内饮水。禁止使用明火或明火取暖。使用电器取暖或烧水,不用时应切断电源。

(8)作业区禁止堆放与工作无关的物品。严禁携带易燃易爆物品进入生产和办公区。

11.3.2　安全操作

(1)测绘生产仪器设备须有专人管理,同时要建立有关的检查、维护、使用以及定期保养等制度,禁止超负荷用电和仪器设备带故障运行。

(2)各种仪器设备的安装、检修和使用,须符合安全要求。凡对人体可能构成伤害的危险部位,都要设置安全防护装置。所有电力动力设备,必须按照规定埋设接地网,要保持接地良好。

(3)作业人员应熟悉操作规程,必须严格按有关规程进行操作。作业前要认真检查所要操作的仪器设备是否处于安全状态。未经批准，他人不得动用各类仪器设备；特种作业人员应持证上岗。

（4）禁止用手或金属物件接触仪器设备裸露的通电部分。禁止用湿手拉合电闸或开关电钮。

（5）擦拭、检修仪器设备应首先断开电源，并在电闸处挂置明显警示标志。修理仪器设备，一般不准带电作业，由于特殊情况而不能切断电源时，必须采取可靠的安全措施，并且须有两名电工现场作业。

（6）因故停电时，凡用电的仪器设备，应立即断开电源。

11.4 测绘仪器设备安全管理

11.4.1 测绘仪器设备管理制度

（1）根据单位仪器设备情况，设立专门的仪器管理人员（或部门），负责仪器设备的保管、维护、检校和一般鉴定、修理。

（2）仪器设备必须建立技术档案，其内容包括仪器规格、性能、附件、精度鉴定、损伤记录、修理记录及移交验收记录等。

（3）仪器设备的借用、转借、调拨、大修、报废等应有一定的审批手续。

（4）外业队使用的仪器设备必须由专人管理、使用。作业队的负责人应经常了解仪器设备维护、保养、使用等情况，及时解决有关问题。

（5）仪器出入库必须有严格的检查和登记制度。

11.4.2 测绘仪器设备的保管

1. 对仪器库房的基本要求

（1）测量仪器库房应是耐火建筑。

（2）库房内的温度不能有剧烈变化，最好保持室温在12℃～16℃。

（3）库房应有消防设备，但不能用一般酸碱式灭火器，宜用液体CO_2或者CCl_4及新的灭火器。

2. 测绘仪器的三防措施

生霉、生雾、生锈是测绘仪器的“三害”。需按不同仪器的性能要求采取必要的防霉、防雾、防锈措施，确保仪器处于良好状态。

（1）测绘仪器防霉措施：应将仪器光学零件外露表面清刷干净后再盖镜头盖，并使仪器外表清洁后方能装箱密封保管；仪器箱内应放入适当的防霉剂；外业仪器一般情况下6个月（湿热季节或湿热地区1～3个月）应对仪器的光学零件外露表面进行一次全面的擦拭，内业仪器一般一年（湿热季节或湿热地区6个月）须对仪器未密封的部分进行一次全面的擦拭；检修时须彻底擦拭仪器外表和内部，对产生霉斑的光学零件表面彻底除霉，修复装配后应恢复密封状态；作业中暂时停用的电子仪器每周至少通电1小时。

（2）测绘仪器防雾措施：每次清擦完光学零件表面后应用干棉球擦拭一遍除去表面潮气；每次测区作业终结后应对仪器的光学零件外露表面进行擦拭；调整或操作仪器时勿用手心对准光学零件表面；外业仪器一般情况下6个月（湿热季节或湿热地区3个月）须对仪器的光学零件外露表面进行一次全面擦拭，内业仪器一般在1年（湿热季节或湿热地区3～6个月）应对仪器外表进行一次全面清擦，并用电吹风机烘烤光学零件外露表面（温度升高不得超过60℃）；除雾后或新配置的光学零件表面须用防雾剂进行处理，一旦发现水性雾，应用烘烤或吸潮的方法清除，发现油性雾应用清洗剂擦拭干净并进行干燥处理；严禁使用吸潮后的干燥剂；长期不用的仪器的外露光学零件经干燥后，垫一层干燥脱脂棉再盖镜头盖。

(3)测绘仪器防锈措施：凡测区作业终结收测时，将金属外露面的临时保护油脂全部清除干净，涂上新的防锈油脂；外业仪器一般情况下6个月(湿热季节或湿热地区1～3个月)须对仪器外露表面的润滑防锈油脂进行一次更换，内业仪器一般应在1年(湿热季节或湿热地区6个月)须将仪器所用临时性防锈油脂全部更换一次，如发现锈蚀现象必须立即除锈；保管室在不能保证恒温恒湿的要求时，须做到通风、干燥、防尘。

11.4.3　测绘仪器设备安全运送

(1)长途搬运仪器时，应将仪器装入专门的运输箱内。若无防震运输箱，而又需运输较精密的仪器时，应把装有仪器的箱子装入特别套箱内，并用刨花或纸团等紧紧填实仪器箱与套箱内包面之间的空隙。

(2)短途搬运仪器时，除特别怕震的仪器设备外，一般可不装入运输箱内，但需要专人护送。

(3)运送仪器要防止日晒雨淋，放置仪器设备的地方要安全妥当、清洁和干燥。

11.4.4　测绘仪器设备的使用

(1)仪器开箱前应将仪器箱平放在地上。开箱后应注意看清楚仪器在箱中安放的状态。仪器在箱中取出前应松开各制动螺旋。提取仪器时要用手托住仪器的基座，握持支架将仪器轻轻取出，严禁用手提望远镜和横轴。仪器及所用部件取出后应及时合上箱盖。仪器箱放在测站附近并不许坐人。作业完毕后应将所有微动螺旋退回到正常位置，并用擦镜纸或软毛刷除去仪器上表面的灰尘，双手托持仪器，按出箱时的位置放入原箱。盖箱前应将各制动螺旋轻轻旋紧，检查附件齐全后可轻合箱盖，箱盖吻合方可上盖。

(2)架设仪器时先将三脚架架稳并大致对中，然后放上仪器并立即拧紧中心连接螺旋。

(3)安置仪器前应检查三脚架的牢固性，作业过程中仪器要随时有人防护。

(4)仪器在搬站时可视情况决定是否要装箱。搬站时应把仪器的所有制动螺旋略微拧紧，仪器脚架必须竖直拿稳。

(5)仪器在野外使用时必须用伞遮住太阳。仪器望远镜的物镜和目镜的表面不能让太阳照射，并要避免灰沙雨水的侵袭。

(6)仪器发生故障时要立即检修，不应勉强继续使用。

(7)应保持光学元件清洁，不要轻易拆开仪器。

(8)在潮湿环境中作业结束后，要用软布擦干仪器表面的水分或灰尘后才能装箱。回到驻地后立即干燥仪器。

(9)所有仪器在连接外部设备时，应注意相对应的接口、电极连接是否正确，确认无误后方可开启主机和外围设备。拔插接线时不要抓住线就往外拔，也不要边摇晃插头边拔插。数据传输线、GPS(监控器)天线等在收线时应盘成圈收藏，以免折断。

11.5　地理信息数据安全管理

11.5.1　基础地理信息数据管理保护

地理信息数据用来表示与空间地理分布有关信息的数据。基础地理信息数据是地理信息数据中的核心内容。对基础地理信息数据的安全保护，除了数据安全生产外，还应包括数据归档、存储、运输、维护、提供、销毁的全部过程。

1. 归档内容

(1)基础地理信息数据成果包括其最终数据成果、重要的阶段性数据成果、重要的原始数据成果和数据说明文件。如数据成果包含元数据,应随同数据成果一起归档。数据说明文件应包含数据背景、数据组织、应用方式以及联系方式。

(2)文档材料包括项目立项文件、项目实施文件、项目总结文件以及项目成果文件。文档材料有电子文件形式的,应一并归档。

(3)相关软件包括在基础地理信息数据成果形成过程中开发的特定数据管理软件、演示软件。与软件相关的技术手册、使用手册等有关材料应同时归档。

(4)档案目录数据指与归档材料相关的档案目录数据。

2. 归档要求

(1)档案形成单位应在项目完成后两个月内完成归档。

(2)基础测绘数据成果应与文档材料一同归档。

(3)归档的基础地理信息数据应为最终版本。

(4)归档后,如果档案形成单位又对基础地理信息数据成果进行了更新(即补充或完善),应将更新后的数据成果及时归档,以替换原归档的数据成果。

(5)文档材料归档一份,数据成果复制品归档两份。

(6)归档的数据成果和相关软件,一般不压缩、不加密。如进行了压缩和加密,应将解压缩软件和密钥、加密和解密软件同时归档。

3. 归档检验

档案形成单位和接收单位须对归档材料进行检验,并填写基础地理信息数据建(归)档检验登记表一式两份,双方各持一份。

4. 移交手续

档案形成单位须填写基础地理信息数据档案移交文件一式两份,经交接单位双方签字盖章后,双方各持一份。

5. 归档介质

(1)归档的两份数据档案应采用相同类型和型号的归档介质。

(2)同一项目的数据档案应存储在同种载体介质上。

(3)工作环境。工作之前,光盘必须在工作环境放置至少 2 小时;磁带必须在工作环境中放置至少 24 小时。

6. 储存环境

(1)温度选定范围为 17℃～20℃;相对湿度选定范围为 35%～45%。

(2)库房及装具应使用耐火材料,库房内及附近不得有易燃物品,库房内不得有明火,并配有 CO_2 型灭火器。

(3)库房内的设备要避免水淹,介质架最低一层搁板应高于地面 30 厘米以上。

(4)磁带应放在距钢筋房柱或类似结构物 10 厘米以外处。

(5)磁带与磁场源(永久磁铁、马达、变压器等)之间的距离不得少于 76 毫米。

(6)不得将任何磁性材料及其制品(包括磁化杯、保健磁铁、磁铁图钉等)带入库房。

(7)库房应远离强磁场,并应有必要的磁屏蔽装置和检测措施。

(8)库房门窗应有密闭措施,不允许阳光直接照射数据载体。库房内应尽量减少灰尘对环境的污染。介质装具应洁净无尘。

(9)库房内无腐蚀性气体，并保证通风良好。

(10)库房内照明应采用防爆、防紫外线灯具。不允许有紫外线直接照射数据载体。

7. 异地储存

(1)归档的两份数据档案介质应异地储存。

(2)异地储存的距离应大于100千米，最佳距离为500千米以上。

(3)数据档案应自入馆之日起60天内完成异地存储工作。

(4)凡取回的异地储存的数据档案，应在数据档案离开储存地之日起的60天内重新完成异地储存工作。

(5)异地储存介质的读检原则上应在储存地进行。

(6)异地储存所在地单位负责异地数据档案的安全、保密、环境和卫生等工作。

(7)异地储存的数据档案的管理权属于原数据档案管理单位，不经授权，任何单位和个人不能擅自复制和提供利用。

8. 介质维护

(1)数据档案管理单位应定期对所有磁介质进行维护并建立相应的登记制度，对数据档案磁介质的检查(倒带、读检)、复制、介质更换、销毁等日常工作进行记录，并存档复查。

(2)数据档案管理单位每年应读检不低于5%的数据档案。

(3)如果数据档案在当年进行过读取操作(如数据查阅、提供利用等)，则当年可以不对这些介质进行倒带和读检。

(4)归档后的数据档案介质不得外借，只能提供数据复制介质。

9. 数据维护

(1)出现介质故障或出现损坏迹象时，应更换介质。介质更换的更新拷贝工作应在30天内完成。

(2)如果软件平台能够反映介质的读写错误，则当累计读写错误达10次时，应停止使用该介质，并将数据复制迁移到新的一份介质上。

(3)线性磁带应每10年迁移一次，光盘应每5年迁移一次。

(4)数据档案管理单位应保证介质的可读性，适时将数据迁移到新的介质上。

(5)数据档案管理单位应尽可能保证数据的可用性。数据档案进行转存新格式拷贝后，原数据档案应继续保存3年。

(6)数据档案由原格式向新格式的转存之前应进行鉴定。转存新格式时可以请求其他单位(或原项目单位)协助实施。转存新格式后应在数据说明文件的第一部分“数据背景”中反映数据档案的变化情况。

(7)日常数据维护工作应对数据的检查、复制、格式转存、数据迁移、清除等日常工作进行记录，并存档备查。

10. 运输要求

(1)数据载体运输时应轻拿轻放，做好防潮、防尘、防紫外线直射、防震、防重压等措施。

(2)运输时要防止数据载体之间的相互滑动和碰撞。

(3)要保证容器不会对数据载体造成污染，并在容器外层标明放置方向。

(4)运输过程中避免巨大的温度变化。对于已使用磁带的温度范围要求为5℃～32℃，相对湿度范围为20%～80%；对于未被使用磁带的温度要求为－23℃～49℃，相对湿度范围为20%～80%。

11. 销毁

(1)数据档案在销毁之前应进行鉴定，并按有关规定办理销毁手续。

(2)经数据迁移后废弃的原介质，除数据转存新格式情况外，原数据档案的介质不需鉴定，经审批后直接销毁。

(3)销毁数据档案时，应对包括异地储存在内的两份数据档案同时销毁。

(4)当销毁磁带上的数据档案时，如果磁带还有再利用价值，可对磁带进行消磁(如果磁带技术允许)或全容量写操作，不得只进行初始化。否则应对磁带载体进行物理销毁。

(5)当销毁光盘上的数据档案时，须连同光盘一起销毁。

(6)数据档案逻辑或物理销毁后，应从计算机系统中将其彻底清除。

(7)数据档案销毁时应有数据档案管理单位派员监销，防止泄密。

11.5.2 测绘成果保密措施

1. 建立保密管理制度

涉密单位应当建立保密管理领导责任制，设立保密工作机构，配备保密管理人员，根据接触、使用、保管涉密测绘成果的人员情况，对核心涉密人员、重要涉密人员和一般涉密人员实行分类管理。

2. 强化安全保密措施

(1)要依照国家有关规定，对生产、加工、提供、传递、使用、复制、保存和销毁涉密测绘成果严格登记管理。

(2)要确定涉密测绘成果保密要害部门、部位，明确岗位责任，设置安全可靠的保密防护措施。

(3)应对涉密计算机信息系统采取安全保密防护措施，不得使用无安全保密保障的设备处理、传输、存储涉密测绘成果。

(4)加强涉密计算机和存储介质的管理，禁止将涉密载体作为废品出售或处理。

3. 规范成果提供使用行为

(1)县级以上测绘地理信息行政主管部门要依法履行提供涉密测绘成果的行政审批职能，明确规定申请、受理、审批、提供、使用等环节的具体要求，并向社会公布。

(2)法人或者其他组织申请使用涉密测绘成果的，应当具有明确、合法的使用目的和范围，具备成果保管、保密的基本设施与条件，按管理权限报测绘成果所在地的县级以上测绘地理信息行政主管部门审批。

(3)测绘成果保管单位负责接收和保管本地区涉密测绘成果，并按照批准文件向用户提供。其他任何单位，不得擅自提供涉密测绘成果。

(4)经审批获得的涉密测绘成果只能用于被许可的使用目的和范围。需要用于其他目的的，应另行办理审批手续。任何单位和个人不得擅自复制、转让或转借。

(5)委托第三方承担成果开发、利用任务的，第三方必须具有相应的成果保密条件、承担相关保密责任；委托任务完成后，必须及时回收或监督第三方按保密规定销毁涉密测绘成果及其衍生产品。

(6)涉密测绘成果严格实行“管”“用”分开，成果保管单位不得擅自使用涉密测绘成果。确因工作需要使用的，必须办理审批手续。

(7)涉密测绘成果及其衍生产品,未经国家测绘地理信息局或者省、自治区、直辖市测绘地理信息行政主管部门进行保密技术处理的,不得公开使用,严禁在公共信息网络上登载发布使用。

4. 依法对外提供测绘成果

(1)凡涉及对外提供我国涉密测绘成果的,要依法报国家测绘地理信息局或者省、自治区、直辖市测绘地理信息行政主管部门审批后再对外提供。

(2)外国的组织或者个人经批准在中华人民共和国领域内从事测绘活动的,所产生的测绘成果归中方部门或单位所有;未经国家测绘地理信息局批准不得向外方提供,不得以任何形式将测绘成果携带或者传输出境。

(3)严禁任何单位和个人未经批准擅自对外提供涉密测绘成果。

11.6　测绘生产突发事故应急处理

测绘单位应建立测绘生产突发事故应急处理预案,预案应包括组织体系(应急领导机构、应急执行机构、机构内部的隶属关系),突发事故的应急处理、责任等。

11.6.1　事故报告

安全事故一经发生或发现,现场人员在第一时间报警。随后,自作业组开始,利用应急通信设备逐级上报事故情况。

安全事故报告时限为:泄密事故应在发生或发现后 24 小时内报告;轻伤事故应在发生或发现后 2 小时内报告;其他事故应在发生或发现后立即报告。

11.6.2　预案启动

单位应急领导小组接到报告后,认为符合安全事故标准的,应宣布启动预案。对于较轻微的安全事故,应急领导小组指挥应急处理工作;对于较严重的安全事故,应急领导小组派员至前线指挥应急处理工作。预案一经启动,前线应急领导小组及其成员必须按照责任分工立即就位,按照单位应急领导小组的指挥协同行动;相关作业队、作业组及作业人员必须无条件服从应急指挥人员的命令,全力投入应急处理工作。

11.6.3　事故救援

1. 救援基本要求

应急救援工作以最大限度地减少人员伤亡和经济损失为目标,遵循统一指挥、分工负责、以人为本、损失最小的方针,按照现场自救与外部救援相结合的原则实施救援。事故发生现场的人员应立即停止生产,在第一时间采取先行控制措施开展自救,立即抢救受伤人员和物资,疏散危险区域人员,控制事故扩大,并保护好事故现场。现场负责人及时向上级简要汇报案情、后果及先行处理情况,关注事故的发展和事故处理进展情况,随时向上级报告。作业队接到现场报告后,及时向前线应急领导小组和单位应急领导小组报告,指挥安全保障组、临近作业组赴现场施救。单位应急领导小组指挥前线应急领导小组,协调当地医疗、消防、公安等部门,以及武警部队、友邻作业队伍等外部救援力量开展救援,派出事故处理人员协调事故善后工作。

2. 人员受困事故处置

现场负责人立即收缩队伍,组织现场人员进行自救,尽量向路边靠拢,逐级上报事故情况(现场位置、受困原因、涉及的人员、脱困方案和救援需求)。作业队及救援组及时制订救援计划,指挥救援力量携带救援器材及保障用品前往现场营救。若有需要,及时向地方政府和当地武警部队请求援助。

3. 人员失踪事故处置

现场负责人立即收缩队伍,组织现场人员尽量利用通信设备与失踪人员取得联系,按照失踪人员行进路线向最后发出信息的方向循迹搜寻,逐级上报事故情况(失踪人员、失踪位置、救援计划和救援需求)。作业队及救援组及时向地方政府和当地武警部队请求援助,及时制订救援计划,指挥救援力量前往现场营救,尽一切可能找到失踪人员。

4. 意外伤害事故处置

现场负责人立即组织现场人员进行抢险、救护,随队医生实施急救,并监护伤员转运至就近医院。紧急时拨打"120"或"110"电话求助。现场负责人逐级上报事故情况(灾害类型、现场位置、涉及的人员、抢险方案和救援需求),并组织现场人员撤离危险地带。作业队立即组织力量,迅速赶赴现场处置。

5. 交通事故处置

现场负责人立即组织现场人员抢救,随队医生实施急救,并监护伤员集中转运至就近医院。如果需要,向急救中心呼救并派人到主要路口引导车辆。现场负责人组织保护事故现场,及时向交通事故受理中心报警,逐级上报现场情况,配合当地公安、保险等部门勘查、清理现场。

6. 火灾事故处置

现场负责人立即组织力量采取措施扑救,尽力控制火情,防止火灾蔓延,尽量确保人员安全,降低财产损失;若火势无法控制,应及时将现场人员疏散至安全区域。现场负责人及时向消防中心报警,逐级上报火灾现场情况(方位、火势、火灾范围、抢险人员数量、灭火措施以及伤亡情况等),协助消防部门开展灭火及现场勘验工作。

7. 中毒事故处置

现场负责人立即安排随队指挥医生实施急救,组织人员以最快速度将中毒人员送往就近医院。如果需要,向急救中心呼救。现场负责人组织事故现场保护,逐级上报事故情况。根据事态严重程度,经单位应急领导小组同意,报告地方卫生管理部门并配合调查。

8. 疫病感染事故处置

现场负责人立即向当地疾病控制中心报警,配合防疫部门将被感染者送入定点医院,对与被感染者有密切接触的人员进行医学排查,必要时进行隔离观察,对驻地及相关设施进行全面消毒。现场负责人逐级上报事故情况。若存在疫情暴发的风险,作业队应及时撤离至安全区休整。

9. 泄密事故处置

涉密测绘成果资料及涉密数据载体遗失后,现场负责人立即组织力量寻找。若确认已被盗,应及时向公安部门报警,保护现场,配合侦查。现场负责人及时向上级报告涉密物品的密级、种类、数量、范围、发生环节、涉及人员、预计后果或影响程度、已采取措施等有关情况。事关机密、绝密事项时,经单位应急领导小组同意,作业队向当地保密工作部门和国家安全部门报案并协助调查处理。

11.6.4 事故善后

事故救援结束后,在单位应急领导小组的协调下,按照规定对事故中的伤亡人员、救援参与人员、紧急调集单位或个人的物资给予抚恤、补助、补偿,并做好保险理赔和伤亡人员家属的安抚工作。前线应急领导小组及作业队做好职工情绪稳定工作,注意维护正常的工作秩序,积极配合事故调查组开展事故调查工作。未经单位应急领导小组的授权,任何人不得接受新闻媒体采访或以个人名义发布消息,以避免因消息失真而导致不良影响。

第12章　测绘项目合同管理

大纲要求

根据测绘地理信息项目的性质和要求，进行项目工期、成本、技术、质量、安全和责任风险分析，拟订项目投标文件、任务书或合同书。

知识要点

12.1　合同内容

合同内容主要包括测绘范围、测绘内容、技术依据和质量标准、工程费用及其支付方式、项目实施进度安排、双方的义务、提交成果及验收方式等。

1. 测绘范围

测绘范围是确定“在哪儿测、测多大范围”。在测绘合同中首先必须明确该测绘项目所涉及的工作地点、具体的地理位置、测区边界和所覆盖的测区面积等内容。测区边界可以用自然地物或人工地物的边界线来描述，也可以由委托方在小比例尺地图上以标定测区范围的概略地理坐标来确定。

2. 测绘内容

测绘内容就是明确“测什么”。合同中的测绘内容是直接规约受托方所必须完成的实际测绘任务，必须明确地逐一罗列出所需完成的任务及需提交的测绘成果种类、等级、数量及质量。

3. 技术依据和质量标准

技术依据和质量标准是明确“怎么测”。合同中需明确约定所采用的技术依据、成果质量等级及其检查验收标准。一般情况下，技术依据及质量标准的确定需在合同签订前由当事人双方协商认定，并是现行的有效标准；未作协商的，应注明按照本行业相关规范及技术规程执行。此外，要约定测绘项目生产实施及测绘成果的数据基准，包括平面控制基准和高程控制基准。

4. 工程费用及其支付方式

工程费用及其支付是明确“要多少钱、怎么付费”。应注明所采用的国家正式颁布的收费依据或收费标准，并罗列出本项目涉及的全部各项收费分类细项，根据各细项的收费单价及其估算的工程量得出该细项的工程费用。除直接的工程费用外，可能还包括其他费用，都需在费用预算列表中逐一罗列。

费用的支付方式由甲乙双方参照行业惯例协商确定，一般按照工程进度（或合同执行情况）分阶段支付，包括首付款、项目进行中的阶段性付款及尾款几个部分。视项目规模大小不同，阶段性付款可以为一次或多次。阶段性付款的阶段划分一般由甲乙双方约定，可以按阶段性标志性成果来划分，也可以按照完成工程进度的百分比来划分。

5. 项目实施进度安排

项目进度安排应尽可能详细，一般应将拟定完成的工程内容罗列出来，标明每项工作计划完成的具体时间，以及预期的阶段性成果。对工程内容出现时间重叠和交错的情形，应按照完成的工程量进行阶段性分割。

6. 甲乙双方的义务

(1)甲方应尽义务主要包括：①向乙方提交该测绘项目相关的资料；②完成对乙方提交的技术设计书的审定工作；③保证乙方的测绘队伍顺利进入现场工作，并对乙方进场人员的工作、生活提供必要的条件；④保证工程款按时到位；⑤允许乙方内部使用执行本合同所生产的测绘成果等。

(2)乙方的义务主要包括：①根据甲方的有关资料和本合同的技术要求完成技术设计书的编制，并交甲方审订；②组织测绘队伍进场作业；③根据技术设计书要求确保测绘项目如期完成；④允许甲方内部使用乙方为执行本合同所提供的属乙方所有的测绘成果；⑤未经甲方允许，乙方不得将本合同标的全部或部分转包给第三方。

在合同中一般还需对各方拟尽义务的部分条款进行时间约束，以保证限期完成或达到要求。

7. 提交成果及验收方式。

合同中必须对项目完成后拟提交的测绘成果进行详细说明，并逐一罗列出成果名称、种类、技术规格、数量及其他需要说明的内容。

成果的验收方式须由双方协商确定，一般应根据提交成果的不同类型进行分类验收。如果有项目监理方，则由委托方、项目承接方和项目监理方共同完成项目成果的质量检查及验收工作。

8. 其他内容

除了上述内容外，合同中还需包括：①对违约责任的明确规定；②对不可抗拒因素的处理方式；③争议的解决方式及办法；④防范和化解风险(如委托方的资信风险、外业测绘的当地环境风险、经济风险和法律风险等)的措施；⑤测绘成果的版权归属和保密约定；⑥合同未约定事宜的处理方式及解决办法等。

12.2 合同的评审

1. 合同评审的目的

在投标、签订合同或接受任务订单之前，测绘单位应该对标书、合同或任务订单进行合同评审。合同评审是为了有效避免或减少合同内容存在制约承包方的不利因素，降低风险，以便于项目验收和款项结算，从而获取较高效益。

2. 合同评审的方式

合同评审主要有授权审批、会签、会议评审等方式，可根据测绘项目的分类(如基础测绘、专业测绘)、规模大小、技术复杂程度分别选用。

3. 合同评审的内容

(1)法律法规要求。测绘合同应该根据《合同法》《测绘法》和有关法律法规来签订。

(2)质量技术要求。测绘合同中必须明确项目所执行的技术标准，采用的测绘基准，以及测绘成果的等级、精度等指标要求。

(3)人力资源保障要求。根据测绘项目的专业类型和工程量大小，估量需要相应配备的人力资源，包括项目负责人、技术负责人以及其他各类不同专业技术人员，评估测绘单位是否具备满足项目合同的技术能力。

(4)工程量。要针对测绘合同规定的工程量，评估与承包单位的测绘资质是否相符，避免出现超资质范围作业。

(5)成果(或产品)交付期限。测绘项目的工期一般都比较紧张，要根据承包单位的实际情况，客观评估其生产能力是否能够确保成果(或产品)按期交付。

(6)价款和结算方式。测绘工程价格和结算方式对于承包单位来说是测绘合同的重中之重，测绘单位要认真测算成本，寻求有利的结算方式。

(7)设备保障情况。评估测绘单位现有设备是否能够满足测绘工程的要求，包括各类硬件、软件的配备及符合情况。

(8)发包单位资信情况。主要评估项目发包单位履行合同责任的能力，包括负责提供资料、设施、按时支付工程款等。

12.3 合同的订立

合同的订立又称缔约，指两方以上当事人通过协商而于互相之间建立合同关系的行为，是当事人为设立、变更、终止财产权利义务关系而进行协商、达成协议的过程。当事人可以参照各类合同的示范文本(如前面提及的国家测绘地理信息局发布的《测绘合同示范文本》等)订立合同，也可以在遵守合同法的基础上由双方协商制定相应的合同。

订立测绘合同时一定要根据具体的项目及相关条件(技术及其他约束条件)，明确约定有关合同标的(包括测绘范围、数量、质量等方面)以及报酬和履约期限等，以保证合同能够被正常执行，保障合同双方的权益。

12.4 合同的履行

合同的履行指合同规定义务的执行，即当事人执行合同义务的行为。主要包括三个方面的内容：①项目承揽方按要求完成测绘工作；②测绘项目委托单位按时交付项目酬金；③合同约定的附加工作和额外测绘工作及其酬金给付。

12.5 合同的变更

1. 合同变更的概念

有效成立的测绘合同在尚未履行完毕之前，双方当事人协商一致而使测绘合同内容发生改变，双方签订变更后的测绘合同。测绘合同内容变更包括测绘的范围、测绘的内容、测绘的工程费用、项目的进度、提交的成果等。

2. 测绘合同变更的条件

(1)原测绘合同关系的有效存在。测绘合同变更是在原测绘合同的基础上，通过当事人双方的协商或者法律的规定改变原测绘合同关系的内容。

(2)当事人双方协商一致，不损害国家及社会公共利益。在协商变更合同的情况下，变更合同的协议必须符合相关法律的有效要件，任何一方不得采取欺诈、胁迫的方式来欺骗或强制他方当事人变更合同。

(3)合同非要素内容发生变更。合同变更仅指合同的内容发生变化，不包括合同主体的变更。合同内容发生变化是合同变更不可或缺的条件。合同变更必须是非实质性内容的变更，变更后的合同关系与原合同关系应当保持同一性。

(4)须遵循法定形式。合同变更必须遵守法定的方式。一般来说，合同变更要及时进行书面确认和必要的备案，包括签订补充协议。

3. 合同变更的效力

(1)合同变更的部分发生债权债务关系消灭的后果。合同变更的实质在于使变更后的合同代替原合同。因此，合同变更后，当事人应按变更后的合同内容履行。

(2)仅对合同未履行部分发生法律效力，即合同变更没有溯及力。合同变更原则上向将来发生效力，未变更的权利义务继续有效，已经履行的债务不因合同的变更而失去合法性。

(3)不影响当事人请求赔偿的权利。原则上，提出变更的一方当事人对对方当事人因合同变更所受损失应负赔偿责任。

12.6 合同的违约与责任

合同违约指违反合同债务的行为，也称为合同债务不履行。合同债务，既包括当事人在合同中约定的义务，又包括法律直接规定的义务，还包括根据法律原则和精神所要求的当事人必须遵守的义务。仅指违反合同债务这一客观事实，不包括当事人及有关第三人的主观过错。除了合同违约免责条件与条款之外的违约行为，可按合同约定进行正常的索赔。

12.7 成本预算

1. 成本预算的概念

测绘单位取得与甲方签订的测绘合同后，财务部门根据合同规定的指标、项目施工技术设计书、测绘生产定额、测绘单位的承包经济责任制及有关的财务会计资料等编制测绘项目成本预算。成本预算方式依赖于所在单位的机构组织模式、分配机制和相关的会计制度等。

测绘项目成本预算一般分为两种情况：①项目是生产承包制的，其成本预算由生产成本预算和应承担的期间费用预算组成；②项目是生产经营承包制的，其成本预算由生产成本预算、应承担承包部门费用预算和应承担的期间费用预算组成。

2. 成本预算的内容

成本预算的主要内容包括生产成本和经营成本。

(1)生产成本。生产成本即直接用于完成特定项目所需的直接费用，主要包括直接人工费、直接材料费、交通差旅费、折旧费等。实行项目承包(或费用包干)的情形则只需计算直接承包费用和折旧费等内容。

(2)经营成本。除去直接的生产成本外，成本预算还应包含维持测绘单位正常运作的各种费用分配，主要包括两大类：①员工福利及他项费用：包括按工资基数计提的福利费、职工教育经费、住房公积金、养老保险金、失业保险等分配记入项目的部分；②机构运营费用：包括业务往来费用、办公费用、仪器购置、维护及更新费用、工会经费、社团活动费用、质量及安全控制成本、基础设施建设等反映测绘单位正常运作的费用分配记入项目的部分。

第 13 章　测绘项目技术设计

大纲要求

根据测绘地理信息项目要求，按照行业标准《测绘技术设计规定》(CH/T 1004—2005)及有关技术标准进行技术设计，编写、审核项目设计书和专业技术设计书。

知识要点

13.1　测绘技术设计基本规定

测绘技术设计是将顾客或社会对测绘成果的要求(即明示的、通常隐含的或必须履行的需求或期望)转换成测绘成果(或产品)、测绘生产过程或测绘生产体系规定的特性或规范的一组过程。其目的是为测绘项目制定切实可行的技术方案，保证测绘成果(或产品)符合技术标准和满足顾客要求，并获得最佳的社会效益和经济效益。

13.1.1　测绘技术设计文件

测绘技术设计文件是为测绘成果(或产品)固有特性和生产过程或体系提供规范性依据的文件，是设计形成的结果。

设计文件主要包括项目设计书、专业技术设计书以及相应的技术设计更改文件。

13.1.2　测绘技术设计过程

为了确保测绘技术设计文件满足规定要求的适宜性、充分性和有效性，测绘技术的设计活动应按照一定的设计过程进行。这个过程是一组将设计输入转化为设计输出的相互关联或相互作用的活动，主要包括设计策划、设计输入、设计输出、设计评审、验证(必要时)、审批和更改。

1. 设计策划

技术设计实施前，承担设计任务的单位相关技术负责人对测绘项目技术设计进行策划，并对整个设计过程进行控制。设计策划的内容包括：设计过程中职责、权限的划分，设计的主要阶段如设计评审、验证、审批活动的安排，各设计小组之间的接口以及测绘项目的名称、编号、委托单位、策划依据、策划人员等。设计策划应根据需要决定是否进行设计验证。

2. 设计输入

设计输入又称设计依据，是与成果(或产品)、生产过程或生产体系要求有关的、设计输出必须满足的要求或依据的基础性资料。包括：适用的法律、法规以及国际、国家或行业标准，测绘合同或任务书、顾客书面或口头对测绘成果(或产品)功能和性能方面的要求，顾客提供的或本单位收集的测区信息、测绘成果(或产品)资料及踏勘报告，等等。设计输入由技术设计负责人确定并形成书面文件，由设计策划负责人或单位总工程师审核其适宜性和充分性。

3. 设计输出

设计输出是设计过程的结果，其表现形式为测绘技术设计文件。

4. 设计评审

设计评审是为确定设计输出达到规定目标的适宜性、充分性和有效性所进行的活动。其评审依据是设计输入的内容。评审的内容主要包括送审的技术设计文件或设计更改内容及有关说明。

5. 设计验证

设计验证是通过提供客观证据对设计输出满足输入要求的认定。一般是在设计中采用了新技术、新方法和新工艺时开展此项工作。

6. 设计审批

设计审批是根据设计策划安排，依据技术输入、设计评审和验证报告等对技术设计文件进行审批。设计审批的方法：承担测绘任务的法人单位进行全面审核，并在技术设计文件和(或)产品样品上签署意见并签名(或章)后，一式二至四份报测绘任务的委托单位审批。

7. 设计更改

技术设计文件一经批准，不得随意更改。当确实需要更改或补充有关的技术规定时，应对更改或补充内容进行评审、验证和审批后，方可实施。

13.1.3 测绘技术设计的分类

测绘技术设计分为项目设计和专业技术设计。

(1)项目设计是对测绘项目进行的综合性整体设计。项目设计一般由承担项目的法人单位负责编写。

(2)专业技术设计是对测绘专业活动的技术要求进行设计，是在项目设计基础上按照测绘活动内容进行的具体设计，是指导测绘生产的主要技术依据。专业技术设计一般由具体承担相应测绘专业任务的法人单位负责编写。

对于工作量较小的项目，可根据需要将项目设计和专业技术设计合并为项目设计。

13.1.4 测绘技术设计原则

(1)技术设计应依据设计输入内容，充分考虑顾客的要求，引用适用的国家、行业或地方的相关标准或规范，重视社会效益和经济效益。

(2)技术设计方案应先考虑整体而后局部，而且应考虑未来发展。要根据作业区的实际情况，考虑作业单位的资源条件(如人员的技术能力和软件、硬件配置等)，挖掘潜力，选择最适用的方案。

(3)积极采用适用的新技术、新方法和新工艺。

(4)应认真分析和充分利用已有的测绘成果(或产品)和资料。对于外业测量，必要时应进行实地勘察并编写踏勘报告。

(5)应重视数据安全措施，明确规定数据安全和备份方面的要求。

13.1.5 测绘技术设计编写要求

技术设计的编写要内容明确、文字简练。对标准或规范中已有明确规定的，一般可直接引用，并根据引用的内容标明所引用标准或规范名称、日期以及引用的章、条编号，且应在其引用文件中列出；对于作业生产中容易混淆和忽视的问题，应重点描述。名词、术语、公式、符号、代号和计量单位等应与有关法规和标准一致。技术设计书的幅面、封面格式和字体、字号等应符合相关要求见附录B《测绘技术设计规定》(CH/T 1004—2005)。

13.2 踏勘调查

为了保证技术设计的可行性和可操作性，根据项目的具体情况实施踏勘调查，并编写出踏勘报告。踏勘报告内容见表 13.1。

表 13.1　踏勘报告的内容

内　容	简要说明
概述	作业区的行政区划、经济水平、踏勘时间、人员组成及分工、踏勘线路及范围
自然情况	作业区的自然地理情况，对作业有影响的气象情况，土壤、植被的种类和分布情况
人文情况	作业区居民的风俗习惯和语言情况，居民地的分布情况以及作业组驻地建议，作业区治安、卫生情况及预防措施
人力资源及后勤科保障	作业区劳动力、向导、翻译供给情况，生活用品、粮食、饮水、燃料供应情况，木材、水泥、沙、石等的获取或采购情况，交通情况
可利用成果资源	测区主要交通、水系、山体、居民地、管线和境界等的结合图，作业区已有成果成图及其质量情况，测量标志完好情况，作业区及图幅的困难类别
补充作业区信息	除上述内容外，有必要补充说明的作业区信息
结论性建议	根据踏勘结果，对技术设计方案和作业给出的针对性建议

13.3 测绘技术设计的主要内容

13.3.1 项目设计(总体设计)

项目设计(总体设计)的内容见表 13.2。

表 13.2　项目设计(总体设计)的内容

内　容	简要说明
概述	说明项目来源、内容和目标、作业区范围和行政隶属、任务量、完成期限、项目承担单位和成果(或产品)接收单位等
作业区自然地理概况和已有资料情况	①业区自然地理概况。说明与测绘作业有关的作业区自然地理概况。 ②已有资料情况。说明已有资料的数量、形式、主要质量情况和评价；说明已有资料利用的可能性和利用方案等
引用文件	说明所引用的标准、规范或其他技术文件
成果(或产品)主要技术指标和规格	说明成果(或产品)的种类及形式、坐标系统、高程基准、重力基准、时间系统，比例尺、分带、投影方法，分幅编号及其空间单元，数据基本内容、格式、精度以及其他技术指标等
设计方案	①软件和硬件配置要求。硬件规定生产所需要的主要测绘仪器和数据处理、存储、传输等设备，以及必要的交通工具、主要物资、通信联络设备等。软件指生产过程中应用的主要软件。 ②技术路线及工艺流程。说明项目实施的主要生产过程和这些过程之间的输入、输出的接口关系。可采用文字或图表等形式表达。 ③技术规定。包括各专业活动的主要过程、作业方法和技术、质量要求，采用新技术、新方法、新工艺的依据和技术要求。 ④上交和归档成果。规定成果数据的数据内容、组织、格式，存储介质，包装形式和标识及其上交和归档的；有关文档资料的类型(技术设计文件、技术总结、质量检查验收报告、必要的文档簿、重要的过程作业记录)、数量。 ⑤质量保证措施和要求。包括组织管理措施、资源保证措施、质量控制措施、数据安全措施等

续表

内 容	简要说明
进度安排和经费预算	①进度安排。划分作业区的困难类别，分别计算各工序的工作量，按照计划投入的生产力量，分别列出年度计划和各工序的衔接计划。 ②经费预算。根据设计方案和进度安排编制分年度(或分期)经费和总经费计划
附录	需进一步说明的技术要求，有关的设计附图、附表等

13.3.2 专业技术设计(分项设计)

专业技术设计(分项设计)的内容见表13.3。

表13.3 专业技术设计(分项设计)的内容

内 容	简要说明
概述	主要说明任务的来源、目的、任务量、测区范围和作业内容、行政隶属以及完成期限等任务基本情况
作业区自然地理概况和已有资料情况	①作业区自然地理概况。说明与测绘作业有关的作业区自然地理概况。 ②已有资料情况。说明已有资料的数量、形式、主要质量情况和评价、说明已有资料利用的可能性和利用方案等
引用文件	所引用的标准、规范或其他技术文件
成果(或产品)主要技术指标和规格	一般包括成果(或产品)类型及形式、坐标系统、高程基准、时间系统，比例尺、分带、投影方法，分幅编号及其空间单元，数据基本内容、数据格式、数据精度以及其他技术指标等
设计方案	①硬件与软件环境。 ②作业的技术路线或流程。 ③各工序的作业方法、技术要求。 ④生产过程中的质量控制和产品质量检查的主要要求。 ⑤数据安全、备份或其他特殊要求。 ⑥上交和归档成果及其资料的内容和要求。 ⑦有关附录，包括设计附图、附表和其他有关内容

13.4 专业技术设计书的编写

根据专业测绘活动内容的不同，专业技术设计书可按大地测量、工程测量、摄影测量与遥感、野外地形数据采集及成图、地图制图与印刷、界线测绘、基础地理信息数据建库等专业分别设计。

13.4.1 大地测量

大地测量专业技术设计书的主要内容见表13.4。

表13.4 大地测量专业技术设计书的内容

内 容	简要说明
任务概述	说明任务的来源、目的、任务量、测区范围和行政隶属等基本情况
测区自然地理概况和已有资料情况	①测区自然地理概况。说明与设计方案或作业有关的测区自然地理概况，内容包括测区地理特征、居民地、交通、气候情况和困难类别等。 ②已有资料情况。说明已有资料的数量、形式、施测年代、采用的坐标系统、高程和重力基准、资料的主要质量情况和评价、利用的可能性和利用方案等

续表

内　容	简要说明
引用文件	所引用的标准、规范或其他技术文件
主要技术指标	说明作业或成果的坐标系统、高程基准、重力基准、时间系统、投影方法、精度或技术等级以及其他主要技术指标等
设计方案	各种测量工作的设计方案详见表 13.5

表 13.5　大地测量中各种测量工作的设计方案

工作事项	设计方案要点
选点、埋石	①规定作业所需的主要装备、工具、材料。 ②规定作业的主要过程、各工序作业方法和精度质量要求。 选点：测量线路、标志布设的基本要求；点位选址、重合利用旧点的基本要求；需要联测点的踏勘要求；点名及其编号规定；选址作业中应收集的资料等。埋石：测量标志、标石材料的选取要求；石子、沙、混凝土的比例；标石、标志、观测墩的数学精度；埋设的标石、标志及附属设施的规格、类型；测量标志的外部整饰要求；埋设过程中需获取的相应资料（地质、水文、照片等）及其他应注意的事项；路线图、点之记绘制要求；测量标志保护及其委托保管要求等。 ③上交和归档成果及其资料的内容和要求。 ④有关附录
平面控制测量（GPS 测量）	①规定 GPS 接收机的类型、数量、精度指标及相关专业应用软件。 ②规定作业的主要过程、各工序作业方法和精度要求。包括：观测网的精度等级和其他技术指标；观测作业各过程的方法和技术要求；观测成果记录的内容和要求；外业成果检查（验）、整理、预处理的内容和要求；基线向量解算方案和数据质量检核的要求；平差方案、高程计算方案；补测与重测的条件和要求；交通工具、主要物资供应方式、通信联络方式以及其他特殊要求。 ③上交和归档成果及其资料的内容和要求。 ④有关附录
平面控制测量（三角测量和导线测量）	①规定测量仪器的类型、数量、精度指标及相关专业应用软件等。 ②规定作业的主要过程、各工序作业方法和精度质量要求。包括：确定的锁（网或导线）的名称、等级、图形、点的密度、已知点的利用和起始控制情况；规定觇标类型和高度、标石的类型；水平角和导线边的测定方法和限差要求；三角点、导线点的高程测量方法、新旧点的联测方案；数据的质量检核、预处理及其他要求；其他特殊要求，如拟定所需的交通工具、主要物资及其供应方式、通信联络方式以及其他特殊情况下的应对措施等。 ③上交和归档成果及其资料的内容和要求。 ④有关附录
高程控制测量	①规定测量仪器的类型、数量、精度指标及相关专业应用软件等。 ②规定作业的主要过程、各工序作业方法和精度要求。包括：测站设置基本要求；观测、联测、检测及跨越障碍的测量方法；观测的时间、气象条件及其他要求；观测记录的方法和成果整饰的要求；说明需要联测的气象站、水文站、验潮站和其他水准点；外业成果计算、检核的质量要求；成果重测和取舍的要求；成果的平差计算方法、采用软件和高差改正等技术要求；其他特殊要求，如拟定所需的交通工具、主要物资及其供应方式、通信联络方式以及其他特殊情况下的应对措施。 ③上交和归档成果及其资料的内容和要求。 ④有关附录

续表

测量工作	设计方案要点
重力测量	①规定测量仪器的类型、数量、精度指标及相关专业应用软件等。 ②规定作业的主要过程、各工序作业方法和精度要求。包括:重力控制点和加密点的布设和联测方案;重力点平面坐标和高程的施测方案,说明已知重力点的利用和联测情况;测量成果检查、取舍、补测和重测的要求以及其他相关技术要求;其他特殊要求,如拟定所需的交通工具、主要物资及其供应方式、通信联络方式以及其他特殊情况下的应对措施。 ③上交和归档成果及其资料的内容和要求。 ④有关附录
大地测量数据处理	①规定计算所需的软件、硬件配置及其检验和测试要求。 ②规定数据处理的技术路线或流程。 ③规定各过程作业要求和精度质量要求。包括:对已知数据和外业成果资料的统计、分析和评价;数据预处理和计算的内容和要求,如采用的平面、高程、重力基准和起算数据;平差计算的数学模型、计算方法和精度要求;程序编制和检验的要求;精度分析、精度评定的方法和要求;数据质量检查的要求;上交成果内容、形式、打印格式和归档要求等

13.4.2 工程测量

工程测量专业技术设计书的主要内容见表13.6。

表13.6 工程测量专业技术设计书的内容

内　容	简要说明
任务概述	说明任务来源、用途、测区范围、内容与特点等基本情况
测区自然地理概况和已有资料情况	①测区自然地理概况。说明与设计方案或作业有关的测区自然地理概况,内容可包括测区的地理特征、居民地、交通、气候情况以及测区困难类别,测区有关工程地质与水文地质的情况等。 ②已有资料情况。说明已有资料的施测年代、采用的平面基准、高程基准,资料的数量、形式、质量情况评价、利用的可能性和利用方案等
引用文件	所引用的标准、规范或其他技术文件
成果(或产品)规格和主要技术指标	说明作业或成果的比例尺、平面和高程基准、投影方式、成图方法、成图基本等高距、数据精度、格式、基本内容以及其他主要技术指标等
设计方案	各种测量工作的设计方案详见表13.7

表13.7 工程测量各种测量工作的设计方案

测量工作	设计方案要点
平面控制测量	注:同"大地测量",参看表13.5
高程控制测量	注:同"大地测量",参看表13.5
施工测量	①规定测量仪器的类型、数量、精度指标及相关专业应用软件等。 ②规定作业的技术路线和流程。 ③规定作业方法和技术要求,包括:施工场区控制网及建筑控制网的布设方法和精度要求,场区高程控制点的布设、精度要求和施测规定;对施工放样使用的图纸和资料的技术要求,各施工工序间放样、抄平的技术要求、检核方法和限差规定;结构安装测量中放样的方法和测量允许偏差;灌注桩、界桩和红线点的布设和施测方法及要求;水工建筑物施工放样的方法和测量允许偏差;高层建筑物与预制构件拼装的竖向测量偏差等。

续表

测量工作	设计方案要点
施工测量	④质量控制环节和质量检查的主要要求。 ⑤上交和归档成果及其资料的内容和要求。 ⑥有关附录
竣工测量	①规定测量仪器的类型、数量、精度指标及相关专业应用软件等。 ②规定作业的技术路线和流程。 ③规定作业方法和技术要求，包括：竣工图的分幅、编号、比例尺以及图例、符号等；竣工测量的内容、方法和精度要求；竣工图的内容、精度要求和作业技术要求；对竣工图各项注记及其他要求等。 ④质量控制环节和质量检查的主要要求。 ⑤上交和归档成果及其资料的内容和要求。 ⑥有关附录
线路测量	①规定测量仪器的类型、数量、精度指标及相关专业应用软件等。 ②规定作业的技术路线和流程。 ③规定作业方法和技术要求，包括：线路控制点的布设方案和要求，联测方法和技术要求，确定线路的测图比例尺；中线、曲线的起点与终点位置、布设要求、实测方法、技术要求以及断面的间距和断面点密度的要求；各种桩点（中桩、转点、交叉点、断面点、曲线点等）的平面和高程的施测方法和精度要求；线路测量各阶段对各种点位复测的要求，各次复测值之间的限差规定；架空索道的方向点偏离直线的精度要求等。 ④质量控制环节和质量检查的主要要求。 ⑤上交和归档成果及其资料的内容和要求。 ⑥有关附录
变形测量	①规定测量仪器的类型、数量、精度指标及相关专业应用软件等。 ②规定作业的技术路线和流程。 ③规定作业方法和技术要求，包括：基准点设置和变形观测点的布设方案、标石埋设规格、施测方法及其精度要求；变形测量的观测周期和观测要求；数据处理方法、计算公式和统计检验方法；手簿、记录和计算的要求等。 ④上交和归档成果及其资料的内容和要求。 ⑤有关附录

13.4.3　摄影测量与遥感

摄影测量与遥感专业技术设计书的主要内容见表 13.8。

表 13.8　摄影测量与遥感专业技术设计书的内容

内　容	简要说明
任务概述	说明任务来源、测区范围、地理位置、行政隶属、成图比例尺、任务量等基本情况
测区自然地理概况和已有资料情况	①测区自然地理概况。说明与设计方案或作业有关的作业区自然地理概况，内容可包括测区地形概况、地貌特征、海拔高度、相对高差、地形类别、困难类别和居民地、道路、水系、植被等要素的分布与主要特征，气候、风雨季节及生活条件等情况。 ②已有资料情况。说明地形图资料采用的平面和高程基准、比例尺、等高距、测制单位和年代等；说明基础控制资料的平面和高程基准、精度及其点位分布等；说明航摄资料的航摄单位、摄区代号、摄影时间、摄影机型号、焦距、像幅、像片比例尺、航高、底片（像片）质量、扫描分辨率等；说明遥感资料数据的时相、分辨率、波段等；说明资料的数量、形式，主要质量情况和评价等；说明资料利用的可能性和利用方案等

续表

内　容	简要说明
引用文件	所引用的标准、规范或其他技术文件
成果(或产品)规格和主要技术指标	说明作业或成果的比例尺、平面和高程基准、投影方式、成图方法、图幅基本等高距、数据精度、格式、基本内容以及其他主要技术指标等
设计方案	各种测量工作的设计方案详见表 13.9

表 13.9　摄影测量与遥感各种测量工作的设计方案

测量工作	设计方案要点
航空摄影	注:按《航空摄影技术设计规范》(GB/T 19294—2003)执行
摄影测量	①软件、硬件环境及其要求。 ②规定作业的技术路线或流程。 ③规定各工序作业要求和质量指标。包括:控制测量的平面和高程控制点的布设方案、施测方法、技术要求、限差规定和精度估算;内判外调的方案和技术要求,新增地物、地貌以及云影、阴影地区的补测要求,居民地、地形要素等的特征及其表示方法;地名调查及其表达、碎部点测量、影像扫描的技术要求;空中三角测量加密方案及其要求;矢量数据的采集方法和编辑(数据的分层、编码、属性内容、数据编辑和接边、图幅裁切、图廓整饰等技术和质量)的要求,数字高程模型格网间隔、格网点高程中误差、数据格式等技术、质量要求,数字正射影像图的分辨率、影像数据纠正、镶嵌、裁切、图廓整饰等技术、质量的要求,元数据的制作要求,图历簿(文档簿)的样式和填写要求。 ④在隐蔽、困难地区,或采用新技术新方法测图时,需规定具体的作业方法、技术要求、限差规定和必要的精度估算。 ⑤质量控制环节和质量检查的主要要求。 ⑥成果上交和归档要求。 ⑦有关附录
遥感	①硬件平台和软件环境。 ②作业的技术路线和工艺流程。 ③规定遥感资料获取、控制和处理的技术和质量要求。包括:遥感资料获取(选取遥感资料的基本要求,所获取遥感资料的名称、摄影参数、范围、格式、质量情况等),控制要求(控制点选取的方法、点数及其分布和计算的精度要求等),处理要求(各工序如纠正、融合及其他内容等的技术要求及影像质量、误差精度要求等;遥感图像解译的方法、技术指标和标志如解译、形态、影像、色调及其整饰、注记的方法和技术要求等)。 ④其他相关的技术、质量要求。 ⑤质量控制环节和质量检查的主要要求。 ⑥成果上交和归档要求。 ⑦有关附录

13.4.4　野外地形数据采集及成图

野外地形数据采集及成图专业技术设计书的主要内容见表 13.10。

表 13.10　野外地形数据采集及成图专业技术设计书的内容

内　容	简要说明
任务概述	说明任务来源、测区范围、地理位置、行政隶属、成图比例尺、采集内容、任务量等基本情况

续表

内　容	简要说明
测区自然地理概况和已有资料情况	①测区自然地理概况：测区地理特征、居民地、交通、气候情况和困难类别等。 ②已有资料情况：说明已有资料的施测年代、采用的平面及高程基准、资料的数量、形式、主要质量情况和评价，利用的可能性和利用方案等
引用文件	所引用的标准、规范或其他技术文件
成果(或产品)规格和主要技术指标	说明作业或成果的比例尺、平面和高程基准、投影方式、成图方法、成图基本等高距、数据精度、格式、基本内容以及其他主要技术指标等
设计方案	①规定测量仪器的类型、数量、精度指标及相关专业应用软件等。 ②图根控制测量：规定各类图根点的布设、标志的设置，观测使用的仪器、测量方法和测量限差的要求等。 ③规定作业方法和技术要求：野外地形数据采集方法，内容、要素代码、精度要求，属性调查的内容和要求，数字高程模型的高程数据采集要求，数据记录要求，数据编辑、接边、处理、检查和成图工具要求，数字高程模型和数字地形模型的内插和分层设色要求等。 ④其他特殊要求：如采用新技术、新仪器测图时的具体作业方法、技术要求、限差规定和必要的精度估算。 ⑤质量控制环节和质量检查的主要要求。 ⑥上交和归档成果及其资料的内容和要求。 ⑦有关附录

13.4.5　地图制图和印刷

(1)地图制图专业技术设计书的主要内容见表13.11。

表13.11　地图制图专业技术设计书的内容

内　容	简要说明
任务概述	说明任务来源、制图范围、行政隶属、地图用途、任务量、完成期限、承担单位等基本情况。对于地图集(册)，还应重点说明其要反映的主体内容等。对于电子地图，还应说明软件基本功能及应用目标等
作业区自然地理概况和已有资料情况	①作业区自然地理概况：根据需要说明与设计方案或作业有关的作业区自然地理概况，内容可包括作业区地形概况、地貌特征、困难类别和居民地、水系、道路、植被等要素的主要特征。 ②已有资料情况：说明已有资料采用的平面和高程基准、比例尺、等高距和测制单位和年代；资料的数量、形式；主要质量情况和评价；分析基本资料、补充资料和参考资料及其利用的可能性和利用方案等
引用文件	所引用的标准、规范或其他技术文件
成果(或产品)规格和主要技术指标	说明地图比例尺、投影、分幅、密级、出版形式、坐标系统及高程基准、等高距、地图类别和规格，地图性质、精度以及其他主要技术指标；地图集(册)的开本及其尺寸、主要结构；电子地图的主题内容、制图区域、比例尺、用途、功能、媒体集成程度、数据格式、可视化模型及其表现、数据发布方式等
设计方案	①普通地图和专题地图：说明作业所需的软件、硬件配置；作业的技术路线和流程；作业过程、方法和技术要求(见表13.12)；质量控制环节和质量检查的主要要求；最终提交和归档成果和资料的内容及要求；有关附录。 ②电子地图：制作电子地图以及多媒体制作与浏览所需的各种软、硬件配置要求；电子地图制作的技术路线和主要流程；电子地图制作的主要内容、方法和要求(见表13.12)；最终提交和归档成果和资料的内容及要求；有关附录

表 13.12 地图制图的方法和要求

普通地图和专题地图	电子地图
①地图扫描处理：规定地图扫描分辨率、色彩模式、数据格式、纠正方法、数据编辑的主要内容、色彩处理等作业方法和质量要求等。 ②数学基础：规定地图的数学基础及其作业方法和技术要求。 ③数据采集与编辑处理：规定地图表示的数据内容、采集方法、要素表示关系的处理原则、数据接边以及数据编辑处理的其他要求等；规定地图的图面配置、图廓整饰、图幅裁切等技术、质量要求；规定地图各要素符号、注记等的表示要求；规定地图数据的色彩表示、输出分版或分色、排版式样、输出材料以及印刷原图的制作要求等；规定地图集（册）的详细结构、内容安排、排版样式，各图幅诸内容的选取原则、表示方法，图片、文字的编排样式，文字的字体、大小，地图集（册）的印刷、装帧方面的主要要求，图历簿填写要求等	①规定空间信息可视化对象的基本属性内容。 ②规定多媒体可视化表现形式和对媒体数据的要求。 ③规定对地图符号系统设计和地图层次结构（由主题信息内容、主题相关信息和背景信息内容等组成）设计、的内容、表现手段和要求等。 ④规定电子地图系统设计的主要内容，包括主题内容、表现形式、软件功能及应用目标等。 ⑤规定电子地图空间信息可视化的表现手段与基本形式等。 ⑥规定电子地图空间信息的流程结构和组织方式。 ⑦规定电子地图的界面结构和交互方式等。 ⑧其他需要规定的内容和要求

（2）地图印刷专业技术设计书的主要内容见表 13.13。

表 13.13 地图印刷专业技术设计书的内容

内　容	简要说明
任务概述	说明任务来源、性质、用途、任务量、完成期限等基本情况
印刷原图情况	说明印刷原图的种类、形式、分版情况、制作单位、精度和质量情况，对存在的问题的处理意见；说明其他有关资料的数量、形式、质量情况和利用方案等
引用文件	所引用的标准、规范或其他技术文件
主要质量指标	说明印刷的精度、印色、印刷的主要材料（如纸张、胶片、版材等）、装帧方法以及成品的主要质量、数量情况等
设计方案	①确定印刷作业的主要工序和流程。 ②规定所需工序作业的方法和技术，质量要求，包括拼版的方法和要求：制版作业的方法、材料、技术和质量要求；修版的方法、内容和要求；打样的种类、数量和质量要求；印刷设备、纸张类型、印色、印序和印数、印刷精度和墨色等要求；装帧的方法、技术要求、采用的材料以及清样本的制作；裁切设备、尺寸和精度要求；采用新工艺、新方法、新材料的技术质量要求等。 ③提交和归档成果（或产品）和资料的要求。 ④有关的附录

13.4.6 界线测绘

界线测绘专业技术设计书的主要内容见表 13.14。

表 13.14 界线测绘专业技术设计书的内容

内　容	简要说明
任务概述	说明任务来源、测区范围、行政隶属、测图比例尺、任务量等基本情况

续表

内　容	简要说明
测区自然地理概况和已有资料情况	①测区自然地理概况：说明与设计方案或作业有关的作业区自然地理概况，包括测区的地理特征、居民地、道路、水系、植被等要素的主要特征，地形类别以及测区困难类别，经济总体发展水平，土地等级及利用概况等。 ②已有资料情况：说明已有控制成果和图件的形式、采用的平面、高程基准，比例尺，大地点分布密度、等级，行政区划资料、质量情况评价，利用的可能性和利用方案等。对于地籍测绘和房产测绘，还要说明房屋普查资料、土地利用现状调查资料的现势性和可靠性、土地利用分类、土地权属单元的划分、城镇房产类别、房屋建筑结构分类等标准的制定单位和年代等资料情况和利用方案
引用文件	所引用的标准、规范或其他技术文件
成果(或产品)规格和主要技术指标	说明作业或成果的比例尺、平面和高程基准、投影方式、成图方法、数据精度、格式、基本内容，以及其他主要技术指标等
设计方案	①规定测量仪器的类型、数量、精度指标及相关专业应用软件等。 ②规定作业的技术路线和流程。 ③规定作业方法和技术要求(详见表13.15)。 ④质量控制环节和质量检查。 ⑤上交和归档成果及其资料的内容和要求。 ⑥有关附录

表13.15　界线测绘的作业方法和技术要求

工作事项	设计要点
地籍测绘	①控制测量：平面控制的布设方案，觇标和埋石的规格，观测方法、观测限差，新旧点联测方案及控制网的精度估算。 ②外业调绘：确定外业调绘图件(地形图、航摄像片、影像平面图及其他图件)及地籍要素调绘或调查的内容和方法，各种权属界线的表示和地块的编号方法。 ③界址点实测和面积量算的方法和技术及其质量要求。 ④测图作业：测图的作业方法、使用的仪器、精度要求和各项限差，地籍要素和地形要素的表示方法等
房产测绘	①控制测量：平面控制的布设方案、觇标和埋石的规格、观测方法、观测限差，新旧点联测方案及控制网的精度估算。 ②房产调查(或调绘)：规定房产调查(或调绘)的内容和方法、地块和房屋(幢号)的编号方法、房产调查表的填写要求。 ③界址点布设、编号和实测的方法和技术质量要求。 ④房产图绘制和面积量算的方法和技术质量要求
境界测绘	①控制测量：平面控制的布设方案、觇标和埋石的规格、观测方法、观测限差，新旧点联测方案及控制网的精度估算。 ②外业调绘：确定调绘的内容、方法和技术要求。 ③界址点实测和界桩埋设的方法和技术质量要求等

13.4.7　基础地理信息数据建库

基础地理信息数据建库专业技术设计书的主要内容见表13.16。

表 13.16 基础地理信息数据建库专业技术设计书的内容

内 容	简要说明
任务概述	说明任务来源、管理框架、建库目标、系统功能、预期结果、完成期限等基本情况
已有资料情况	说明数据来源、数据范围、数据产品类型、格式、精度、数据组织、主要质量指标和基本内容等质量情况;结合数据入库前的检查、验收报告或其他有关文件,说明数据的质量情况和利用方案
引用文件	所引用的标准、规范或其他技术文件
成果(或产品)规格和主要技术指标	说明数据库范围、内容、数学基础、分幅编号、成果(或产品)的空间单元、数据精度、格式及其他重要技术指标
设计方案	①规定建库的技术路线和流程,明确其主要过程及其接口。 ②系统软件和硬件的设计,规定建库的操作系统、数据库管理系统及有关的制图软件;数据库输入设备、输出设备和数据处理、存储等设备的功能要求或型号、主要技术指标等;规划网络结构(如网络拓扑结构、网线、网络连接设备等)。 ③数据库概念模型设计,规定数据库的系统构成、空间定位参考、空间要素类型及其关系、属性要素类型及其关系等。 ④数据库逻辑设计,规定要素分类与代码、层(块)、属性项及值域范围以及数据安全性控制技术要求等。 ⑤数据库物理设计,描述数据库类型(如关系型数据库、文件型数据库),软件、硬件平台,数据库及其子库的命名规则、类型、位置及数据量等。 ⑥其他技术规定,如用户界面形式、安全备份要求及其他安全规定等。 ⑦数据库管理和应用的技术规定。 ⑧数据库建库的质量控制环节和检查要求(包括对数据入库前的检查和整理要求)。 ⑨上交和归档成果及其资料的内容和要求。 ⑩有关附录

13.4.8 地理信息系统

地理信息系统专业技术设计书的主要内容见表 13.17。

表 13.17 地理信息系统专业技术设计书的内容

内 容	简要说明
需求规格说明书	①引言。编写目的、编写背景、定义、参考资料等。 ②项目概述。项目目标、内容、现行系统的调查情况,系统运行环境,条件与限制等。 ③系统数据描述。包括静态数据、动态数据、数据流图、数据库描述、数据字典、数据加工、数据采集等。 ④系统功能需求。包括功能划分、功能描述等。 ⑤系统性能需求。包括数据精确度、时间特性、适应性等。 ⑥系统运行需求。包括用户界面、硬件接口、软件接口、故障处理等。 ⑦质量保证。 ⑧其他需求(如可使用性、安全保密性、可维护性、可移植性等)
系统设计	①系统总体设计。包括:体系结构设计,C/S 结构或 B/S 结构的选择;软件配置与硬件网络架构(软件配置,硬件及网络环境设计)等。 ②系统功能设计。包括:数据采集与加工、数据检查与入库、数据更新与维护、数据查询与浏览、数据输出与转换、数据发布与共享、元数据管理,以及控制测量成果管理、地名管理等。 ③系统安全设计。包括:网络的安全与保密、应用系统的安全措施、数据备份和恢复机制、用户管理等
数据库设计	参见表 13.16

续表

内　容	简要说明
详细设计说明书	①引言。背景、参考资料、术语和缩写语等。 ②程序(模块)系统的组织结构。 ③模块(子程序)设计说明

第 14 章 测绘项目组织实施

大纲要求

根据测绘地理信息项目的类型、工作内容、难易程度及工期、技术和质量等要求，确定需要投入项目的管理人员、各工序技术人员、质量控制人员以及专业仪器设备，并依据项目要求和技术设计，对项目实施进度、作业过程质量、各工序成果进行监督控制。

知识要点

14.1 项目目标管理

测绘项目目标实际上就是在规定的工期内尽量降低成本、保证质量地完成项目合同中所要求的所有测绘任务。项目目标包括工期目标、成本目标和质量目标。

14.1.1 工期目标

工期目标就是在项目合同规定的时间内完成整个项目。工期目标可分解为各个工序的工期目标。

14.1.2 成本目标

成本目标就是完成项目所需花费的目标数额，也可称为成本预算。成本可分解为人工成本、设备折旧或租用成本、消耗材料成本三大类。这三类成本可按工序进一步分解。

14.1.3 质量目标

质量目标就是期望项目最终能够达到的质量等级。质量等级分为优、良和合格。衡量项目质量有很详细的质量指标体系。

14.2 项目资源配置

14.2.1 人员配置

测绘项目人员配置分为项目负责人、生产管理组、技术管理组、质量控制组、后勤服务部门。

1. 项目负责人

一般由院长（总经理）担任，全面负责本项目生产计划的实施，技术管理、质量控制、资料的安全保密管理等工作。

2. 生产管理组

（1）项目生产负责人一般由生产院长（项目经理）担任，全面负责整个项目的工作，包括经费控制、进度控制、质量控制、人员管理等工作。

（2）中队（部门）生产负责人一般由中队长（部门经理）担任，全面负责整个中队（部门）的生产工作，也包括经费控制、进度控制、质量控制、人员管理等工作。

(3)作业组生产负责人一般由各生产作业组长担任，只负责作业组的进度、质量和人员管理，一般不负责经费管理。

3. 技术管理组

(1)项目技术负责人一般由总工担任，是测绘项目的最高技术主管，负责整个项目的技术工作。

(2)中队(部门)技术负责人一般由中队(部门)工程师担任，全面负责整个中队(部门)的技术工作。

(3)作业组技术负责人一般由各生产作业组工程师担任，负责全组的技术工作，也可兼做作业员的工作。

4. 质量控制组

一般由质量控制部门负责，对每一道工序进行质量检查。

5. 后勤服务部门

包含资料管理组、设备管理组、安全保障组、后勤保障组等。

14.2.2 设备配置

目前，测绘设备主要包括经纬仪、水准仪、全站仪、GPS 测量系统、航空摄影机和数字摄影测量工作站、数字成图系统等，前五类属于外业设备，后两类属于内业设备。另外还有相应的测绘应用软件。测绘项目要根据其项目类型、范围大小、技术路线、作业方法等配备合适的设备。

14.3 项目实施管理

测绘项目的实施目标是对测绘生产过程进行有效控制，保证测绘生产能按生产进度计划正常进行，最终测绘成果能够满足项目委托方的要求，创造测绘项目最大的经济效益与社会效益。主要包括工程进度控制、资金预算控制、质量控制。

14.3.1 工程进度控制

1. 人员按计划落实的控制监督

主要包括：

(1)作业现场组织机构(如生产管理部门、质量检查部门、后勤保障部门)是否齐全，是否与投标方案中拟定的组织结构一致；

(2)作业现场的主要作业人员是否与投标文件中拟定的参与项目生产的人员相一致，人员数量、素质能否满足实际工作的需求，是否经过岗位培训。

2. 仪器设备按计划落实的控制监督

主要包括：

(1)投入生产使用的仪器设备是否与开工前准备使用的仪器一致；

(2)作业现场仪器设备总量是否满足本项目工作的需要；

(3)生产作业所应用的仪器设备是否经过测绘仪器计量部门的检定，检定结果是否符合要求；

(4)所使用的平差计算、数据处理和编图软件等能否符合项目委托方的要求。

3. 完成进度与计划的符合情况检查

主要包括：

(1)进度安排是否符合测绘项目总进度计划和各个工序分目标的要求，是否符合合同中规定的开工、竣工时间；

(2)实施阶段总进度计划中的项目是否有遗漏，测绘工程准备阶段的时间是否满足整体开工的必要配备条件；

(3)工序安排是否合理，是否符合生产工艺的要求；

(4)总包、分包分别编制的实施阶段进度计划是否相协调，各项分工与计划是否合理；

(5)对于项目委托方需要提供的施工条件（资金、基础资料等）在测绘实施阶段进度计划中安排得是否明确、合理，是否有造成因项目委托方违约而导致工程延期的可能。

4. 影响生产进度完成计划的因素

(1)在估计项目的特点及项目实现的条件时，过高或过低地估计了有利因素。例如资金的保障情况、测区内的作业条件等。

(2)在项目实施过程中各有关方面工作上的失误。例如项目委托方设计要求的变更、作业顺序的调整等。

(3)不可预见事件的发生。不可预见事件包括政治、经济及自然等方面。

14.3.2 资金预算控制

1. 资金控制的含义

(1)资金控制不是单一的目标控制，而是与质量控制、进度控制同步进行的。

(2)资金控制应具有全面性，项目的全部费用都应纳入控制范围。

(3)坚持技术与经济相结合的措施，力争做到经济指标合理基础上的技术先进、技术指标先进条件下的经济合理。

2. 资金控制的内容

测绘项目的资金控制管理贯穿于项目的全过程。主要包括如下内容。

(1)分析测绘项目资金预算的科学合理性。资金预算要符合项目本身的特点，涵盖整个测绘项目的全部费用。

(2)检查资金预算执行与工程进度的符合性。资金预算的执行应随着工程进度的推进而逐步执行。工程实施的每个阶段的资金执行情况都应符合最初的资金预算成本。如出现偏差应及时调整，以使得项目资金的实际支出与预算尽量符合。如有不可抗力情况出现或测绘项目计划调整较大时，预算资金需要进行调整时，可将调整后的预算资金方案上报项目委托方，经项目委托方批准后，按新的资金预算方案执行。

(3)核查资金预算执行内容的完整性。测绘项目的全部费用应纳入执行范围，不能出现项目支出漏项。测绘项目资金执行要包含生产成本和经营成本测算，以及各个项目工序的预算资金测算，并与资金预算总额保持一致。

14.3.3 质量控制

1. 质量控制的重要性

实施阶段的质量控制是测绘项目质量控制的重点，它由生产单位对该项目的预期投入（主要是人员、设备、作业环境等）、组织生产过程和生产出来的测绘成果进行全过程的控制，以期按标准达到预定的成果质量目标。

质量控制的重要性主要体现在：①质量控制是项目委托方投资得以最快收益的前提。②质量控制是保证生产单位提供满足项目委托方要求成果的有力保障。③质量控制有利于生产进度计划的顺利实施。④质量控制是目标控制的核心。

2. 质量控制的基本依据

主要包括：①测绘合同。②经审批的技术设计书或作业指导书。③国家及地方政府颁布有关测绘的法律、法规和规范性文件。④有关的国家标准、行业标准、地方标准。

3. 质量控制的方法

主要通过“二级检查、一级验收”的方法，对项目各个工序的过程成果和最终成果进行有效质量控制。对于大型的测绘项目，要进行“第一幅图”的试生产实验。

(1)试生产实验。生产开工时要做好“第一幅图”试生产。通过试生产实验，完善作业流程与检查流程，加强过程检查的质量控制，保证各生产过程均处于受控状态，为后续项目的大规模展开提供可靠的生产、技术流程与质量控制的依据。

(2)工序(过程)成果质量控制。工序(过程)成果泛指测绘生产过程中各工序生产出来的阶段性成果，该成果可能是测绘最终成果的组成部分，也可能是生产过程的一个过程产品。

工序质量的检查检验，就是对工序操作及其完成产品的质量进行实际而及时的检查，并将所检查的结果同该工序的质量特性的技术标准进行比较，从而判断是否合格或优良。只有作业过程中的中间产品质量都符合要求，才能保证最终测绘成果的质量。

(3)二级检查。二级检查指测绘单位作业部门的过程检查、质量管理部门的最终检查。其特点为：作业人员必须自检；作业人员之间进行互检；不同工序之间的材料交接和转换必须进行交接检查；检查出来的问题及其处理要有相应的整改记录。

(4)一级验收。由项目发包单位或其委托的成果质量检验单位对测绘成果质量进行验收。

第 15 章　成果质量检查验收

大纲要求

（1）根据国家标准《测绘成果质量检查与验收》（GB/T 24356—2009）和《数字测绘成果质量检查与验收》（GB/T 18316—2008）的规定，对测绘地理信息成果实施“二级检查、一级验收”。

（2）按照行业标准化指导文件《测绘成果质量检验报告编写基本规定》（CH/Z 1001—2007）编写测绘成果质量检验（查）报告。

知识要点

15.1　检查验收的术语

1. 检查验收的概念

为了评定测绘成果质量，须严格按照相关技术细则或技术标准，通过观察、分析、判断和比较，适当结合测量、试验等方法对测绘成果质量进行符合性评价。

2. 相关术语

（1）单位成果：为实施检查与验收而划分的基本单位。

（2）批成果：同一技术设计要求下生产的同一测区的、同一比例尺（或等级）单位成果集合。

（3）批量：批量成果中单位成果的数量。

（4）样本：从批成果中抽取的用于评定批成果质量的单位成果集合。

（5）样本量：样本中单位成果的数量。

（6）全数检查：对批成果中全部单位成果逐一进行的检查。

（7）抽样检查：从批成果中抽取一定数量样本进行检查。

（8）质量元素：说明质量的定量、定性组成部分。即成果满足规定要求和使用目的的基本特性。质量元素的适用性取决于成果的内容以及成果规范，并非所有的质量元素适用于所有的成果。

（9）质量子元素：质量元素的组成部分，描述质量元素的一个特定方面。

（10）检查项：质量子元素的检查内容。说明质量的最小单位，质量检查和评定的最小实施对象。

（11）详查：对单位成果质量要求的全部检查项进行的检查。

（12）概查：对单位成果质量要求中的部分检查项进行的检查。部分检查项一般指重要的、特别关注的质量要求或指标，或系统性的偏差、错误。

（13）错漏：检查项的检查结果与要求存在的差异。根据差异的程度，将其分为 A、B、C、D 四类：A 类，极重要检查项的错漏；B 类，重要检查项的错漏，或检查项的严重错漏；C 类，较重要检查项的错漏,或检查项的较重错漏;D类,一般检查项的轻微错漏。

(14)高精度检测:检测的技术要求高于生产的技术要求。

(15)同精度检测:检测的技术要求与生产的技术要求相同。

(16)简单随机抽样:从批成果中抽取样本时,使每一个单位成果都以相同概率构成样本,可采用抽签、掷骰子、查随机数表等方法。

(17)分层随机抽样:将批成果按作业工序或生产时间段、地形类别、作业方法等分层后,根据样本量分别从各层中随机抽取1个或若干个单位成果组成样本。

15.2　成果质量检查验收基本规定

1. 检查验收制度

"二级检查、一级验收"指:测绘地理信息成果应依次通过测绘单位作业部门的过程检查、测绘单位质量管理部门的最终检查和项目管理单位组织的验收或委托具有资质的质量检验机构进行质量验收。具体要求如下。

(1)过程检查采用全数检查。过程检查应逐单位成果进行详查,检查出的错误修改后应通过复查方可提交最终检查。

(2)最终检查一般采用全数检查,涉及野外检查项的可采用抽样检查,样本以外的应实施内业全数检查。最终检查不合格的单位成果应退回处理并重新进行最终检查;最终检查合格的单位成果,检查出的错误修改后应通过复查方可提交验收。最终检查完成后,应编写检查报告,随成果一并提交验收。

(3)验收一般采用抽样检查。质量检验机构应对样本进行详查,必要时可对样本以外的单位成果的重要检查项进行概查。

(4)各级检查验收工作应独立、按顺序进行,不得省略、代替或颠倒顺序。

(5)最终检查应审核过程检查记录,验收应审核最终检查记录,审核中发现的问题作为资料质量错漏处理。

2. 检查验收依据

成果质量检查验收的依据包括:有关法律法规,有关国家标准、行业标准,技术设计书,测绘任务书、合同书和委托验收文件等。

3. 提交检查验收的资料

项目提交的成果资料必须齐全,主要包括:

(1)项目设计书、专业技术设计书、技术总结等;

(2)文档簿、质量跟踪卡等;

(3)数据文件,包括图廓内外整饰信息文件、元数据文件等;

(4)作为数据源使用的原图或复制的二底图;

(5)图形或影像数据输出的检查图或模拟图;

(6)技术规定或技术设计书规定的其他文件资料。

提交验收时,还应包括检查报告。

4. 数学精度检测

图类单位成果高程精度检测、平面位置精度检测及相对位置精度检测,检测点(边)应分布均匀、位置明显。检测点(边)数量视地物复杂程度、比例尺等具体情况确定,每幅图一般各选取 20～50 个。

按单位成果统计数学精度，困难时可以适当扩大统计范围。在允许中误差 2 倍以内（含 2 倍）的误差值均应参与数学精度统计，超过允许中误差 2 倍的误差视为粗差。同精度检测时，在允许中误差 $2\sqrt{2}$ 倍以内（含）的误差值均应参与数学精度统计，超过允许中误差 $2\sqrt{2}$ 倍的误差视为粗差。检测点（边）数量少于 20 时，以误差的算术平均值代替中误差；大于 20 时，按中误差统计。

高精度检测时，中误差按式（15.1）计算：

$$M=\sqrt{\frac{\sum_{i=1}^{n}\Delta_i^2}{n}} \tag{15.1}$$

式中，M 为成果中误差，n 为检测点（边）总数，Δi 为较差。（提示：将检测值视为真值。）

同精度检测时，中误差按式（15.2）计算：

$$M=\sqrt{\frac{\sum_{i=1}^{n}\Delta_i^2}{2n}} \tag{15.2}$$

式中，M 为成果中误差，n 为检测点（边）总数，Δi 为较差。（提示：将检测值与原观测值视为双观测值。）

5. 检查验收记录与报告

检查验收记录包括质量问题及其处理记录、质量统计记录等。最终检查、验收工作完成后，应分别编写检查、验收报告，并随测绘成果一起归档。

6. 质量问题处理

过程检查、最终检查中发现的质量问题应改正。

验收中发现有不符合技术标准、技术设计书或其他有关技术规定的成果时，应及时提出处理意见，交测绘单位进行改正。当问题较多或性质较重时，可将部分或全部成果退回测绘单位或部门重新处理，然后再进行验收。

经验收判为合格的批，测绘单位或部门要对验收中发现的问题进行处理，然后进行复查。经验收判为不合格的批，要将检验批全部退回测绘单位或部门进行处理，然后再次申请验收。再次验收时应重新抽样。

过程检查、最终检查工作中，当对质量问题的判定存在有分歧时，由测绘单位总工程师裁定；验收工作中，当对质量问题的判定存在分歧时，由委托方或项目管理单位裁定。

15.3 抽样检查程序

抽样检查的程序包括组成批成果、确定样本量、抽取样本、检验、质量评定、编制报告。

1. 组成批成果

批成果应由同一技术设计要求下生产的同一测区的、同一比例尺（或等级）单位成果汇集而成。生产量较大时，可根据生产时间的不同、作业方法不同或作业单位不同等条件分别组成批成果，实施分批检验。

2. 确定样本量

抽样检查时根据检验批的批量确定样本量，具体见表 15.1。

表 15.1　批量与样本量对照

批 量	样本量	批 量	样本量
1～20	3	121～140	12
21～40	5	141～160	13
41～60	7	161～180	14
61～80	9	181～200	15
81～100	10	⩾201	分批次提交,批次数应最小,各批次的批量应均匀
101～120	11		

注:当样本量不小于批量时,则全数检查。

3. 抽取样本

样本的样本应分布均匀,以"点""景""测段""幢"或"区域网"等为单位在检验批中随机抽取样本,一般采用简单随机抽样,也可根据生产方式或时间、等级等采用分层随机抽样。按样本量从批成果中提取样本,并提取单位成果的全部有关资料。

下列资料按 100％提取样本原件或复印件:项目设计书、专业技术设计书、生产过程中的补充规定,技术总结、检查报告及检查记录,仪器检定证书和检验资料复印件,其他需要提供的文档资料等。

4. 检验

根据成果质量的内容与特性,分别采用详查、概查的方式检验,并统计存在的各种错漏数量、错误率、中误差等。

5. 质量评定

质量评定包括单位成果质量评定、样本质量评定和批成果质量评定。

6. 编制报告

质量检验报告的内容、格式见 GB/T 18316—2008 附录 A,主要包括:检验工作成果概况、检验依据、抽样情况、检验内容及方法、主要质量问题及处理、质量统计及质量综述、附件(附图、附表)。

质量检查报告参照执行。

15.4　质量评分方法

1. 数学精度评分方法

数学精度按表 15.2 的规定采用分段直线内插的方法计算质量分数;多项数学精度评分时,单项数学精度得分均大于 60 分时,取其算术平均值或加权平均。

表 15.2　数学精度评分标准

数学精度值	质量分数
$0 \leqslant M \leqslant 1/3 \times M_0$	$S=100$
$1/3 \times M_0 < M \leqslant 1/2 \times M_0$	$90 \leqslant S < 100$
$1/2 \times M_0 < M \leqslant 3/4 \times M_0$	$75 \leqslant S < 90$
$3/4 \times M_0 < M \leqslant M_0$	$60 \leqslant S < 75$

续表

数学精度值	质量分数

$$M_0=\sqrt{m_1^2+m_2^2}$$

式中，M_0为允许中误差的绝对值；m_1 为规范或相应技术文件要求的成果中误差，m_2 为检测中误差(高精度检测时取 $m_2=0$)；M 为成果中误差的绝对值；S 为质量分数(分数值根据数学精度的绝对值所在区间进行内插)

2. 成果质量错漏扣分标准

成果质量错漏扣分标准按表 15.3 执行。

表 15.3 成果质量错漏扣分标准

差错类型	扣分值
A 类	42
B 类	$12/t$
C 类	$4/t$
D 类	$1/t$

注：一般情况下取 $t=1$。需要进行调整时，以困难类别为原则，按《测绘生产困难类别细则》进行调整(平均困难类别 $t=1$)

3. 质量子元素评分方法

将质量子元素得分预置为 100 分，根据表 15.3 的要求对相应质量子元素中出现的错漏逐个扣分。S_2 的值按式(15.3)计算。

$$S_2=100-[a_1\times(12/t)+a_2\times(4/t)+a_3\times(1/t)] \tag{15.3}$$

式中，S_2 为质量子元素得分；a_1、a_2、a_3 为质量子元素中相应的 B 类错漏、C 类错漏、D 类错漏个数；t 为扣分值调整系数。

4. 质量元素评分方法

采用加权平均法计算质量元素得分。S_1 的值按式(15.4)计算。

$$S_1=\sum_{i=1}^{n}(S_{2i}\times p_i) \tag{15.4}$$

式中：S_1、S_{2i} 为质量元素、相应质量子元素得分；p_i 为相应质量子元素的权；n 为质量元素中包含的质量子元素个数。

5. 单位成果质量评分

采用加权平均法计算单位成果质量得分。S 的值按式(15.5)计算：

$$S=\sum_{i=1}^{n}(S_{1i}\times p_i) \tag{15.5}$$

式中：S、S_{1i} 为单位成果质量、质量元素得分；p_i 为相应质量元素的权；n 为单位成果中包含的质量元素个数。

15.5 成果质量评定

测绘单位评定单位成果质量和批成果质量等级。验收单位根据样本质量等级核定批成果质量等级。

15.5.1　单位成果质量评定

单位成果质量等级分为优、良、合格、不合格，见表 15.4。

表 15.4　单位成果质量等级评定标准

质量等级	质量得分
优	$S \geqslant 90$
良	$75 \leqslant S < 90$
合格	$60 \leqslant S < 75$
不合格	$S < 60$

当单位成果出现以下情况之一时，即判定为不合格：

(1)单位成果中出现 A 类错漏；

(2)单位成果高程精度检测、平面位置精度检测及相对位置精度检测，任一项粗差比例超过 5%；

(3)质量子元素质量得分小于 60 分。

15.5.2　样本质量评定

当样本中出现不合格单位成果时，评定样本质量为不合格。

全部单位成果合格后，根据单位成果的质量得分，按算术平均方式计算样本质量得分 S，按表 15.5 评定样本质量等级。

表 15.5　样本质量等级评定标准

质量等级	质量得分
优	$S \geqslant 90$
良	$75 \leqslant S < 90$
合格	$60 \leqslant S < 75$

15.5.3　批质量判定

1. 最终检查批成果质量评定

最终检查批成果合格后，按以下原则评定批成果质量等级。

优：优良品率达到 90%以上，其中优级品率达到 50%以上；

良：优良品率达到 80%以上，其中优级品率达到 30%以上；

合格：未达到上述标准的。

2. 验收批成果质量核定

验收单位根据评定的样本质量等级核定批成果质量等级。当测绘单位未评定批成果质量等级，或验收单位评定的样本质量等级与测绘单位评定的批成果质量等级不一致时，以验收单位评定的样本质量等级作为批成果质量等级。

3. 批成果质量判定

批成果质量判定的质量等级分为批合格、批不合格。

以下情形均判为批不合格：

(1)生产过程中使用未经计量检定或检定不合格的测量仪器的；

(2)详查和概查未同时合格的；

(3)当详查或概查中发现伪造成果现象或技术路线存在重大偏差的。

15.6 测绘成果的质量元素及检查项

15.6.1 大地测量

大地测量成果主要包括GPS测量成果、三角测量成果、导线测量成果、水准测量成果、光电测距成果、天文测量成果、重力测量成果以及大地测量计算成果。

(1)GPS测量成果的质量元素和检查项见表15.6。

表15.6 GPS测量成果的质量元素和检查项

质量元素	质量子元素	检查项
数据质量	数学精度	点位中误差与规范及设计书的符合情况;边长相对中误差与规范及设计书的符合情况
	观测质量	仪器检验项目的齐全性,检验方法的正确性;观测方法的正确性,观测条件的合理性;GPS点水准联测的合理性和正确性;归心元素、天线高测定方法的正确性;卫星高度角、有效观测卫星总数、时段中任一卫星有效观测时间、观测时段数、时段长度、数据采样间隔、PDOP值、钟漂、多路径效应等参数的规范性和正确性;观测手簿记录和注记的完整性和数字记录、划改的规范性;数据质量检验的符合性;规范和设计方案的执行情况;成果取舍和重测的正确性、合理性
	计算质量	起算点选取的合理性和起始数据的正确性;起算点的兼容性及分布的合理性;坐标改算方法的正确性;数据使用的正确性和合理性;各项外业验算项目的完整性、方法正确性,各项指标符合性
点位质量	选点质量	点位布设及点位密度的合理性;点位观测条件的符合情况;点位选择的合理性;点之记内容的齐全、正确性
	埋石质量	埋石坑位的规范性和尺寸的符合性;标石类型和标石埋设规格的规范性;标志类型、规格的正确性;标石质量,如坚固性、规格等;托管手续内容的齐全、正确性
资料质量	整饰质量	点之记和托管手续、观测手簿、计算成果等资料的规整性;技术总结、检查报告格式的规范性;技术总结、检查报告整饰的规整性
	资料完整性	技术总结、检查报告、上交资料的齐全性和完整情况

(2)三角测量成果的质量元素和检查项见表15.7。

表15.7 三角测量成果的质量元素和检查项

质量元素	质量子元素	检查项
数据质量	数学精度	最弱边相对中误差符合性;最弱点中误差符合性;测角中误差符合性
	观测质量	仪器检验项目的齐全性、检验方法的正确性;各项观测误差的符合性;归心元素的测定方法、次数、时间及投影偏差情况,觇标高的测定方法及量取部位的正确性;水平角的观测方法、时间选择、光段分布,成果取舍和重测的合理性和正确性;天顶距(或垂直角)的观测方法、时间选择,成果取舍和重测的合理性和正确性;记簿计算正确性、注记的完整性和数字记录、划改的规范性
	计算质量	外业验算项目的齐全性,验算方法的正确性;验算数据的正确性及验算结果的符合性;已知三角点选取的合理性和起始数据的正确性
点位质量	选点质量	点位密度的合理性;点位选择的合理性;锁段图形权倒数值的符合性;展点图内容的完整性和正确性;点之记内容的完整性和正确性
	埋石质量	觇标的结构及橹柱与视线关系的合理性;标石的类型、规格和预制的质量情况;标石的埋设和外部整饰情况;托管手续内容的齐全性和正确性

续表

质量元素	质量子元素	检查项
资料质量	整饰质量	选点、埋石及验算资料整饰的齐全性和规整性；成果资料、技术总结、检查报告整饰的规整性
	资料完整性	技术总结、检查报告内容及上交资料的齐全性和完整性

(3)导线测量成果的质量元素和检查项见表15.8。

表15.8　导线测量成果的质量元素和检查项

质量元素	质量子元素	检查项
数据质量	数学精度	点位中误差、边长相对精度、方位角闭合差、测角中误差的符合性
	观测质量	仪器检验项目的齐全性、检验方法的正确性；各项观测误差的符合性；归心元素的测定方法、次数、时间及投影偏差情况，觇标高的测定方法及量取部位的正确性；水平角和导线测距的观测方法、时间选择、光段分布，成果取舍和重测的合理性和正确性；天顶距(或垂直角)的观测方法、时间选择，成果取舍和重测的合理性和正确性；记簿计算正确性、注记的完整性和数字记录、划改的规范性
	计算质量	外业验算项目的齐全性，验算方法的正确性；验算数据的正确性及验算结果的符合性；已知三角点选取的合理性和起始数据的正确性；上交资料的齐全性
点位质量	选点质量	导线网网形结构的合理性；点位密度的合理性；点位选择的合理性；展点图内容的完整性和正确性；点之记内容的完整性和正确性；导线曲折度
	埋石质量	觇标的结构及橹柱与视线关系的合理性；标石的类型、规格和预制的规整性；标石的埋设和外部整饰；托管手续内容的齐全性和正确性
资料质量	整饰质量	选点、埋石及验算资料整饰的齐全性和规整性；成果资料、技术总结、检查报告整饰的规整性
	资料完整性	技术总结、检查报告内容及上交资料的齐全性和完整性

(4)水准测量成果的质量元素和检查项见表15.9。

表15.9　水准测量成果的质量元素和检查项

质量元素	质量子元素	检查项
数据质量	数学精度	每公里偶然中误差的符合性；每公里全中误差的符合性
	观测质量	测段、区段、路线闭合差的符合性；仪器检验项目的齐全性、检验方法的正确性；测站观测误差的符合性；对已有水准点和水准路线联测和接测方法的正确性；观测和检测方法的正确性；观测条件选择的正确、合理性；成果取舍和重测的正确、合理性；记簿计算正确性、注记的完整性和数字记录、划改的规范性
	计算质量	环闭合差的符合性；外业验算项目的齐全性，验算方法的正确性；已知水准点选取的合理性和起始数据的正确性
点位质量	选点质量	水准路线布设及点位密度的合理性；路线图绘制的正确性；点位选择的合理性；点之记内容的齐全、正确性
	埋石质量	标石类型的正确性；标石埋设规格的规范性；托管手续内容的齐全、正确性
资料质量	整饰质量	观测、计算资料整饰的规整性；成果资料、技术总结、检查报告整饰的规整性
	资料完整性	技术总结、检查报告内容及上交资料的齐全性和完整性

(5)光电测距成果的质量元素和检查项见表15.10。

表 15.10 光电测距成果的质量元素和检查项

质量元素	质量子元素	检查项
数据质量	数学精度	边长精度超限
	观测质量	仪器检验项目的齐全性、检验方法的正确性；记簿计算正确性、注记的完整性和数字记录、划改的规范性；归心元素测定方法的正确性以及测定时间和投影偏差情况；测距边两端点高差测定方法正确性及精度情况；观测条件选择的正确、光段分配的合理性，气象元素测定情况；成果取舍和重测的正确、合理性；观测误差与限差的符合情况；外业验算的精度指标与限差的符合情况
	计算质量	外业验算项目的齐全性；外业验算方法的正确性；验算结果的正确性；观测成果采用正确性
资料质量	整饰质量	观测、计算资料、成果资料、技术总结、检查报告整饰的规整性
	资料完整性	技术总结、检查报告内容及上交资料的齐全性和完整性

注：与其他测量成果比较，"质量元素"中，无"点位质量"。

(6)天文测量成果的质量元素和检查项见表 15.11。

表 15.11 天文测量成果的质量元素和检查项

质量元素	质量子元素	检查项
数据质量	数学精度	经纬度中误差、方位角中误差的符合性；正、反方位角之差的符合性
	观测质量	仪器检验项目的齐全性，检验方法的正确性；记簿计算正确性、注记的完整性和数字记录、划改的规范性；归心元素测定方法的正确性；经纬度、方位角观测方法的正确性；观测条件选择的正确、合理性；成果取舍和重测的正确、合理性；各项外业观测误差与限差的符合性；各项外业验算的精度指标与限差的符合性
	计算质量	外业验算项目的齐全性；外业验算方法的正确性；验算结果的正确性；观测成果采用正确性
点位质量	选点质量	点位选择的合理性
	埋石质量	天文墩结构的规整性、稳定性；天文墩类型及质量符合性；天文墩埋设规格的正确性
资料质量	整饰质量	观测、计算资料整饰的规整性；成果资料、技术总结、检查报告整饰的规整性
	资料完整性	技术总结、检查报告内容及上交资料的齐全性和完整性

(7)重力测量成果的质量元素和检查项见表 15.12。

表 15.12 重力测量成果的质量元素和检查项

质量元素	质量子元素	检查项
数据质量	数学精度	重力联测中误差、重力点平面位置中误差、重力点高程中误差符合性
	观测质量	仪器检验项目的齐全性、检验方法的正确性；重力测线安排的合理性，联测方法的正确性；重力点平面坐标和高程测定方法的正确性；成果取舍和重测的正确、合理性；记簿计算正确性、注记的完整性和数字记录、划改的规范性；外业观测误差与限差的符合性；外业验算的精度指标与限差的符合性
	计算质量	外业验算项目的齐全性；外业验算方法的正确性；重力基线选取的合理性；起始数据的正确性
点位质量	选点质量	重力点布设位密度的合理性；重力点位选择的合理性；点之记内容的齐全、正确性
	埋石质量	标石类型的规范性和标石质量情况；标石埋设规格的规范性；照片资料的齐全性；托管手续的完整性

续表

质量元素	质量子元素	检查项
资料质量	整饰质量	观测、计算资料整饰的规整性；成果资料、技术总结、检查报告整饰的规整性
	资料完整性	技术总结、检查报告内容及上交成果资料的齐全性

(8)大地测量计算成果的质量元素和检查项见表15.13。

表15.13　大地测量计算成果的质量元素和检查项

质量元素	质量子元素	检查项
成果正确性	数学模型	采用基准的正确性；平差方案及计算方法的正确、完备性；平差图形选择的合理性；计算、改算、平差、统计软件功能的完备性
	计算正确性	外业观测数据取舍的合理、正确性；仪器常数及检定系数选用的正确性；相邻测区成果处理的合理性；计量单位、小数取舍的正确性；起算数据、仪器检验参数、气象参数选用的正确性；计算图、表编制的合理性；各项计算的正确性
成果完整性	整饰质量	各种计算资料、成果资料的、技术总结、检查报告的规整性
	资料完整性	成果表编辑或抄录的正确、全面性；技术总结或计算说明内容的全面性；精度统计资料的完整性；上交成果资料的齐全性

15.6.2　工程测量

工程测量成果主要包括平面控制测量成果、高程控制测量成果、大比例尺地形图、线路测量成果、管线测量成果、变形测量成果、施工测量成果以及水下地形测量成果。

(1)平面控制测量成果的质量元素和检查项见表15.14。

表15.14　平面控制测量成果的质量元素和检查项

质量元素	质量子元素	检查项
数据质量	数学精度	点位中误差、边长相对中误差与规范及设计书的符合情况
	观测质量	仪器检验项目的齐全性、检验方法的正确性；观测方法的正确性，观测条件的合理性；GPS点水准联测的合理性和正确性；归心元素、天线高测定方法的正确性；卫星高度角、有效观测卫星总数、时段中任一卫星有效观测时间、观测时段数、时段长度、数据采样间隔、PDOP值、钟漂、多路径影响等参数的规范性和正确性；观测手簿记录和注记的完整性和数字记录、划改的规范性，数据质量检验的符合性；水平角和导线测距的观测方法，成果取舍和重测的合理性和正确性；天顶距(或垂直角)的观测方法、时间选择，成果取舍和重测的合理性和正确性；规范和设计方案的执行情况；成果取舍和重测的正确性、合理性
	计算质量	起算点选取的合理性和起始数据的正确性；起算点的兼容性及分布的合理性；坐标改算方法的正确性；数据使用的正确性和合理性；各项外业验算项目的完整性、方法正确性，各项指标符合性
点位质量	选点质量	点位布设及点位密度的合理性；点位满足观测条件的符合情况；点位选择的合理性；点之记内容的齐全、正确性
	埋石质量	埋石坑位的规范性和尺寸的符合性；标石类型和标石埋设规格的规范性；标志类型、规格的正确性；托管手续内容的齐全、正确性
资料质量	整饰质量	点之记和托管手续、观测手簿、计算成果等资料的规整性；技术总结、检查报告整饰的规整性
	资料完整性	技术总结、检查报告及上交资料的齐全性和完整情况

(2)高程控制测量成果的质量元素和检查项见表15.15。

表 15.15　高程控制测量成果的质量元素和检查项

质量元素	质量子元素	检查项
数据质量	数学精度	每公里高差中数偶然中误差的符合性；每公里高差中数全中误差的符合性；相对于起算点的最弱点高程中误差的符合性
	观测质量	仪器检验项目的齐全性、检验方法的正确性；测站观测误差的符合性；测段、区段、路线闭合差的符合性；对已有水准点和水准路线联测和接测方法的正确性；观测和检测方法的正确性；观测条件选择的正确、合理性；成果取舍和重测的正确、合理性；记簿计算正确性、注记的完整性和数字记录、划改的规范性
	计算质量	外业验算项目的齐全性，验算方法的正确性；已知水准点选取的合理性和起始数据的正确性；环闭合差的符合性
点位质量	选点质量	水准路线布设、点位选择及点位密度的合理性；水准路线图绘制的正确性；点位选择的合理性；点之记内容的齐全、正确性
	埋石质量	标石类型的规范性和标石质量情况；标石埋设规格的规范性；托管手续内容齐全性
资料质量	整饰质量	观测、计算资料整饰的规整性、各类报告、总结、附图、附表、簿册整饰的完整性；成果资料、技术总结、检查报告整饰的规整性
	资料完整性	技术总结、检查报告编写内容的全面性及正确性；提供成果资料项目的齐全性

(3)大比例尺地形图的质量元素和检查项见表 15.16。

表 15.16　大比例尺地形图的质量元素和检查项

质量元素	质量子元素	检查项
数学精度	数学基础	坐标系统、高程系统的正确性；各类投影计算、使用参数的正确性；图根控制测量精度；图廓尺寸、对角线长度、格网尺寸的正确性；控制点间图上距离与坐标反算长度较差
	平面精度	平面绝对位置中误差；平面相对位置中误差；接边精度
	高程精度	高程注记点高程中误差；等高线高程中误差；接边精度
数据及结构正确性	文件命名、数据组织正确性；数据格式的正确性；要素分层的正确性、完备性；属性代码的正确性；属性接边质量	
地理精度	地理要素的完整性与正确性；地理要素的协调性；注记和符号的正确性；综合取舍的合理性；地理要素接边质量	
整饰质量	符号、线划、色彩质量；注记质量；图面要素协调性；图面、图廓外整饰质量	
附件质量	元数据文件的正确性、完整性；检查报告、技术总结内容的全面性及正确性；成果资料的齐全性；各类报告、附图(接合图、网图)、附表、簿册整饰的规整性；资料装帧	

(4)线路测量成果的质量元素和检查项见表 15.17。

表 15.17　线路测量成果的质量元素和检查项

质量元素	质量子元素	检查项
数据质量	数学精度	平面控制测量、高程控制测量、地形图成果数学精度；点位或桩位测设成果数学精度；断面成果精度与限差的符合情况
	观测质量	控制测量成果
	计算质量	验算项目的齐全性和验算方法的正确性；平差计算及其他内业计算的正确性
点位质量	选点质量	控制点布设及点位密度的合理性；点位选择的合理性
	埋石质量	标石类型的规范性和标石质量情况；标石埋设规格的规范性；点之记、托管手续内容的齐全、正确性

续表

质量元素	质量子元素	检查项
资料质量	整饰质量	观测、计算资料整饰的规整性；技术总结、检查报告整饰的规整性
	资料完整性	技术总结、检查报告内容的全面性；提供项目成果资料的齐全性、各类报告、总结、图、表、簿册整饰的规整性

(5)管线测量成果的质量元素和检查项见表15.18。

表15.18　管线测量成果的质量元素和检查项

质量元素	质量子元素	检查项
控制测量精度	数学精度	同“平面控制测量”“高程控制测量”
管线图质量	数学精度	明显管线点量测精度；管线点探测精度；管线开挖点精度；管线点平面、高程精度；管线点与地物相对位置精度
	地理精度	管线数据各管线属性的齐全性、正确性、协调性；管线图注记和符号的正确性；管线调查和探测综合取舍的合理性
	整饰质量	符号、线划质量；图廓外整饰质量；注记质量；接边质量
资料质量	资料完整性	工程依据文件；工程凭证资料；探测原始资料；探测图表、成果表；技术报告书(总结)
	整饰规整性	依据资料、记录图表归档的规整性；各类报告、总结、图、表、簿册整饰的规整性

(6)变形测量成果的质量元素和检查项见表15.19。

表15.19　变形测量成果的质量元素和检查项

质量元素	质量子元素	检查项
数据质量	数学精度	基准网精度；水平位移、垂直位移测量精度
	观测质量	仪器设备的符合性；规范和设计方案的执行情况；各项限差与规范或设计书的符合情况；观测方法的规范性，观测条件的合理性；成果取舍和重测的正确性、合理性；观测周期及中止观测时间确定的合理性；数据采集的完整性、连续性
	计算分析	计算项目的齐全性和方法的正确性；平差结果及其他内业计算的正确性；成果资料的整理和整编；成果资料的分析
点位质量	选点质量	基准点、观测点布设及点位密度、位置选择的合理性
	造埋质量	标石类型、标志构造的规范性和质量情况；标石、标志埋设的规范性
资料质量	整饰质量	观测、计算资料整饰的规整性；技术报告、检查报告整饰的规整性
	资料完整性	技术报告、检查报告内容的全面性；提供成果资料项目的齐全性；技术问题处理的合理性

(7)施工测量成果的质量元素和检查项见表15.20。

表15.20　施工测量成果的质量元素和检查项

质量元素	质量子元素	检查项
数据质量	数学精度	控制测量精度；点位或桩位测设成果数学精度
	观测质量	仪器检验项目的齐全性、检验方法的正确性；技术设计和观测方案的执行情况；水平角、天顶距、距离观测方法的正确性，观测条件的合理性；成果取舍和重测的正确、合理性；手工记簿计算的正确性、注记的完整性和数字记录、划改的规范性；电子记簿记录程序正确性和输出格式的标准化程度；各项观测误差与限差的符合情况
	计算质量	验算项目的齐全性和验算方法的正确性；平差计算及其他内业计算的正确性

续表

质量元素	质量子元素	检查项
点位质量	选点质量	控制点布设及点位密度的合理性；点位选择的合理性
	造埋质量	标石类型的规范性和标石质量情况；标石埋设规格的规范性；点之记内容的齐全、正确性；托管手续内容的齐全性
资料质量	整饰质量	观测、计算资料整饰的规整性；技术总结、检查报告整饰的规整性
	资料完整性	技术总结、检查报告内容的全面性；提供成果资料项目的齐全性

(8)水下地形测量成果的质量元素和检查项见表15.21。

表15.21 水下地形测量成果的质量元素和检查项

质量元素	质量子元素	检查项
数据质量	观测仪器	仪器选择的合理性；仪器检验项目的齐全性、检验方法的正确性
	观测质量	技术设计和观测方案的执行情况；数据采集软件的可靠性；观测要素的齐全性；观测时间、观测条件的合理性；观测方法的正确性；观测成果的正确性、合理性；岸线修测、陆上和海上具有引航作用的重要地物测量、地理要素表示的齐全性与正确性；成果取舍和重测的正确性、合理性；重复观测成果的符合性
	计算质量	计算软件的可靠性；内业计算验算情况；计算结果的正确性
点位质量	观测点位	工作水准点埋设、验潮站设立、观测点布设的合理性、代表性；周边自然环境
	观测密度	相关断面线布设及密度的合理性；观测频率、采样率的正确性
资料质量	观测记录	各种观测记录和数据处理记录的完整性
	附件及资料	技术总结内容的全面性和规格的正确性；提供成果资料项目的齐全性；成果图绘制的正确性

15.6.3 摄影测量与遥感

摄影测量与遥感成果主要包括像片控制测量成果、像片调绘成果、空中三角测量成果及中小比例尺地形图。

(1)像片控制测量成果的质量元素和检查项见表15.22。

表15.22 像片控制测量成果的质量元素和检查项

质量元素	质量子元素	检查项
数据质量	数学精度	各项闭合差、中误差等精度指标的符合情况
	观测质量	观测手簿的规整性和计算的正确性；计算手簿的规整性和计算的正确性
布点质量	控制点点位布设的正确、合理性；控制点点位选择的正确、合理性	
整饰质量	控制点判、刺的正确性；控制点整饰规范性；点位说明的准确性	
附件质量	布点略图、成果表	

(2)像片调绘成果的质量元素和检查项见表15.23。

表15.23 像片调绘成果的质量元素和检查项

质量元素	质量子元素	检查项
地理精度	—	地物、地貌调绘的全面性、正确性；地物、地貌综合取舍的合理性；植被、土质符号配置的准确、合理性；地名注记内容的正确性、完整性
属性精度	—	各类地物、地貌性质说明以及说明文字、数字注记等内容的完整性、正确性

续表

质量元素	质量子元素	检查项
整饰质量	—	各类注记的规整性；各类线划的规整性；要素符号间关系表达的正确性、完整性；像片的整洁度
附件质量	—	上交资料的齐全性；资料整饰的规整性

(3)空中三角测量成果的质量元素和检查项见表15.24。

表15.24　空中三角测量成果的质量元素和检查项

质量元素	质量子元素	检查项
数据质量	数学基础	大地坐标系、大地高程基准、投影系等
	平面精度	内业加密点的平面位置精度
	高程精度	内业加密点的高程精度
	接边精度	区域网间接边精度
	计算质量	基本定向点权，内定向、相对定向精度，多余控制点不符值，公共点较差
布点质量	平面控制点和高程控制点是否超基线布控；定向点、检查点设置的合理、正确性；加密点点位选择的正确、合理性	
附件质量	上交资料的齐全性；资料整饰的规整性；点位略图	

(4)中小比例尺地形图的质量元素和检查项见表15.25。

表15.25　中小比例尺地形图的质量元素和检查项

质量元素	质量子元素	检查项
数学精度	数学基础	主要检查格网、图廓点、三北方向线
	平面精度	平面绝对位置中误差；接边精度
	高程精度	高程注记点高程中误差；等高线高程中误差；接边精度
数据及结构正确性	文件命名、数据组织正确性；数据格式的正确性；要素分层的正确性、完备性；属性代码的正确性；属性接边正确性	
地理精度	地理要素的完整性与正确性；地理要素的协调性；注记和符号的正确性；综合取舍的合理性；地理要素接边质量	
整饰质量	符号、线划、色彩质量；注记质量；图面要素协调性；图面、图廓外整饰质量	
附件质量	元数据文件的正确性、完整性；检查报告、技术总结的全面性、准确性；成果资料的齐全性；各类报告、附图(接合图、网图)、附表、簿册整饰的规整性	

15.6.4　地图编制成果

地图编制成果主要包括普通地图的编绘原图和印刷原图、专题地图的编绘原图和印刷原图、地图集、印刷成品以及导航电子地图。

(1)普通地图的编绘原图、印刷原图的质量元素和检查项见表15.26。

表15.26　普通地图的编绘原图、印刷原图的质量元素和检查项

质量元素	检查项
数学精度	展点精度(包括图廓尺寸精度、方里网精度、经纬网精度等)；平面控制点、高程控制点位置精度；地图投影选择的合理性
数据完整性与正确性	文件命名、数据组织和数据格式的正确性、规范性；数据分层的正确性、完备性

续表

质量元素	检查项
地理精度	制图资料的现势性、完备性;制图综合的合理性;各要素的正确性;图内各种注记的正确性;地理要素的协调性
整饰质量	地图符号、色彩的正确性;注记的正规、完整性;图廓外整饰要素的正确性
附件质量	图历簿填写的正确、完整性;图幅的抄接边正确性;分色参考图(或彩色打印稿)的正确性、完整性

(2)专题地图的编绘原图、印刷原图的质量元素和检查项见表 15.27。

表 15.27 专题地图的编绘原图、印刷原图的质量元素和检查项

质量元素	检查项
数据完整性与正确性	文件命名、数据组织和数据格式的正确性、规范性;数据分层的正确性、完备性
地图内容适用性	地理底图内容的合理性;专题内容的完备性、现势性、可靠性
地图表示的科学性	各种注记表达的合理性、易读性;分类、分级的科学性;色彩、符号与设计的符合性;表示方法选择的正确性
地图精度	图幅选择投影、比例尺的适宜性;制图网精度;地图内容的位置精度;专题内容的量测精度
图面配置质量	图面配置的合理性;图例的全面性、正确性;图廓外整饰正确、规范、艺术性
附件质量	设计书质量;分色样图的质量

(3)地图集的质量元素和检查项见表 15.28。

表 15.28 地图集的质量元素和检查项

质量元素	质量子元素	检查项
整体质量	图集内容思想性	思想正确性;图集宗旨、主题思想明确程度;要素表示正确性
	图集内容全面、完整性	图集内容的全面、系统性;图集结构的完整性
	图集内容统一、协调性	图集内容的统一、互补性;要素表达协调、可比性
图集内图幅质量	同专题地图质量元素表中各项(见表 15.27)	

(4)印刷成品的质量元素和检查项见表 15.29。

表 15.29 印刷成品的质量元素和检查项

质量元素	检查项
印刷质量	套印精度;网线、线画粗细变形率;印刷质量;图形质量
拼接质量	拼贴质量;折叠质量
装订质量	平装:折页、配页质量;订本质量;封面质量;裁切质量
	精装:折页、配页、锁线或无线胶粘质量;图芯脊背、环衬粘贴质量;封面质量;图壳粘贴质量;订本、裁切质量;版心规格

(5)导航电子地图的质量元素和检查项见表 15.30。

表 15.30　导航电子地图的质量元素和检查项

质量元素	检查项
位置精度	平面位置精度
属性精度	属性结构、属性值的正确性
逻辑一致性	道路网络连通性；拓扑关系的正确性；节点匹配的正确性；要素间关系的正确性；要素接边的一致性
完整性与正确性	安全处理符合性；地图内容的现势性；兴趣点完整性；数学基础、数据格式文件命名、数据组织和数据分层的正确性；要素的完备性
图面质量	各种注记表达的合理性、易读性；色彩、符号与设计的符合性；图形质量
附件质量	附件的正确、全面性；成果资料齐全性

15.6.5　地籍测绘

地籍测绘成果主要包括地籍控制测量、地籍细部测量、地籍图和宗地图。

(1)地籍控制测量成果的质量元素和检查项见表 15.31。

表 15.31　地籍控制测量成果的质量元素和检查项

质量元素	质量子元素	检查项
数据质量	起算数据	起算点坐标的正确性；相关控制资料可靠性
	数学精度	基本控制点精度符合性
	观测质量	仪器检验项目的齐全性，检验方法的正确性；观测方法的正确性；各种记录的规整性；成果取舍和重测的正确、合理性；各项观测误差符合性
	计算质量	平差计算的正确性
点位质量	选点质量	控制网布设合理性；点位选择的合理性；点之记内容的齐全、清晰性
	埋设质量	标石类型的正确性；标志设置的规范性；标石埋设的规整性
资料质量	整饰质量	观测和计算资料整饰的规整性；成果资料整饰的规整性；技术总结的规整性；检查报告的规整性
	资料完整性	成果资料的完整性；技术总结内容的完整性；检查报告内容的完整性

(2)地籍细部测量成果的质量元素和检查项见表 15.32。

表 15.32　地籍细部测量成果的质量元素和检查项

质量元素	质量子元素	检查项
界址点测量	观测质量	测量方法的正确性；观测手簿记录、属性记录和草图绘制的正确、完整性；界址点测量方法的正确性；各项观测误差与限差的符合正确性
	数学精度	界址点相对位置精度；界址点绝对位置精度；宗地面积量算精度
地物点测量	观测质量	测量方法的正确性；观测手簿记录、属性记录和草图绘制的正确、完整性；地物、地类测量精度；各项观测误差与限差的符合情况
	数学精度	地物点相对位置精度；地物点绝对位置精度
资料质量	整饰质量	观测和计算资料整饰的规整性；成果资料整饰的规整性；技术总结、检查报告的规整性
	资料完整性	成果资料的完整性；技术总结、检查报告内容的完整性

(3)地籍图的质量元素和检查项见表 15.33。

表 15.33 地籍图的质量元素和检查项

质量元素	质量子元素	检查项
数学精度	数学基础	图廓边长与理论值之差;公里网点与理论值之差;展点精度;两对角线较差;图廓对角线与理论之差
	平面位置	界址点、线平面位置精度;地物点平面位置精度;地类界的平面位置精度
要素质量	地籍要素	地籍要素表示的正确性
	其他要素	地物要素的正确性;综合取舍的合理性;各要素协调性;图幅接边的正确性
资料质量	整饰质量	注记和符号的正确性;整饰的规整、正确性
	资料完整性	结合图、编图设计和总结正确性、全面性

(4)宗地图的质量元素和检查项见表 15.34。

表 15.34 宗地图的质量元素和检查项

质量元素	质量子元素	检查项
数学精度	界址点精度	界址点平面位置精度;界址边长精度
	面积精度	宗地面积正确性
要素质量	地籍要素	宗地号、宗地名称、界址点符号及编号、界址线、相邻宗地表示正确性
	其他要素	地物、地类号等表示正确性
资料质量	整饰质量	注记和符号的正确性;注记和符号的规范性
	资料完整性	设计和总结全面性

15.6.6 测绘航空摄影

测绘航空摄影成果主要包括航空摄影成果、航空摄影扫描数据和卫星遥感影像。

(1)航空摄影成果的质量元素和检查项见表 15.35。

表 15.35 航空摄影成果的质量元素和检查项

质量元素	检查项
飞行质量	航摄设计;像片重叠度(航向和旁向);最大和最小航高之差;旋偏角;像片倾斜角;航迹;航线弯曲度;边界覆盖保证;像点最大位移值
影像质量	最大密度 D_{max};最小密度 D_{min};灰雾密度 D_0;反差(ΔD);冲洗质量;影像色调;影像清晰度;框标影像
数据质量	数据完整性;数据正确性
附件质量	摄区完成情况图、摄区分区图、分区航线接合图、摄区分区航线及像片接合图、航摄鉴定表的完整、正确性;航摄仪技术参数检定报告的正确性;航摄仪压平检测报告的正确性;各类注记、图表填写的完整、正确性;航摄胶片感光特性测定及航摄底片冲洗记录的正确性和完整性;成果包装

(2)航空摄影扫描数据的质量元素和检查项见表 15.36。

表 15.36 航空摄影扫描数据的质量元素和检查项

质量元素	检查项
影像质量	影像分辨率的正确性;影像色调是否均匀、反差是否适中;影像清晰度;影像外观质量(噪声、云块、划痕、斑点、污迹等);框标影像质量
数据正确性和完整性	原始数据正确性;文件命名、数据组织和数据格式的正确性、规范性;存储数据的介质和规格的正确性;数据内容的完整性
附件质量	元数据文件正确性、完整性;上交资料齐全性

(3)卫星遥感影像的质量元素和检查项见表 15.37。

表 15.37　卫星遥感影像的质量元素和检查项

质量元素	检查项
数据质量	数据格式的正确性,影像获取时的“侧倾角”等主要技术指标
影像质量	影像反差;影像清晰度;影像色调
附件质量	影像参数文件内容的完整性

15.6.7　地理信息系统

地理信息系统的质量元素及检查项见表 15.38。

表 15.38　地理信息系统的质量元素和检查项

质量元素	检查项
资料质量	技术方案完整性;数据处理与质量检查资料齐全性;数据字典规范性和齐全性;评审报告、检查验收报告、技术总结等资料的齐全性
运行环境	硬件平台符合性;软件平台(操作系统、数据库软件平台、GIS 软件平台、中间件、应用软件等)的符合性;网络环境的符合性
数据(库)质量	数据组织正确性;数据库结构正确性;空间参考系正确性;数据质量;各类基础地理数据一致性
系统结构与功能	系统结构的正确性;数据库管理方式的符合性;系统功能符合性;服务器、客户端功能划分正确性;系统效率符合性;系统稳定性
系统管理与维护	安全保密管理情况;权限管理情况;数据备份情况;系统维护情况

15.7　数字测绘成果的质量元素及其检查方法

数字测绘成果主要包括数字线划图、数字高程模型、数字正射影像图、数字栅格地图。

15.7.1　数字测绘成果的质量元素

1. 数字线划图

数字线划图包括建库数据和制图数据,二者的质量元素相同,质量子元素部分有差异,见表 15.39。

表 15.39　“数字线划图”成果的质量元素

质量元素	质量子元素
空间参考系	大地基准;高程基准;地图投影
位置精度	平面精度;高程精度;地图投影
属性精度	建库数据:属性项完整性;分类正确性;属性正确性
	制图数据:分类正确性;属性正确性
完整性	建库数据:数据层完整性;数据层内部文件完整性;要素完整性
	制图数据:要素完整性
逻辑一致性	概念一致性;格式一致性;拓扑一致性
时间准确度	数据更新;数据采集
元数据质量	元数据完整性;元数据准确性
表征质量	建库数据:几何表达;地理表达
	制图数据:几何表达;符合正确性;地理表达;注记正确性;图廓整饰准确性
附件质量	图历簿质量;附属文档质量

2. 数字高程模型

数字高程模型成果的质量元素见表 15.40。

表 15.40 “数字高程模型”成果的质量元素

质量元素	质量子元素
空间参考系	大地基准;高程基准;地图投影
位置精度	平面精度;高程精度
逻辑一致性	格式一致性
时间准确度	数据更新;数据采集
栅格质量	格网参数
元数据质量	元数据完整性;元数据准确性
附件质量	图历簿质量;附属文档质量

3. 数字正射影像图

数字正射影像图的质量元素见表 15.41。

表 15.41 “数字正射影像图”成果的质量元素

质量元素	质量子元素
空间参考系	大地基准;高程基准;地图投影
位置精度	平面精度
逻辑一致性	格式一致性;数据采集
时间准确度	数据更新
影像质量	影像分辨率;影像特性
元数据质量	元数据完整性;元数据准确性
表征质量	图廓整饰准确性
附件质量	图历簿质量;附属文档质量

4. 数字栅格地图

数字栅格地图的质量元素见表 15.42。

表 15.42 “数字栅格地图”成果的质量元素

质量元素	质量子元素
空间参考系	地图投影
逻辑一致性	格式一致性
栅格质量	影像分辨率;影像特性
元数据质量	元数据完整性;元数据准确性
附件质量	图历簿质量;附属文档质量

15.7.2 数字测绘成果质量检查的方法

(1)主要检查方法见表 15.43。

(2)质量检查的方式包括:计算机自动检查(通过软件自动分析和判断结果);计算机辅助检查(人机交互检查);人工检查。优先选用软件自动检查、人机交互检查。

表 15.43　"数字测绘成果"质量检查验收的主要检查方法

检查方法	简要说明
参考数据比对	与高精度数据、专题数据、生产中使用的原始数据、可收集到的国家各级部门公布、发布、出版的资料数据等各类参考数据对比，确定被检数据是否错漏或者获取被检数据与参考数据的差值
	该方法主要适用于室内方式检查矢量数据，如检查各类错漏、计算各类中误差等，也可用于实测方式检查影像数据、栅格数据，如计算各类中误差等
野外实测	与野外测量、调绘的成果对比，确定被检数据是否错漏或者获取被检数据与野外实测数据的差值
	该方法主要适用于实测方式检查矢量数据，如检查各类错漏、计算各类中误差等，也可用于实测方式检查影像数据、栅格数据，如计算各类中误差等
内部检查	检查被检数据的内在特性
	该方法可用于室内方式检查矢量数据、影像数据、栅格数据。如逻辑一致性中的绝大多数检查项，接边检查，栅格数据的数据范围，影像数据的色调均匀，内业加密保密点检查中误差等

第 16 章　测绘项目技术总结

大纲要求

根据测绘地理信息项目的类型，按照行业标准《测绘技术总结编写规定》(CH/T 1001—2005)及有关技术标准进行技术总结，编写、审核项目总结和专业技术总结。

知识要点

16.1　测绘技术总结基本规定

16.1.1　测绘技术总结的概念

测绘技术总结是在测绘任务完成后，对测绘技术设计文件和技术标准、规范等的执行情况，技术设计方案实施中出现的主要技术问题和处理方法，成果(或产品)质量、新技术的应用等进行分析研究、认真总结，并作出客观描述和评价。

测绘技术总结为用户(或下工序)对成果(或产品)的合理使用提供方便，为测绘单位持续质量改进提供依据，同时也为测绘技术设计、有关技术标准、规定的定制提供资料。

测绘技术总结是与测绘成果(或产品)有直接关系的技术性文件，是长期保存的重要技术档案。

16.1.2　测绘技术总结的分类

测绘技术总结分为专业技术总结和项目总结。

专业技术总结是测绘项目中所包含的各测绘专业活动在其成果(或产品)检查合格后，分别总结撰写的技术文档。

项目总结是一个测绘项目在其最终成果(或产品)检查合格后，在各专业技术总结的基础上，对整个项目所作的技术总结。

对于工作量较小的项目，可根据需要将项目总结和专业技术总结合并为项目总结。

16.2　测绘技术总结的编写与审核责任人

16.2.1　测绘技术总结的编写

项目总结由承担项目的法人单位负责编写或组织编写；专业技术总结由具体承担相应测绘专业任务的法人单位负责编写。具体的编写工作通常由单位的技术人员承担。

16.2.2　测绘技术总结的审核

技术总结编写完成后，单位总工程师或技术负责人应对技术总结编写的客观性、完整性等进行审查并签字，并对技术总结编写的质量负责。

16.3　测绘技术总结的编写依据

测绘技术总结的编写依据主要包括：

(1)测绘任务书或合同的有关要求，顾客书面要求或口头要求的记录，市场的需求或期望；

(2)测绘技术设计文件、相关的法律、法规、技术标准和规范；

(3)测绘成果(或产品)的质量检查报告；

(4)以往测绘技术设计、测绘技术总结提供的信息以及现有生产过程和产品的质量记录和有关数据；

(5)其他有关文件和资料。

16.4　测绘技术总结的编写要求

(1)内容真实全面，重点突出。说明和评价技术要求的执行情况时，不应简单抄录设计书的有关技术要求；应重点说明作业过程中出现的主要技术问题和处理方法、特殊情况的处理及其达到的效果、经验、教训和遗留问题等。

(2)文字应简明扼要，公式、数据和图表应准确，名词、术语、符号和计量单位等均应与有关法规和标准一致。

(3)测绘技术总结的幅面、封面格式以及字体、字号等应符合相关要求(见 CH/T 1001—2005 附录 A)。

16.5　测绘技术总结的组成

测绘技术总结通常由概述、技术设计执行情况、成果(或产品)质量说明和评价、上交和归档的成果(或产品)及其资料清单四部分组成。

16.5.1　项目技术总结的组成内容

项目技术总结的组成内容见表 16.1。

表 16.1　项目技术总结组成内容

内　容	简要说明
概述	①项目来源、内容、目标、工作量，专业测绘任务的划分、内容和相应任务的承担单位，成果(产品)交付与接收情况等。 ②项目执行情况：说明生产任务的安排与往常情况，统计有关的作业定额和作业率，经费执行情况等。 ③作业区概况和已有资料的利用情况
技术设计执行情况	①说明生产所依据的技术性文件，包括项目设计书、专业技术设计书、技术设计更改文件以及有关的技术标准和规范等。 ②说明项目总结所依据的各专业技术总结。 ③说明项目设计书和有关的技术标准、规范的执行情况，并说明项目设计书的技术更改情况。 ④重点描述出现的主要技术问题和处理方法、特殊情况的处理及其达到的效果等。 ⑤说明项目实施中质量保障措施的执行情况。 ⑥当生产过程中采用新技术、新方法、新材料时，应详细描述和总结其应用情况。 ⑦总结项目实施中的经验、教训和遗留问题，并对今后生产提出改进意见和建议

续表

内　容	简要说明
测绘成果(或产品)质量说明与评价	说明和评价项目最终测绘成果(或产品)的质量情况(包括必要的精度统计),产品达到的技术指标,并说明最终测绘成果(或产品)的质量检查报告的名称和编号
上交和归档测绘成果(或产品)及资料清单	①测绘成果(或产品)的名称、数量、类型等,上交成果的数量、范围有变化时需附成果分布图。 ②文档资料。包括项目设计书及其有关的设计更改文件,项目总结,质量检查报告,必要的专业技术设计书及其更改文件和专业技术总结,文档簿(图历簿)和其他作业过程中形成的重要记录。 ③其他需上交和归档的资料

16.5.2　专业技术总结的组成内容

专业技术总结的组成内容见表16.2。

表16.2　专业技术总结组成内容

内　容	简要说明
概述	①测绘项目的名称、专业测绘任务的来源,专业测绘任务的内容、任务量和目标,产品交付与接收情况等。 ②计划与设计完成的情况、作业率的统计。 ③作业区概况和已有资料的利用情况
技术设计执行情况	①说明专业活动所依据的技术性文件。包括:专业技术设计书及其有关的技术设计更改文件,必要的项目设计书及其更改文件,有关的技术标准和规范。 ②说明和评价专业技术活动过程中专业技术设计文件的执行情况,重点说明专业技术设计更改的内容、原因。 ③描述专业测绘生产过程中出现的主要技术问题和处理方法、特殊情况的处理及其达到的效果等。 ④当作业过程中采用新技术、新方法、新材料时,应详细描述和总结其应用情况。 ⑤总结专业测绘生产中的经验、教训和遗留问题,并对今后生产提出改进意见和建议
测绘成果(或产品)质量说明与评价	说明和评价测绘成果(或产品)的质量情况(包括必要的精度统计),产品达到的技术指标,并说明测绘成果(或产品)的质量检查报告的名称和编号
上交和归档测绘成果(或产品)及资料清单	①测绘成果(或产品)的名称、数量、类型等。上交成果的数量、范围有变化时需附成果分布图。 ②文档资料。专业技术设计文件、专业技术总结、检查报告,必要的文档簿(图历簿)和其他作业过程中形成的重要记录。 ③其他需上交和归档的资料

16.6　各专业技术总结的主要内容

16.6.1　大地测量

(1)平面控制测量的专业技术总结内容见表16.3。

表 16.3 平面控制测量技术总结具体内容

内 容	简要说明
概述	①任务来源、目的，生产单位，生产起止时间，生产安排概况。 ②测区名称、范围，行政隶属，自然地理特征，交通情况和困难类别。 ③锁、网、导线段(节)、基线(网)或起始边和天文点的名称与等级，分布密度，通视情况，边长(最大、最小、平均)和角度(最大、最小)等。 ④作业技术依据。 ⑤计划与实际完成工作量的比较，作业率的统计
利用已有资料情况	①采用的基准和系统。 ②起算数据及其等级。 ③已知点的利用及联测。 ④资料中存在的主要问题和处理方法
作业方法、质量和有关技术数据	①使用的仪器、仪表、设备和工具的名称、型号、检校情况及其主要技术数据等。 ②觇标和标石的情况，施测方法，照准目标类型，观测权数与测回数，光段数，日夜比，重测数与重测率，记录方法，记录程序来源和审查意见，归心元素的测定方法、次数、概算情况与结果。 ③新技术、新方法的采用及其效果。 ④执行技术标准的情况，出现的主要问题和处理方法，保证和提高质量的主要措施，各项限差与实际测量结果的比较，外业检测情况及精度分析等。 ⑤重合点及联测情况，新、旧成果的分析比较。 ⑥为测定国家级水平控制点高程而进行的水准联测与三角高程的施测情况，概算方法和结果。
技术结论	①对本测区成果质量、设计方案和作业方法等的评价。 ②重大遗留问题的处理意见。 ③经验、教训和建议
附图、附表	①利用已有资料清单。 ②测区点、线、锁、网的分布图。 ③精度统计表。 ④仪器、基线尺检验结果汇总表。 ⑤上交测绘成果清单等

(2)高程控制测量的专业技术总结内容见表 16.4。

表 16.4 高程控制测量技术总结具体内容

内 容	简要说明
概述	①任务来源、目的，生产单位，生产起止时间，生产安排情况。 ②测区名称、范围、行政隶属，自然地理特征，沿线路面和土质植被情况，路坡度(最大、最小、平均)，交通情况和困难类别。 ③路线和网的名称、等级、长度，点位分布密度，标石类型等。 ④作业技术依据。 ⑤计划与实际完成工作量的比较，作业率的统计
利用已有资料情况	①采用基准和系统。 ②起算数据及其等级。 ③已知点的利用和联测。 ④资料中存在的主要问题和处理方法

续表

内　容	简要说明
作业方法、质量和有关技术数据	①使用的仪器、标尺、记录计算工具和尺承的型号、规格、数量、检校情况及主要数据。 ②埋石情况，施测方法，视线长度(最大、最小、平均)，各分段中上、下午测站不对称数与总站数的比，重测测段及数量，记录和计算方法及程序来源，审查或验算结果。 ③新技术、新方法的采用及其效果。 ④跨河水准测量的位置，实施方案，实测结果与精度等。 ⑤联测和支线的施测情况。 ⑥执行技术标准的情况，保证和提高质量的主要措施，各项限差与实际测量结果的比较，外业检测情况及精度分析等
技术结论	①对本测区成果质量、设计方案和作业方法等的评价。 ②重大遗留问题的处理意见。 ③经验、教训和建议
附图、附表	①利用已有资料清单。 ②测区点、线、网的水准路线图。 ③仪器、标尺检验结果汇总表。 ④精度统计表。 ⑤上交测绘成果清单等

(3)重力测量的专业技术总结内容见表16.5。

表16.5　重力测量技术总结具体内容

内　容	简要说明
概述	①任务来源、目的，生产单位，生产起止时间，生产安排概况。 ②测区名称、范围、行政隶属、自然地理特征、交通情况等。 ③路线的名称、等级，布点方案，分布密度，点距(最大、最小、平均)等。 ④作业技术依据。 ⑤计划与实际完成工作量的比较，作业率的统计
利用已有资料情况	①采用基准和系统。 ②起算数据及其等级。 ③已知点的利用和联测。 ④资料中存在的主要问题和处理方法
作业方法、质量和有关技术数据	①使用的仪器、仪表的名称、型号、检校情况及其主要技术数据。 ②埋石情况，施测方法，施测路线与所用时间(最长、平均)，测回数，重测数与重测率，概算公式与结果。 ③联测点的联测情况，平面坐标与高程的施测和计算情况。 ④新技术、新方法的采用及其效果。 ⑤执行技术标准的情况，出现的主要问题和处理方法，保证和提供智力的主要措施，各项限差与实际测量结果的比较，实地检测情况及精度分析等
技术结论	①对本测区成果质量、设计方案和作业方法等的评价。 ②重大遗留问题的处理意见。 ③经验、教训和建议

续表

内　容	简要说明
附图、附表	①利用已有资料清单。 ②重力点位和联测路线略图。 ③平面坐标与高程施测图。 ④仪器检验结果汇总表。 ⑤精度统计表。 ⑥上交测绘成果清单等

(4)大地测量计算的技术总结内容见表16.6。

表16.6　大地测量计算技术总结具体内容

内　容	简要说明
概述	①任务来源、目的,生产单位,生产起止时间,生产安排情况。 ②计算区域名称、等级、范围、行政隶属。 ③作业技术依据。 ④计划与实际完成工作量的比较,作业率的统计
利用已有资料情况	①采用的基准和系统。 ②起算数据及其等级、来源和精度情况。 ③重合点的质量分析。 ④前工序存在的主要问题及其在计算中的处理方法和结果
计算方法、质量和有关技术数据	①作业过程简述,保证质量的主要措施。 ②使用计算工具的名称、型号、性能及其说明,采用程序的名称、来源、编制和审核单位、编制者,程序的基本功能及其检验情况。 ③计算的原理、方法、基本公式,改正项,小数取位等。 ④新技术、新方法的采用及其效果。 ⑤数据和信息的输入、输出情况,内容与符号说明。 ⑥计算结果的验算,精度统计分析与说明。 ⑦计算过程中出现的主要问题及处理结果等
计算结论	①对本计算区成果质量、计算方案、计算方法等的评价。 ②重大遗留问题的处理意见。 ③经验、教训和建议
附图、附表	①利用已有资料清单。 ②计算区域的线、锁、网图。 ③计算机源程序目录(含编制单位、编者、审核单位及其时间等)。 ④精度检验分析统计表。 ⑤上交测绘成果清单等

16.6.2　工程测量

1. 控制测量

参照大地测量的有关内容,结合工程测量的特点进行撰写。

2. 地形测图

地形测图包括摄影测量方法测图和平板仪、全站型速测仪测图。摄影测量方法测图参照摄影测量与遥感的有关内容,结合工程测量的特点进行撰写。这里主要介绍平板仪、全站型速测仪测图，具体见表 16.7。

表 16.7 地形测图技术总结具体内容

内　容	简要说明
概述	①任务来源、目的，测图比例尺，生产单位，生产起止日期，生产安排概况。 ②测区名称、范围、行政隶属、自然地理特征、交通情况等。 ③作业技术依据，采用的等高距，图幅分幅和编号的方法。 ④计划与实际完成工作量的比较，作业率的统计
利用已有资料情况	①资料的来源和利用情况。 ②资料中存在的主要问题和处理方法
作业方法、质量和有关技术数据	①图根控制测量：各类图根点的布设，标志的设置，观测使用的仪器和方法，各项限差与实际测量结果的比较。 ②平板仪测图：测图方法，使用的仪器，每幅图上解析图根点与地形点的密度和分布，特殊地物、地貌的表示方法，接边情况等。 ③全站型速测仪测图：测图方法，仪器型号、规格、特性及检校情况，外业采集数据的内容、密度、记录的特征，数据处理和成图工具的情况等。 ④测图精度分析与统计、检查验收的情况，存在的主要问题和处理结果等。 ⑤新技术、新方法、新材料的采用及其效果
技术结论	①对本测区成果质量、设计方案和作业方法等的评价。 ②重大遗留问题的处理意见。 ③经验、教训和建议
附图、附表	①利用已有资料清单。 ②图幅分布和质量评定图。 ③控制点分布略图。 ④精度统计表。 ⑤上交测绘成果清单等

3. 施工测量

施工测量的专业技术总结内容见表 16.8。

表 16.8 施工测量技术总结具体内容

内　容	简要说明
概述	①任务来源、目的，生产单位，生产起止时间，生产安排概况。 ②工程名称，测设项目，测区范围，自然地理特征，交通情况，有关工程地质与水文地质的情况，建设项目的复杂程度和发展情况等。 ③作业技术依据。 ④计划与实际完成工作量的比较，作业率的统计
利用已有资料情况	①资料的来源和利用情况。 ②资料中存在的主要问题和处理方法
作业方法、质量和有关技术数据	①控制点系统的建立，埋石情况，使用的仪器和施测方法及其精度。 ②施工放样方法和精度。 ③各项误差的统计，实地检测的项目、数量和方法，检测结果与实测结果的比较等。 ④新技术、新方法、新材料的采用及其效果。 ⑤作业中出现的主要问题和处理方法

续表

内　容	简要说明
技术结论	①对本测区成果质量、设计方案和作业方法等的评价。 ②重大遗留问题的处理意见。 ③经验、教训和建议
附图、附表	①施工测量成果种类及其说明。 ②采用已有资料清单。 ③精度统计表。 ④上交测绘成果清单等

4. 线路测量

线路控制测量参照大地测量的有关内容;线路测图参照地形测图的有关内容,结合线路测量的特点进行撰写,并需在“作业方法、质量和有关技术数据”条款中撰写专业内容(主要内容见表 16.9)。

表 16.9　线路测量专业技术总结中的专业特点要求

铁路、公路测量	①与已有控制点的联测方法和精度。 ②交点、转点、中桩桩位及曲线等的测设情况。 ③中线测量,横断面测量的方法与精度。 ④中桩复测与原测成果的比较
架空索道测量	①方向点间距及方向点偏离直线的情况。 ②断面测量(加测断面及断面点)的情况
自流和压力管线测量	①施测情况与结果。 ②定线的误差
架空送电线路测量	①定线测量与方向点偏离直线的情况。 ②实地排定杆位时的检核情况

5. 竣工总图编绘与实测

竣工总图编绘与实测的专业技术总结内容见表 16.10。

表 16.10　竣工总图编绘与实测技术总结具体内容

内　容	简要说明
概述	①任务来源、目的,生产单位,生产起止时间,生产安排概况。 ②工程名称,测区范围、面积,工程特点等。 ③作业技术依据。 ④完成工作量,作业率的统计
利用已有资料情况	①施工图件和资料的实测与验收情况。 ②图件、资料(特别是其中地下管线及隐蔽工程的)现势性和使用情况。 ③资料中存在的主要问题和处理方法
作业方法、质量和有关技术数据	①竣工总图的成图方法,控制点的恢复与检测,地物的取舍原则,成图的质量等。 ②新技术、新方法、新材料的采用及其效果。 ③作业中出现的主要问题和处理方法

续表

内　容	简要说明
技术结论	①对本测区成果质量、设计方案、作业方法等的评价。 ②重大遗留问题的处理意见。 ③经验、教训和建议
附图、附表	①利用已有资料清单。 ②上交测绘成果清单。 ③建筑物、构筑物细部点成果表等

6. 变形测量

变形测量的专业技术总结内容见表16.11。

表16.11　变形测量技术总结具体内容

内　容	简要说明
概述	①项目名称、来源、目的、内容，生产单位，生产起止时间，生产安排概况。 ②测区地点、范围，建筑物（构筑物）分布情况及观测条件，标志的特征。 ③作业技术依据。 ④完成任务量
利用已有资料情况	①测量资料的分析与利用。 ②起算数据的名称、等级及其来源。 ③资料中存在的主要问题和处理方法
作业方法、质量和有关技术数据	①仪器的名称、型号和检校情况。 ②标志的布设和密度，标石或观测墩的规格及其埋设质量，变形控制网（点）的建立、施测及其稳定性的分析，变形观测点的施测情况，观测周期，计算方式和方法等。 ③重复观测结果的分析比较和数据处理方法。 ④新技术、新方法、新材料的采用及其效果。 ⑤执行技术标准的情况，出现的主要问题和处理方法，保证和提高质量的主要措施，各项限差与实际测量结果的比较
技术结论	①变形观测的结论和评价。 ②对本测区成果质量、设计方案、作业方法等的评价。 ③重大遗留问题的处理意见。 ④经验、教训和建议
附图、附表	①变形控制网布设略图。 ②利用已有资料清单。 ③变形观测资料的归纳与分析报告。 ④上交测绘成果清单等

7. 库区淹没测量

库区淹没测量的专业技术总结内容见表16.12。

表16.12　库区淹没测量技术总结具体内容

内　容	简要说明
概述	①任务来源、目的，生产单位，生产起止时间，生产安排概况。 ②水库名称、行政隶属，成图比例尺，库区淹没范围、面积，淹没田地、村庄数量，搬迁人口数等。 ③作业技术依据。 ④计划与实际完成工作量比较

续表

内　容	简要说明
利用已有资料情况	①起算数据及其等级、系统等。 ②坝顶高程及其等级、系统等。 ③资料中存在的主要问题和处理方法
作业方法、质量和有关技术数据	①标石埋设情况、分布与数量。 ②使用仪器名称、型号、检验情况及其主要技术参数。 ③施测与成图方法，点位布设密度、等级、联测方案与精度等。 ④新技术、新方法、新材料的采用及其效果。 ⑤最高淹没面和最低淹没面的高程。 ⑥淹没区面积量算的方法和精度。 ⑦执行技术标准的情况，出现的主要问题和处理方法，保证和提高质量的主要措施，各项限差与实际测量结果的比较，实地检测情况与精度等
技术结论	①对本测区成果质量、设计方案、作业方法等的评价。 ②重大遗留问题的处理意见。 ③经验、教训和建议
附图、附表	①控制点分布略图。 ②库区淹没图及质量评定图。 ③测量精度统计表。 ④淹没区分类统计表。 ⑤利用已有资料清单。 ⑥上交测绘成果清单等

16.6.3　摄影测量与遥感

(1)航空摄影的专业技术总结内容见表 16.13。

表 16.13　航空摄影技术总结具体内容

内　容	简要说明
概述	①任务来源、目的，摄影比例尺、航摄单位，摄影起止时间。 ②摄区名称、地理位置、面积、行政隶属、摄区地形和气候对摄影工作的影响 ③作业技术依据。 ④完成的作业项目、数量
利用已有资料情况	编制航摄计划用图的比例尺、作业年代及接边资料等
航摄工作、质量和有关技术数据	①航摄仪和附属仪器的类型及其主要技术数据。 ②航线敷设情况和飞行质量。 ③底片和相纸的类型、特性、冲洗和处理方法，主要技术数据。 ④航摄质量及航摄底片复制品的质量情况。 ⑤新技术、新方法、新材料的采用及其效果。 ⑥执行技术标准的情况，出现的主要问题和处理方法，保证和提高质量的主要措施
技术结论	①对本摄区成果质量、设计方案、作业方法等的评价。 ②重大遗留问题的处理意见。 ③经验、教训和建议
附图、附表	①摄影分区略图。 ②航摄鉴定表。 ③上交航摄成果清单等

(2)航空摄影测量外业的专业技术总结内容见表16.14。

表16.14 航空摄影测量外业技术总结具体内容

内容	简要说明
概述	①任务来源、目的、摄影比例尺,成图比例尺,生产单位,生产起止日期,生产安排概况。 ②测区地理位置、面积、行政隶属,自然地理特征,交通情况和困难类别等。 ③作业技术依据,采用的投影、坐标系、高程系和等高距。 ④计划与实际完成工作量的比较,作业率的统计
利用已有资料情况	①航摄资料的来源,仪器的类型及其主要技术数据,像片的质量和利用情况。 ②其他资料的来源、等级、质量和利用情况。 ③资料中存在的主要问题和处理方法
作业方法、质量和有关技术数据	①控制测量包括:像片控制点的布设方案,刺点影像;基础控制点和像片控制点测定的仪器、方法、扩展次数及各种误差;检查的方法和质量情况。 ②像片调绘与综合法测图包括:调绘像片的比例尺和质量,调绘的方法,使用简化符号的说明;新增地物、地貌及云影、阴影地区的补测方法和质量;综合法测绘地貌的方法和质量;地理调查和地名译音的情况;检查的方法和质量情况。 ③新技术、新方法的采用及其效果
技术结论	①对本测区成果质量、设计方案、作业方法等的评价。 ②重大遗留问题的处理意见。 ③经验、教训和建议
附图、附表	①测区地形类别及质量评定图。 ②利用已有资料清单。 ③控制点分布略图。 ④精度统计表。 ⑤上交测绘成果清单等

(3)航空摄影测量内业的专业技术总结内容见表16.15。

表16.15 航空摄影测量内业技术总结具体内容

内容	简要说明
概述	①任务来源、目的,摄影比例尺,成图比例尺,生产单位,生产起止日期,生产安排概况。 ②测区地理位置、面积、行政隶属,地形的主要特征和困难类别。 ③作业技术依据,采用的投影、坐标系、高程系和等高距。 ④计划与实际完成工作量的比较,作业率的统计
利用已有资料情况	①摄影资料的来源,仪器的类型及其主要技术数据。 ②对外业控制点和调绘成果进行分析。 ③其他资料的来源、质量和利用情况。 ④资料中存在的主要问题和处理方法
作业方法、质量和有关技术数据	①解析空中三角测量:加密方法,刺点影像,使用仪器等情况;加密点的精度及其接边情况。 ②影像平面图的编制:纠正和复制的方法,仪器类型,影像质量及精度情况;采用正射投影仪作业时断面数据点采集的密度、扫描缝隙长度等有关技术参数;成图精度和图幅接边精度。 ③航测原图的测绘和编绘:采用的方法和使用的仪器;成图的质量和精度;与已成图的接边情况。 ④新技术、新方法、新材料的采用及其效果

内　容	简要说明
技术结论	①对本测区成果质量、设计方案、作业方法等的评价。 ②重大遗留问题的处理意见。 ③经验、教训和建议
附图、附表	①测区图幅接合表。 ②航测内业成图方法及质量评定图。 ③利用已有资料清单。 ④精度统计表。 ⑤野外检测统计表。 ⑥上交测绘成果清单等

(4)近景摄影测量的专业技术总结内容见表16.16。

表16.16　近景摄影测量技术总结具体内容

内　容	简要说明
概述	①任务来源、目的,摄影比例尺,成图比例尺,生产单位,生产起止日期,生产安排概况。 ②目标的类型和概况。 ③作业技术依据。 ④完成的作业项目与工作量
利用已有资料情况	①摄影和测量仪器类型及检校情况。 ②其他资料的来源、质量和利用情况。 ③资料中存在的主要问题和处理方法
作业方法、质量和有关技术数据	①物方控制包括:物方控制布设情况、测量方法和精度。 ②近景图像的获取:摄站布设、摄影方式、摄影参数;感光材料的型号和影像质量情况。 ③近景图像的处理:处理的方法,仪器类型,成果形式;成果质量和精度的评定方法。 ④新技术、新方法、新材料的采用及其效果
技术结论	①对本测区成果质量,设计方案、作业方法等的评价。 ②重大遗留问题的处理意见。 ③经验、教训和建议
附图、附表	①利用已有资料清单。 ②成果的质量统计。 ③精度统计表。 ④野外检测统计表。 ⑤上交测绘成果清单等

(5)遥感的专业技术总结内容见表16.17。

表16.17　遥感技术总结具体内容

内　容	简要说明
概述	①任务来源、目的,图像比例尺,成图比例尺,生产单位,生产起止时间,生产安排概况。 ②测区概况。 ③作业技术依据和作业方案。 ④完成的作业项目与工作量

续表

内　容	简要说明
利用已有资料情况	①遥感资料的来源、形式，主要技术参数，质量和利用情况。 ②资料中存在的主要问题和处理方法
作业方法、质量和有关技术数据	①遥感图像处理：采用的仪器及其主要技术参数；地面控制点选取的方法、点数及分布情况；处理方法，基本工作程序框图，影像质量及有关误差。 ②遥感图像的解译：采用的资料；标志的形态、影像、色调特征等；解译的方法。 ③解译结果的检验：解译结果检验的方法；野外取样情况，验证成果的准确率。 ④编制专业图件：利用遥感影像图、地形图、解译草图和其他资料编制专业图件的方法及有关误差。 ⑤新技术、新方法、新材料的采用及其效果
技术结论	①对本测区成果质量、设计方案、作业方法等的评价。 ②重大遗留问题的处理意见。 ③经验、教训和建议
附图、附表	①测区图幅接合表。 ②利用已有资料清单。 ③精度统计表。 ④野外检测统计表。 ⑤上交测绘成果清单等

16.6.4 野外地形数据采集及成图

野外地形数据采集及成图技术总结的具体内容见表 16.18。

表 16.18 野外地形数据采集及成图技术总结具体内容

内　容	简要说明
概述	①任务来源、目的、内容，成图比例尺，生产单位，生产起止时间，生产安排概况。 ②测区范围、行政隶属，自然地理和社会经济的特征，困难类别等。 ③作业技术依据。 ④计划与实际完成工作量的比较，作业率的统计
利用已有资料情况	①采用的基准和系统。 ②起算数据和资料的名称、等级、系统、来源和精度情况。 ③资料中存在的主要问题和处理方法
作业方法、质量和有关技术数据	①使用的仪器和主要测量工具的名称、型号、主要技术参数和检校情况。 ②各类图根点的布设、标志的设置，施测方法和重测情况。 ③野外地形数据的采集方法、要素代码、精度要求，属性等。 ④DEM 的数据采集、分层设色的要求。 ⑤测制地形图的方法和精度，新增的图式符号。 ⑥新技术、新方法、新材料的采用及其效果。 ⑦执行技术标准的情况，出现的主要问题和处理方法，保证和提高质量的主要措施，实地检测和检查的情况与结果等
技术结论	①对本测区成果质量、设计方案和作业方法等的评价。 ②重大遗留问题的处理意见。 ③经验、教训和建议

续表

内　容	简要说明
附图、附表	①利用已有资料清单。 ②测区图幅结合表。 ③控制点布设图。 ④仪器、工具检验结果汇总表。 ⑤精度统计表。 ⑥成果质量评定统计表。 ⑦上交测绘成果清单等

16.6.5　地图制图和印刷

(1)地图制图的专业技术总结内容见表16.19。

表16.19　地图制图技术总结具体内容

内　容	简要说明
概述	①任务名称、目的、来源、数量、类别和规格,成图比例尺,生产单位,生产起止日期,生产安排概况。 ②制图区域范围、行政隶属,困难类别。 ③作业技术依据,采用的投影、坐标系、高程系和等高距等。 ④计划与实际完成工作量的比较,作业率的统计
利用已有资料情况	①基本资料的比例尺,测制单位,出版年代,现势性和精度。 ②补充资料的比例尺,测制单位,出版年代,现势性,使用程度及方法。 ③参考资料的使用程度
作业方法、质量和有关技术数据	①编绘原图制作方法。 ②印刷原图制作方法。 ③数学基础的展绘精度,资料拼贴精度。 ④地图内容的综合及描绘质量。 ⑤执行技术标准的情况,出现的主要问题和处理方法,保证和提高质量的主要措施。 ⑥新技术、新方法、新材料的采用及其效果
技术结论	①对本制图区成果质量、设计方案和作业方法等的评价。 ②重大遗留问题的处理意见。 ③经验、教训和建议
附图、附表	①制图区域图幅接合表。 ②资料分布略图。 ③利用已有资料清单。 ④成果质量评定统计表。 ⑤上交测绘成果清单等

(2)地图印刷的专业技术总结内容见表16.20。

表16.20　地图印刷技术总结具体内容

内　容	简要说明
概述	①任务名称、目的、来源、数量、类别和规格,地图比例尺,承印单位,印刷日期,生产安排概况。 ②制图区域范围、行政隶属。 ③印刷色数、材料和印数。 ④印刷技术依据。 ⑤完成任务情况

续表

内　容	简要说明
利用已有资料情况	①印刷原图的种类、分版情况、制作单位、精度和质量。 ②分色参考图的质量
印刷方法、质量和有关技术数据	①制版、照相、翻版、修版、拷贝、晒版的方法、精度和质量。 ②印刷、打样的质量和数量，印刷的设备，印刷图的套合精度、印色、图形及线划的质量，油墨和纸张等的质量。 ③装帧的方法、形式及质量。 ④执行技术标准的情况，保证和提高质量的主要措施。 ⑤新技术、新方法、新材料的采用及其效果。 ⑥实施工艺方案中出现的主要问题及处理方法
技术结论	①对印刷成果质量、工艺方案等的评价。 ②总结经验、教训和建议
附图、附表	①工艺设计流程框图。 ②印刷区域图幅接合表。 ③成果、样品及其清单等

16.6.6 界线测绘

界线测绘的专业技术总结内容见表16.21。

表16.21 界线测绘技术总结具体内容

内　容	简要说明
概述	①任务名称、来源、目的、内容，生产单位，生产起止时间，生产安排概况等。 ②界线测绘范围、界线测绘的等级，自然地理和社会经济的特征。 ③作业技术依据。 ④计划与实际完成工作量的比较，作业率的统计
利用已有资料情况	①采用的基准和系统。 ②起算数据和资料的名称、等级、系统、来源和精度情况。 ③资料中存在的主要问题和处理方法
作业方法、质量和有关技术数据	①使用的仪器和主要测量工具的名称、型号、主要技术参数和检校情况。 ②控制网、锁、线、点的布设、等级、密度，埋石情况，施测方法和重测情况。 ③界桩点的布设、形状、密度、编号方法和点位精度，界桩点方位物测绘的原则和测定情况。 ④边界点的布设、测量与编号。 ⑤边界线的命名、编号与标绘。 ⑥界桩登记表的填写。 ⑦边界地形图、边界线情况图、边界主张线图、边界协议书附图以及行政区域边界协议书附图集的方法和精度。 ⑧新技术、新方法、新材料的采用及其效果
技术结论	①对本测区成果质量、设计方案和作业方法等的评价。 ②重大遗留问题的处理意见。 ③经验、教训和建议

续表

内　容	简要说明
附图、附表	①利用已有资料清单。 ②控制点布设图。 ③仪器、工具检验结果汇总表。 ④边界协议书附图。 ⑤精度统计表。 ⑥上交测绘成果清单等

16.6.7　基础地理信息数据建库

基础地理信息数据建库的专业技术总结内容见表16.22。

表16.22　基础地理信息数据建库技术总结具体内容

内　容	简要说明
概述	①说明任务来源、管理框架、建库目标、系统功能，预期成果，生产单位，生产起止时间，生产安排概况。 ②作业技术依据。 ③计划与实际完成工作量的比较，作业率的统计
利用已有资料情况	①采用的基准和系统。 ②数据来源、范围、产品类型、格式、精度、组织、质量情况。 ③资料中存在的主要问题和处理方法
作业方法、质量和有关技术数据	①使用的系统软件及硬件的功能、型号、主要技术指标。 ②数据库数据的内容、格式、位置精度、属性精度、现势性等情况。 ③数据库的基本功能情况。 ④数据库的概念模型设计、逻辑设计、物理设计的情况。 ⑤新技术、新方法的采用及其效果。 ⑥执行技术标准的情况，出现的主要问题和处理方法，保证和提高质量的主要措施等
技术结论	①对本数据库成果质量、设计方案等的评价。 ②重大遗留问题的处理意见。 ③经验、教训和建议
附图、附表	①利用已有资料清单。 ②数据库数据要素分类与代码、层(块)、属性项表。 ③上交数据建库成果清单等

16.6.8　地理信息系统

地理信息系统的专业技术总结内容见表16.23。

表16.23　理信息系统技术总结具体内容

内　容	简要说明
引言	说明编写目的、背景、定义及参考资料等
实际开发结果	①产品。说明程序系统中各个程序的名字，它们之间的层次关系，程序系统版本、文件名称、数据库等。 ②主要功能和性能。逐项列出本软件产品实际具有的主要功能和性能，并与开发目标对比。 ③基本流程。 ④进度。列出原定计划进度与实际进度的对比并分析原因。 ⑤费用。列出原定计划费用与实际支出费用的对比并分析原因

续表

内　容	简要说明
开发工作评价	①对生产效率的评价。列出程序、文件的实际平均生产效率并与原定计划对比。 ②对产品质量的评价。说明在测试中检查出来的错误发生率并与质量保证计划对比。 ③对技术方法的评价。说明对开发中所使用的技术、方法、工具、手段的评价。 ④出错原因的分析。分析开发过程中出现错误的原因
经验与教训	列出从开发工作中所得到的主要经验与教训，以及对今后项目开发的建议